茶艺 从入门到精通

——识茶·鉴茶·品茶一本通

徐馨雅 编著

中国华侨出版社

图书在版编目 (CIP) 数据

茶艺从入门到精通：识茶、鉴茶、品茶一本通 / 徐馨雅编著 . — 北京：中国华侨出版社 ,2017.7

　　ISBN 978-7-5113-6922-2

　　Ⅰ . ①茶… Ⅱ . ①徐… Ⅲ . ①茶文化 Ⅳ . ① TS971.21

中国版本图书馆 CIP 数据核字 (2017) 第 153665 号

茶艺从入门到精通：识茶、鉴茶、品茶一本通

编　　著：徐馨雅

出 版 人：方　鸣

责任编辑：高福庆

封面设计：彼　岸

文字编辑：史　翔

美术编辑：李丹丹

摄　　影：李 外 龙 泉

经　　销：新华书店

开　　本：720mm×1020mm　1/16　印张：28　字数：650 千字

印　　刷：三河市万龙印装有限公司

版　　次：2017 年 8 月第 1 版　2022 年 4 月第 8 次印刷

书　　号：ISBN 978-7-5113-6922-2

定　　价：75.00 元

中国华侨出版社　北京市朝阳区西坝河东里 77 号楼底商 5 号　邮编：100028

发 行 部：（010）88893001　　　　传　　真：（010）62707370

网　　址：www.oveaschin.com　　E-m a i l：oveaschin@sina.com

如果发现印装质量问题，影响阅读，请与印刷厂联系调换。

茶为国饮，千百年来，无论时代如何更迭、社会怎样变迁，它始终伴随并滋养着人们，在人们的生活中不可或缺。茶是至清至洁之物，它雅俗共赏，可饮可食、可浓可淡，亦可入药，又是绝佳的保健饮料。一间雅室，几位好友，在茶香袅袅中，在唇齿回甘中谈天说地，确是一件人间乐事。

用一本书的厚度，感知茶事。书中对茶的研究包含三个方面，即识茶、鉴茶、品茶。识茶是认识茶，其主要目的在于看清楚茶，包括其源流、种类、功效、保存方法以及世界不同地域的茶俗。众所周知，我国是茶的繁衍地，也是世界茶文化的源头，没有一个国家的人能比中国人对茶的了解更深刻。就茶的渊源来说，人们通过其发展历程可以判断出许多与茶相关的事，这对鉴赏与享用都是有帮助的；而对茶种类的了解也是十分重要的。我国有着上千种茶叶类型，每种都有其独特的品质与特点，若我们深刻了解这些，那么在冲泡及品饮过程中也能起到至关重要的作用；对茶功效的研究自不必说，茶因人而异，不同体质的人需要饮用不同种类的茶，而不同的茶又有不同的功效，我们切不可将其混淆弄错，否则会影响健康。茶的贮存也是极其重要的，如果贮存不当，一罐好茶说不定就在我们的疏忽大意之间变成了无用之物，不能尝到它甘美醇香的味道。

鉴茶不外行，选茶有绝招。鉴茶时，科学的方法很重要。任意一款茶大致都是从其色、香、味三个方面鉴别。一看：首

3

先要仔细观察茶叶的颜色、条索、内飞、包装纸，以及所有涉及这款茶所呈现的外观，从视觉上得出初步的印象。当然，还要看其冲泡后的状态。比如，茶叶舒展快慢的程度，舒展得越快茶就越好；伸缩度，主要是茶叶未展开与完全展开的对比度，伸缩度越大茶就越好；看茶汤，茶汤越通透、油亮、清澈，茶就越好。二闻：香气越自然，没有杂味，茶就越好。而且冲泡前要闻，冲泡后也要闻。冲泡前闻的是干茶的各种味道，熟茶主要闻它的年份及存储条件，生茶则闻它的产地和存储情况，都有不同的侧重点。三品：浸泡5分钟可试其味，滋味越厚，甜、苦平衡，回甘强而持久，茶就越好。最后，还要看叶底。叶底越肥厚、油润、富弹性，茶就越好。

喝茶容易，品茶难。从爱茶人变为懂茶人，关键在于掌握品茶的真谛。品茶不仅是品茶汤的味道，同时也是一种极优雅的艺术享受，因为喝茶对人体健康有很多好处，同时品茶本身还能给人们带来无穷的乐趣。品茶首先讲求的是观茶色、闻茶香、品茶味、悟茶韵。这四个方面都是针对茶叶茶汤本身而言，也是品茶的基础；其次，品茶的环境也是不可忽视的。试想，在一个嘈杂、脏乱的环境中品茶，一定会破坏饮茶的气氛。因而，自古以来的文人雅士都追求一个静谧的品茗环境，从而达到最佳的品茶效果。另外，品茶还重视心境，它需要人平心、清净、禅定，如此才会获得愉悦的精神享受。好山、好水、好心情，好壶、好茶、好朋友，这便是茶道的最高意境！

爱茶到懂茶，只是一本书的距离。本书解决新手面临的各种疑难问题，是一本为想学茶或正在学茶的爱茶人士提供的入门图书，也是一本集识茶、鉴茶、泡茶、品茶、茶艺茶道于一体的精品茶书。百余幅清晰大图与精湛文字结合，将与茶相关的细节一一展现在众人面前，就像是带大家走进了一个有关茶的清净世界。不仅如此，本书最后还介绍了诸多防病祛病、强身健体的茶疗方，为大家的健康生活增添一道靓丽的茶韵风景。

目录
CONTENTS

寻茶问道知茶情 识茶篇

鉴茶不外行，选茶有绝招 **鉴茶篇**

选好水，择佳器，泡好茶 **泡茶篇**

第一章　选好茶叶泡好茶

第二章　好器沏好茶

第三章　水如茶之母

品茶香，知茶事，悟茶道 品茶篇

寻茶问道知茶情

识茶篇

　　茶叶是一种生于青山、长于幽谷、结庐林间的"灵物"，学会鉴赏不为炫耀，只因喜欢、痴迷和沉醉。

第一章

中国茶的起源与历史

> 我国是茶的故乡，也是世界茶文化的源头。穿越了千年历史，从最初的神农尝百草到越来越多的人将茶作为居家必备、待客首选的饮品，茶已经渐渐地融进我们的生活，成为生活中不可或缺的一部分。那么，要想更多地了解茶，就从茶的渊源开始吧。

茶的渊源与盛行

从远古时代的神农尝百草，及至今日，现代人对茶的需求越来越广泛，"以茶敬客"也成为生活中最常见的待客礼仪。饮茶习俗，在中国各民族传承已久。

取茶叶作为饮料，古人传说始于黄帝时代。《神农本草经》中说："神农尝百草，日遇七十二毒，得荼（茶）而解之。"

神农就是炎帝，我们的祖先之一。一日，他尝了一种有剧毒的草，当时他正在烧水，水还没有烧开就晕倒了。不知道过了多久，神农在一种沁人心脾的清香中醒了，他艰难地在锅中舀水喝，却发现沸腾的水已经变成了黄绿色，里面还飘着几片绿色的叶子，那清香就来自锅中。几个小时后，他身上的剧毒居然解了！神农细心查找之后发现锅的正上方有一棵植物，研究之后又发现了它更多的作用，最后将它取名为"茶"。这则关于茶的传说，可信性有多大，尚不可知。但有一点是明确的，即茶最早是一种药用植物，它的药用功能是解毒。

茶有着悠久的历史

两汉到三国时期，茶已经从巴蜀传到长江中下游。到了魏晋南北朝时期，茶叶已被广泛种植，它渐渐地在人们日常生活中居于显著地位，甚至有些地方还出现了以茶为祭的文化风俗。茶已经从普通百姓中进入上层社会，不仅僧人与道家借此修行养生，在当时的文化人中，茶也成为了他们的"新宠"。

"茶兴于唐，盛于宋。"到了唐代，出

现了一位名叫陆羽的茶圣，他总结了历代制茶和饮茶的经验，写了《茶经》一书。陆羽在书中对茶的起源、种类、特征、制法、烹蒸、茶具、水的品第、饮茶风俗等作了全面论述。当时他还曾被召进宫，得到皇帝的赞赏。唐朝当时注重对外交往，经济开放，因而从各种层面上对茶文化的兴盛起了推波助澜的作用。于是唐代茶道大兴，同时也在我国茶文化发展史中开辟了划时代的意义。

再到宋代，中国饮茶习俗达到了更高的地步，茶已经成为"家不可一日无也"的日常饮品之一。上至皇帝，下至士大夫，都有关于茶饮的专著。这时民间还出现了茶户、茶市、茶坊等交易、制作场所。其习俗中，最有特色的是斗茶。斗茶，不仅是饮茶方式，也是一种精神文化享受，把饮茶的美学价值提升到一个新的高度。与此同时，茶叶产品不再只是单一的团茶、饼茶形式，先后出现了散茶、末茶。此时，茶文化已然呈现出一派繁荣的景象，并传播到世界各国。

明清时期，茶叶的加工制作和饮用习俗有了很大改进。尤其进入清代以后，茶叶出口已经成为了正式的贸易途径，在各国间的销售数量也开始增加。此时，炒青制茶法得到普遍推广，于是"冲饮法"代替了以往的"煎饮法"，这就是我们今天所使用的饮茶方法。明朝时还涌现出大量关于茶的诗画、文艺作品和专著，茶与戏剧、曲艺、灯谜等民间文化活动融合起来，茶文化也有了更深层次的发展。

发展至近代，随着品种越来越丰富，饮用方式越来越多样，茶已成为风行全世界的健康饮品之一，各种以茶为主题的文化交流活动也在世界范围内广泛开展，

 ## 茶典、茶人与茶事

"茶"字的由来

大体而言，在唐代之前人们大多把茶称为"荼"，期间也用过其他字，直到中唐以后，"茶"字才成为官方的统一称谓。

最早的时候，人们用"荼"字作为茶的称谓。但是，"荼"字有多种含义，易发生误解；而且，荼是形声字，草字头说明它是草本植物，不合乎茶是木本植物的身份。到了西汉的《尔雅》一书中，开始尝试着借用"槚"字来代表茶树。但槚的原意是指楸、梓之类的树木，用来指茶树也会引起误解。所以，在"槚，苦茶"的基础上，又造出一个"搽"字，读"茶"的音，用来代替原先的"槚"、"荼"字。到了陈隋之际，出现了"茶"字，改变了原来的字形和读音，多在民间流行使用。直到唐代陆羽《茶经》之后，"茶"字才逐渐流传开来，运用于正式场合。

茶及茶文化的重要性也因此日趋显著。品茶已经成为美好的休闲方式之一，为人们的生活增添了更多的诗情画意，深受各阶层人们的喜爱。

穿越千年墨香的茶历史

作为中国最古老的饮品，茶已经成为国人生活中不可分割的一部分。它不受地域限制，也没有民族差别，一直流传下来。

1. 古老的药材

我国最早发现茶和利用茶的时间，大约可以追溯到原始社会时期。当时，人们直接食用茶树的新鲜叶片，从中汲取茶汁。据《淮南子·修务训》中记载："神农尝百草之滋味，水泉之甘苦，令民知所避就。"由这一传说可以得知，我国大约在五千年以前就开始食用茶了。

那时，人们将含嚼茶叶作为一种习惯，时间久了之后，生嚼茶叶变成了煮熟服用。人们将新鲜的茶叶洗净之后，用水煮熟，连着汤汁一同服下。不过煮出来的茶叶味道苦涩，当时人们主要将它当作药或药引。如果有人生病了，人们就从茶树上采摘下新鲜的芽叶，取其茶汁，或是配合其他中药让病人一同服用，虽然煮出来的茶水非常苦，但确实有着消炎解毒的作用。这可以说是茶作为药用的开端。

2. 以茶为食

慢慢地，茶在人们生活中的作用开始了改变。以茶作为食物，并不是近现代才发明的新创意。《诗·唐风·椒聊》："椒聊之实，蕃衍盈升。"陆玑疏："椒树似茱萸，有针刺，叶坚而滑泽。蜀人作茶，吴人作茗，皆合煮其叶以为香。"早在汉代之前，人们就以茶当菜，食茶叶煮熟了之后，与饭菜一同食用。那时，茶的目的不仅作为食物解毒，同时也为了增加营养。三国时，魏朝已出现了茶叶的简单加工，采来的叶子先做成饼，晒干或烘干，这是制茶工艺的萌芽。

到了唐宋时期，皇宫、寺院以及文人雅士之间还盛行茶宴。不过寻常百姓是没有机会参加茶宴的，它主要是为那些有权势的人准备的。茶宴的大致过程是：先由主人亲自调茶或指挥、监督，以表示对客人的敬意，接着献茶、接茶、闻茶香、观茶色、品茶味。客人接下来需要评论茶的品第，称颂主人品德，赏景作诗等。整个茶宴的气氛庄重雅致，礼节严格，所用茶叶必须用贡茶或是高级茶叶，茶具必为名贵茶具，所选取的水也一定要取自名泉、清泉，其奢侈程度实在令人咂舌。

3. 饼茶、串茶、茶膏的出现

饼茶又称团茶，就是把茶叶加工成饼。它始于隋唐，盛于宋代。隋唐时，为改善茶叶苦涩的味道，人们开始在饼茶中掺加薄荷、盐、红枣等。欧阳修《归田录》中写道："茶之品，莫贵于龙凤，谓之团茶，凡八饼重一斤。"初步加工的饼茶仍有很浓的青草味，经反复实践，人们发明了蒸青制茶，即通过洗涤鲜叶，蒸青压榨，去汁制饼，使茶叶苦涩味大大降低。

饼茶

串茶

茶膏

《梦溪笔谈·杂志二》中提到："古人论茶，惟言阳羡、顾渚、天柱、蒙顶之类，都未言建溪。然唐人重串茶黏黑者，则已近乎建饼矣。"唐朝人将饼茶用黑茶叶包裹住，在中间打一个洞，用绳子串起来，称其为串茶。

茶膏现如今很少被人提及，只有在过去宫廷中才被饮用。饮茶时先将茶膏敲碎，再经过仔细研磨、碾细、筛选，最后置于杯中，然后冲入沸水，由此看来，其整个制作过程和饮用都非常烦琐。

4. 散茶的出现

最早的砖茶、团茶被称为块状茶，饮茶方式也不像现在一样对茶叶进行冲泡，而是采用"煮"的方式。直到宋朝中后期，茶叶生产才由先前的以团茶为主，逐渐转向以散茶为主。到了明代，明太祖朱元璋发布诏令，废团茶，兴叶茶，才出现散茶。从此人们不再将茶叶制作成饼茶，而是直接在壶或盏中沏泡条形散茶，人类的泡茶、饮茶方式发生了重大的变革。饮茶方法也由"点"

散茶

茶演变成"泡"茶。我们现在通行的"泡茶"的说法是明代才出现的，清代开始广为流行。

5. 七大茶系产生

茶文化发展到清朝时，奢侈的团茶和饼茶虽然已经被散茶所取代，但我国的茶文化却在清朝完成了由鼎盛到顶级的转化。清朝的茶饮最突出的特点就是出现了七大茶系，即绿茶、红茶、黄茶、黑茶、白茶、花茶和乌龙茶。

绿茶（黄山毛峰）　　红茶（白琳工夫）　　黄茶（霍山黄芽）　　黑茶（熟饼茶）

白茶（白牡丹）　　花茶（茉莉银针）　　乌龙茶（铁观音）

6. 现代茶的发展

时至今日，茶文化已经融入了各家各户的生活中。除了茶叶品种越来越丰富，饮用方式也趋于多样化。除了七大茶系之外，人们还逐步发明出各式各样的茶饮，例如花草茶、果茶和保健茶等。这些茶饮的形式也开始多样化：液体茶、速溶茶、

液体茶　　　　　　　　速溶茶　　　　　　　　袋泡茶

袋泡茶……这些缤纷的茶饮充分满足了人们的日常需要，其独特的魅力也让各类人群越来越热衷。

饮茶方式的演变

茶叶被人类发现以后，人类的饮茶方式经过了三个阶段的发展演变过程。

第一个阶段，煮茶。无论是神农用水煮茶，还是陆羽在《茶经》中提到的煎茶、煮茶理论，人类最开始都是将茶叶煮后饮用。郭璞在《尔雅》注中提到，茶"可煮作羹饮"。也就是说，煮茶时，还要加粟米及调味的作料，煮作粥状。直到唐代，人们还习惯于这种饮用方法。时至今日，我国边远地区的少数民族仍习惯于在茶汁中加其他食品。

茶食

第二个阶段，半饮半茶。到了秦汉时期，茶已经不仅作为药材，而且也在人们的生活中登场，逐渐成了待客的饮品。人们也在此时创造出"半茶半饮"的制茶和用茶方式。他们将团茶捣碎放入壶中，加入开水，并加工和调味。

三国时期的张揖在《广雅》中记载："荆巴间采叶作饼。叶老者，饼成以米膏出之。欲煮茗饮，先炙令赤色，捣末，置

煎茶法是陆羽所创，主要程序有：备器、炙茶、碾罗、择水、取水、候汤、煎茶、酌茶、啜饮。与煮茶法相比，有两点区别：①煎茶法通常用茶末，而煮茶法用散叶、茶末皆可；②煎茶是一沸投茶，环搅，三沸而止，煮茶法则是冷热水不忌，煮熬而成。

泡茶

瓷器中，以汤浇覆之，用葱、姜、橘子芼之。其饮醒酒，令人不眠。"大概是说，当时采下茶叶之后，要先制作成茶饼，饮茶时再捣碎成末，用热水冲泡。但这时煮茶的过程中，仍要加入葱、姜、橘子等调味料，由此可以看出从煮茶向冲泡茶过渡的痕迹。这种方法可算得上是冲泡法的初始模样，类似于现代饮用砖茶的方法。

第三个阶段，泡茶。这种饮茶的方式也可叫作全叶冲泡法，它始于唐代，盛行于明清，它是茶在饮用上的又一进步。唐代中叶以前，陆羽已明确反对在茶中加其他香料、调料，强调品茶应品茶的本味，说明当时的饮茶方法也正处在变革之中。纯用茶叶冲泡，便被唐人称为"清茗"。饮过清茗，再咀嚼茶叶，细品其味，能获得极大的享受。从此开始，人们煮茶时只放茶叶。唐代发明的蒸青制茶法，专采春天的嫩芽，经过蒸焙之后加工成散茶，饮用时用全叶冲泡。这种散茶的品质极佳，能够引起饮者的极大兴趣，而且饮用方法也与现代基本一致，以全叶冲泡为主。

茶的主要分布区域

我国幅员辽阔、气候多样，自古就是产茶大国。由于我国茶区面积辽阔，按照国家茶区划分标准，故将全国产茶地划分为三个级别的茶区，即一、二、三级茶区。一级茶区，是全国性的划分，用来进行宏观指导；二级茶区，是由各产茶省（区）划分，用来进行省区内生产指导；三级茶区，是由各地、县划分，用以具体指导茶叶生产。

我国一级茶区分为四个，即江北茶区、华南茶区、西南茶区和江南茶区。

1. 江北茶区

江北茶区是我国最靠北的茶区，它南起长江，北至秦岭、淮河，西起大巴山，东至山东半岛，包括河南、陕西、甘肃、山东等省和安徽、江苏、湖北北部等地。

江北茶区的地形比较复杂，土壤多为黄棕壤，少数为棕壤，为我国南北土壤的过渡类型，很多地方的土壤酸碱度略偏高。这里的茶区，年平均气温为 15 ~ 16℃，冬季绝对最低气温一般为 –10℃左右。年降水量较少，约为 700 ~ 1000 毫米，分布不均，常使茶树受旱。不过该茶区中虽只有少部分有良好的气候，种植的茶树大多为灌木型中叶和小叶种，但所产出的茶叶质量不次于其他茶区。

2. 华南茶区

华南茶区位于中国南部，在连江、红水河、南盘江、保山以南，包括广东、广西、福建、台湾、海南等省（自治区）。

华南茶区大部分地方为赤红壤，少部分为黄壤。华南茶区具有丰富的水热资源，茶园在森林的覆盖下，土壤非常肥沃，有机物质含量非常丰富，这里的平均气温高达 19 ~ 22℃，最低月平均气温为 7 ~ 14℃，年降水量为中国茶区之最，一般为 1200 ~ 2000 毫米。其中，台湾省雨量最为充沛，年降水量常超过 2000 毫米。茶区土层深厚，有机质含量丰富，为中国最适宜茶树生长的地区。该区品种资源丰富，有乔木、小乔木、灌木等各种类型的茶树品种，生产的红茶、乌龙茶、花茶和六堡茶等在国内外都比较有名。

3. 西南茶区

西南茶区是我国最古老的茶区。它地处米仓山、红水河、神农架、巫山、武陵山以西，大渡河以东，包括云南、贵州、西藏东南部和四川省。

西南茶区是中国最古老的茶区。这里地形十分复杂，以盆地、高原为主，有些同纬度地区海拔高低悬殊，气候差别很大，大部分地区均属于热带季风气候，冬季不冷，夏季不热。云南主要为赤红壤和山地红壤，四川、贵州和西藏东南部以黄壤为主，有少量棕壤。土壤有机质含量一般比其他茶区丰富。西南茶区生长的茶树种类很多，主要是灌木型和小乔木型茶树，一些地区还有乔木型茶树。本区茶树品种资源丰富，生产红茶、绿茶、沱茶、紧压茶和普洱茶等，是中国发展大叶种茶的主要基地之一。出产的红茶有滇红工夫红茶、云南红碎茶，绿茶有蒙山甘露、蒙顶茶、都匀毛尖、蒙山春露、竹叶青、峨眉毛峰，黑茶有普洱茶、云南沱茶等。

4. 江南茶区

江南茶区位于长江以南，梅江、连江、雁石溪以北，包括浙江、湖南、江西等省和皖南、苏南、鄂南等地。江南茶区主要分布在丘陵地带，少数在海拔较高的山区，如浙江的天目山、福建的武夷山、江西的庐山、安徽的黄山等。这里是中国茶叶的主要产区，年产量约占总产量的 2/3。

江南茶区的土壤主要是红壤，部分为黄壤或棕黄壤，少数是冲积土。该区气候四季分明，年平均气温在 15 ~ 18℃，冬季的最低气温一般在 -8℃左右，年平均降水量在 1400 ~ 1600 毫米，春夏两季雨水最多，约为全年降水量的 60% ~ 80%，秋季干旱。该区所种植的茶树大多为灌木型中叶种和小叶种，以及少量小乔木型中叶种和大叶种。主要出产绿茶、红茶、黑茶、花茶，以及各种品质的特种名茶，诸如西湖龙井、洞庭碧螺春、君山银针、庐山云雾、九曲红梅、修水宁红等。

现代人与茶的不解之缘

对文化而言，饮茶是一种传统；对个人而言，饮茶是一种习惯，一种流行。中国的饮茶历史流传至今，不仅蕴含了丰富的人文精神，同时还带给人们愉悦的精神享受，因此，在现今社会，茶已经成为人们生活中不可缺少的必备品。

大家都知道我国有这样一句话，"开门七件事：柴米油盐酱醋茶。"《膳夫经手录》中记载了茶对普通百姓的重要性："今关西、山东，间阎村落皆吃之，累日不食犹得，不得一日无茶。"由此可见茶的重要地位。

在贵州省西部的普定县，有一位年过百岁的老人。她 90 多年前从纳雍逃荒来到该县的一个小村子，从那时起与茶结下了不解之缘。开始老人只是喜欢喝茶，可慢慢地，老人甚至开始用茶当菜泡饭吃，只要一天不喝茶，她就觉得胸口热乎乎的难受，也没有胃口。当地人都说，老人之所以长寿，与喝茶有着极大的关系。

武夷山茶园

以茶泡饭不仅仅是老人特别的地方，她泡茶的方式也与平常人不太一样。她用瓦罐架在火上慢慢熬，等到茶叶熬得熟烂，茶水也变黄了之后，老人就连茶叶也一起喝掉。老人说，家里穷，没有菜不要紧，但不能没有茶。茶可是个好东西，只要有了茶喝，她从不会口干舌燥，而且口也不会苦。

以茶养生

老人爱茶，而茶也带给她许多好处。她虽然年纪过百，但牙齿尚在，记忆力也很好。更令人觉得诧异的是，老人的头发大部分都是黑亮的，实在与这个年龄的老人不同，看来茶真有一番妙用。

当地人说，老人生活的化处镇，其实是朵贝茶的故乡。而当地的百姓祖祖辈辈都有饮茶的习惯，用茶泡饭也不仅仅是老人特有的习惯。当地人但凡累了的时候，都喜欢熬煮茶叶泡饭吃，甚至还喜欢用茶叶当菜吃火锅，用他们的话说就是"这样很爽口"。

专家分析，茶叶有着保健、养生、药用和美容等功效，不仅会延年益寿，还能让人静心宁神，陶冶情趣。看起来茶的确有让人们深深喜爱的理由。当然，世界上从来就没有什么神仙，茶叶也不是什么仙药。不过，茶叶中含有大量营养和药用价值较高的成分，不失为一种对人体健康有益的饮品。

我国茶叶种类繁多，在世界上可算是首屈一指。而我国茶馆亦不少，恐怕也是其他国家难以超越的。中国人喜欢在茶馆中与朋友、同事叙旧谈心，沏一壶好茶，边喝边聊，茶水喝到一半，再续上水，其乐趣也是其他饮品无法企及的。除此之外，国人无论是饭后、休息或者招待客人，茶都是不可缺少的。以茶待客已经成为我国标准的礼仪之一。在结婚大喜的日子里，男女双方也要给长辈和亲友们敬茶，以表示对对方的尊重。不仅如此，在许多重大的仪式上，茶亦是必不可少的。由此看来，现代人与茶真是系上了难解的缘分。

茶马古道

所谓茶马古道，实际上就是一条地道的马帮之路。茶马古道最早起源于唐宋时期的"茶马互市"。古代战争主力多是骑兵，马就成了战场上决定胜负的条件，

茶马古道的路径示意图

而我国西北地区的少数民族，将茶与粮食看成重要的生活必需品，这样，西藏地区和川、滇边地出产的骡马、毛皮、药材和川滇及内地出产的茶叶、布匹、盐和日用器皿等，在横断山区的高山深谷间南来北往，川流不息，并随着社会经济的发展而日趋繁荣。因此，"茶马互市"一直是历代统治者施政所采取的重要措施之一。

茶马古道的主要干线为青藏线、滇藏线和川藏线。其中，青藏线发展最早，开始于唐朝时期；滇藏线经过西双版纳、丽江、大理等地，又经过喜马拉雅山运往印度等国，甚至更远，是路线最远的一条线路；而三条线路中，川藏线对后来的影响最大，也最为著名。

茶典、茶人与茶事

公元前138年，张骞出使西域，得知有一条商路从四川和云南通往印度，回国之后告知汉武帝。于是，汉武帝先后派使臣前往云南寻求通往印度的路，但都被洱海附近的滇国所阻。之后，汉武帝在长安征调人力开挖了一个方圆40多里的人工湖，名为"昆明池"，训练水军，准备征讨洱海地区的滇国。公元前109年及公元前105年，汉武帝两次用兵云南，征服了昆明土著，大理、洱海一带也随之归顺，使汉朝的统治区域南接缅甸，西达西藏，北通巴蜀，东联滇越。

从西汉到东汉400多年的时间里，古道一直都静默着。但是到了唐代，随着吐蕃王朝的崛起，同时藏族和南亚、西亚人开始大量饮茶，古道又恢复了它的喧嚣，成了名副其实的茶马古道。

茶马古道随着茶马互市制度的兴起而繁荣，盛于明清。从明朝开始，川藏茶道正式形成。早在宋元时期官府就与吐蕃等地开展茶马贸易，但数量较少，所卖茶叶只能供应当地少数民族食用。到了明朝以后，政府规定于四川、陕西两省分别接待杂甘思及西藏的入贡使团，而明朝使臣亦分别由四川、陕西入藏，其余大部分川茶，则由黎雅输入藏区。

　　到了清朝，川藏茶道得到了进一步繁荣和发展。川藏线道路崎岖难行，开拓十分艰巨，当时运输茶叶少量靠骡马驮运，大部分靠人力搬运。有一段民间谚语正描述了行路的艰难程度："正二三，雪封山；四五六，淋得哭；七八九，稍好走；十冬腊，学狗爬。"川茶就是在这种艰苦的条件下运至各地的。

　　茶马古道的主要干线除了这三条之外，还包括若干支线，如由川藏线北部支线经原邓柯县（今四川德格县境）通向青海玉树、西宁乃至旁通洮州（今甘肃临潭）的支线；由昌都向北经类乌齐、丁青通往藏北地区的支线；由雅安通向松潘乃至连通甘南的支线等。

　　《茶马古道研究模式以及意义》一文中提到，茶马古道是当今世界上地势最高的贸易通道，也是民族融合与和谐之道。它见证了中国乃至亚洲各民族间因茶而缔结的血肉情感，在世界文明传播史上做出了卓越的贡献。

　　茶马古道不仅对世界各国各民族的贡献巨大，对我们每个人来说，也具有显著的作用。历史已经证明，茶马古道原本就是一条人文精神的超越之路。马帮每次踏上征程，就是一次生与死的体验之旅。茶马古道的艰险超乎寻常，然而沿途壮丽的自然景观却可以激发人潜在的勇气、力量和忍耐，使人的灵魂得到升华，从而衬托出人性的真义和伟大。

　　现如今，几千年前古人开创的茶马古道上，成群结队的马帮身影不见了，远古飘来的茶香也消失得无影无踪，那清脆悦耳的驼铃声也早已消散，但千百年来茶马古道上的先人足迹与远古留下的万千记忆却深刻地印刻下来。它幻化成中华民族生生不息的拼搏精神与崇高的民族创业精神，为中国乃至世界的历史添加了浓墨重彩的一笔。

中国十大名茶

我国茶叶种类繁多，名茶则是茶叶中的珍品。那么，何谓名茶？究竟什么样的茶叶算得上名茶呢？尽管人们对名茶的概念并不统一，但综合各类情况来看，名茶必须在色、香、味、形四个方面具有独特的风格和特色。

1959年，全国"十大名茶"评比会评出了中国的"十大名茶"，它们分别是西湖龙井、洞庭碧螺春、黄山毛峰、庐山云雾、六安瓜片、君山银针、信阳毛尖、武夷岩茶、安溪铁观音和祁门红茶。后来这"十大名茶"的内涵几经变迁。如今，于2012年7月6日～10日在大连星海会展中心召开的第八届大连国际茶文化博览会又评出了最新的"中国十大名茶"。新出炉的"十大名茶"的名单大体延续了1959年评选的结果。

1. 西湖龙井

居于中国名茶之冠的西湖龙井，是产于浙江省杭州市西湖周围的群山之中的绿茶。它以"色绿、香郁、味醇、形美"四绝著称于世。西湖群山的产茶历史已有千百年，在唐代时就享有盛名。龙井茶叶外形挺直削尖，叶细嫩，条形整齐，宽度一致，色泽为绿中显黄，手感光滑匀齐，一芽一叶或二叶；芽长于叶，芽叶均匀成朵，不带夹蒂、碎片，小巧玲珑。龙井茶味道清香，沁人心脾。假冒龙井茶则多是青草味，夹蒂较多，手感不光滑。

西湖龙井

洞庭碧螺春

2. 洞庭碧螺春

产于江苏苏州市吴中区太湖的洞庭山碧螺峰的碧螺春，是中国著名绿茶之一。洞庭山气候温和，空气清新，冬暖夏凉，为茶树的生长提供了得天独厚的环境，也使碧螺春茶形成了别具特色的品质特点。碧螺春茶条索纤细，银芽显露，一芽一叶，芽为白毫卷曲形，叶为卷曲清绿色，披满茸毛。叶底幼嫩细匀，色泽碧绿。假的为一芽二叶，芽叶长度不齐，呈黄色。民间对碧螺春外形是这样判断的："钢丝条，螺旋形，浑身毛，一嫩三鲜自古少。"

高级碧螺春可以先冲水再放茶叶，茶叶依然会徐徐下沉，展开叶片释放香味，这是茶叶芽头壮实的表现，也是其他茶叶所不能比拟的。

信阳毛尖　　　君山银针　　　六安瓜片　　　黄山毛峰

3. 信阳毛尖

信阳毛尖是河南省著名土特产之一，素来以"细、圆、光、直、多白毫、香高、味浓、汤色绿"的独特风格享誉中外。唐代茶圣陆羽所著的《茶经》，将信阳列为全国八大产茶区之一，而信阳毛尖也成为了河南省优质绿茶的代表。

信阳毛尖其外形条索紧细、圆、光、直，银绿隐翠，色泽鲜亮，内质香气新鲜，浓爽而鲜活，白毫明显。叶底嫩绿匀整，青黑色，一般一芽一叶或一芽二叶。假的为卷曲形，叶片发黄，并无茶香。

4. 君山银针

君山银针为我国著名黄茶之一。君山茶始于唐代，清代纳入贡茶。其生长的环境土壤肥沃，多为砂质土壤，年降水量约为1340毫米，相对湿度较大，这正是茶树生长的适宜环境。君山银针芽头肥壮挺直、匀齐，满披茸毛，色泽金黄光亮，香气清鲜，茶色浅黄，味甜爽，冲泡起来芽尖冲向水面，悬空竖立，然后徐徐下沉，再升再沉，三起三落，形如群笋出土，又像银刀直立。假银针为青草味，泡后银针不能竖立。

5. 六安瓜片

六安瓜片又称片茶，产于安徽六安和金寨两县的齐云山，为绿茶特种茶类，是国家级历史名茶。六安瓜片驰名古今中外，不仅因为其品质的优势，更得惠于其独特的产地和工艺。当地高山环抱，气候温和，云雾缭绕，为茶树的生长提供了良好的环境。其外形平展，形似瓜子的片形茶叶，每一片不带芽和茎梗，叶呈绿色光润，微向上重叠，内质香气清高，水色碧绿，滋味回甘，叶底厚实明亮，肉质醇厚。假的则味道较苦，色比较黄。

6. 黄山毛峰

黄山是我国景色绮丽的自然风景区之一，那里终年云雾弥漫，山峰露出云上，像坐落于云中的岛屿一样，故称为云海。著名绿茶黄山毛峰就生长于这片迷离的

祁门红茶　　　　　　都匀毛尖　　　　　　安溪铁观音　　　　　　武夷岩茶

山中，因而也沾染了其神秘的特点。

黄山毛峰，外形细嫩稍卷曲，茶芽格外肥壮、匀齐，柔软细嫩，有锋毫，形状有点像雀舌。叶片肥厚，呈金黄色；叶底芽叶成朵，厚实鲜艳，色泽嫩绿油润，香气清鲜，经久耐泡。水色清澈、杏黄、明亮，味醇厚、回甘，是茶中的上品。假茶则呈土黄，味苦，叶底不成朵。

7. 祁门红茶

祁门红茶简称祁红，是红茶中的精品。祁门红茶产于安徽省西南部，当地气候温和、日照适度、雨水充足，土壤肥沃，十分适宜茶树生长。因而，祁门红茶向来以"香高、味醇、形美、色艳"四绝驰名于世。

祁门红茶颜色为棕红色，外形条索紧细匀整，内质清芳并带有蜜糖香味，味道浓厚，甘鲜醇和，即使添加鲜奶亦不失其香醇。而假茶一般带有人工色素，味苦涩、淡薄，条叶形状不齐。

8. 都匀毛尖

都匀毛尖又名"白毛尖""鱼钩茶""雀舌茶"，是贵州特产绿茶。它产于贵州省都匀市，主产地在团山、哨脚、大槽一带。这里冬无严寒，夏无酷暑，土层深厚，土壤疏松湿润，且土质呈现酸性或微酸性。特殊的自然条件不仅为茶树的生长繁衍带来了福音，而且还帮助都匀毛尖形成了自己独特的风格。

都匀毛尖外形条索紧细卷曲，毫毛显露，色泽绿润，整张叶片细小短薄，一芽一叶初展，形似雀舌。不仅如此，它的内质也颇具风韵，其汤色清澈，滋味新鲜回甘，香气清鲜，叶底嫩绿匀齐。而假茶则滋味苦涩，叶底不匀。

9. 安溪铁观音

安溪铁观音历史悠久，素有茶王之称，是我国著名青茶之一。品质优异的铁观音，叶体厚实如铁，形美如观音，多呈螺旋形，芙蓉沙绿明显，光润，绿蒂，具有天然兰花香，汤色清澈金黄，味醇厚甜美，入口微苦，立即转甜，冲泡多次后仍有余香，叶底肥厚柔软，青绿红边，艳亮均匀，每颗茶都带茶枝。

铁观音的制作工序与一般乌龙茶的制法基本相同，一般在傍晚晒青，通宵摇青、凉青，次日清晨完成发酵，再经过烘焙，历时一昼夜。这种精细的制作工序也让安溪铁观音有了更显著的优势。假茶叶形长而薄，条索较粗，无青绿红边，叶泡三遍后便无香味。

10. 武夷岩茶

武夷岩茶产于闽北的名山武夷，茶树生长在岩缝之中。其外形条索肥壮、紧结、匀整，带扭曲条形，俗称"蜻蜓头"，叶背起蛙皮状砂粒，俗称"蛤蟆背"，内质香气馥郁、隽永，滋味醇厚回苦，润滑爽口，汤色橙黄，清澈艳丽，叶底匀亮，边缘朱红或起红点，中央叶肉黄绿色，叶脉浅黄色，耐泡 6 ~ 8 次以上。

武夷岩茶具有绿茶之清香，红茶之甘醇，是青茶之极品。其主要品种有"大红袍""水仙""肉桂"等。假茶味淡，欠韵味，色泽枯暗。

 茶典、茶人与茶事

贡茶的起源

据史料记载，贡茶可追溯到公元前 1000 多年的西周。据晋代的《华阳国志·巴志》中记载："周武王伐纣，实得巴蜀之师。"大约在公元前 1025 年，周武王姬发率周军及诸侯伐灭殷商的纣王后，便将其一位宗亲封在巴地。巴蜀作战有功，册封为诸侯。

这是一个疆域不小的邦国，它东起鱼复（今重庆奉节东白帝城），西达棘道（今四川宜宾市西南安边场），北接汉中（今陕西秦岭以南地区），南至黔涪（相当于今四川涪陵地区）。巴王作为诸侯，要向周武王纳贡。贡品有：五谷六畜、桑蚕麻纻、鱼盐铜铁、丹漆茶蜜、灵龟巨犀、山鸡白鹇、黄润鲜粉。贡单后又加注："其果实之珍者，树有荔支，蔓有辛蒟，园有芳蒻香茗。"香茗，即茶园里的珍品茶叶。

当时的茶叶不仅作为食用品，也是庆典祭祀时的礼品。

茶的雅号别称

由古至今，人们逐渐意识到了茶的妙用，不仅利用其制药，更让其成为日常生活必需品。人们对茶深情厚爱的程度，完全可以从为茶取的高雅名号看出。

酪奴：出自《洛阳伽蓝记》。书中记载，南北朝时，北魏人不习惯饮茶，而是喜爱奶酪，戏称茶为酪奴，也就是奶酪的奴婢。

消毒臣：出自唐朝《中朝故事》。诗人曹邺饮茶诗云："消毒岂称臣，德真功亦真。"唐武宗时期李德裕说天柱峰茶可以消减酒肉的毒性，曾派人煮茶浇在肉食上，并用银盒密封起来，过了一段时间打开之后，肉已经化成了水，因而人们称茶为消毒臣。

苦口师：相传，晚唐著名诗人皮日休之子皮光业在一次品赏新柑的宴席上，一进门，对新鲜甘美的柑橘视而不见，急呼要茶喝。于是，侍者只好捧上一大瓯茶汤，皮光业手拿着茶碗，即兴吟诵道："未见甘心氏，先迎苦口师。"此后，茶就有了苦口师的雅号。

余甘氏：宋朝学者李郛在《纬文琐语》中写道："世称橄榄为余甘子，亦称茶为余甘子。因易一字，改称茶为余甘氏，免含混故也。"五代诗人胡峤在饮茶诗中，也说："沾牙旧姓余甘氏。"于是，茶又被称为余甘氏。

叶嘉：这是苏轼为茶取的昵称与专名。因《茶经》首句言："茶者，南方之嘉木也。"又因茶叶通常为茶树叶片，所以取茶别名为"叶嘉"。《苏轼文集》载此文，并作《叶嘉传》，文中所言："风味恬淡，清白可爱，颇负盛名。有济世之才，虽羽知犹未评也。为社稷黎民，虽粉身碎骨亦不辞也。"此传中用拟人手法刻画了一位貌如削铁，志图挺立的清白自守之士，一心为民，一尘不染，为古来颂茶散文名篇，这也是茶别名中的最佳名号。

清友：宋朝文学家苏易简在《文房四谱》中记载有："叶嘉，字清友，号玉川先生。清友，谓茶也。"唐朝姚合品茶诗云："竹里延清友，迎风坐夕阳。"

水厄：灾难之意，出自《世说新语》，里面记载了这样的故事：晋代司徒长史王蒙，喜欢饮茶。他常

茶的别称雅号

常请来客人，陪他一同饮茶。但那些人并不习惯喝茶，每次去拜访王蒙的时候都会说："今天有水厄了。"

清风使：唐朝诗人卢仝的《茶歌》中有饮到七碗茶后，"惟觉两腋习习清风生，蓬莱山，在何处，玉川子，乘此清风欲归去"之句。据史籍《清异录》记载，五代时期，也有人称茶为清风使。

涤烦子：唐朝诗人施肩吾诗云："茶为涤烦子，酒为忘忧君。"饮茶，可洗去心中的烦闷，历来备受赞咏。唐朝史籍《唐国史补》中记载："常鲁公（即常伯熊，唐朝煮茶名士）随使西番，烹茶帐中。赞普问：'何物？'曰：'涤烦疗渴，所谓茶也。'因呼茶为涤烦子。"因此，茶又被称为涤烦子。

森伯：出自《森伯颂》。书中提到，饮茶之后会感觉体内生成了一股清气，令人浑身舒坦，因此称赞茶为"森伯"。

玉川子：唐代诗人卢仝，自号玉川子，平素极其喜爱饮茶，后被世人尊称为"茶仙"。他写了许多有关茶的诗歌，并著有《茶谱》，因此，有人以"玉川子"代称茶叶。

不夜侯：晋朝学者张华在《博物志》中说："饮真茶令人少睡，故茶别称不夜侯，美其功也。"唐朝诗人白居易在诗中写道："破睡见茶功。"宋朝大文豪苏东坡也有诗赞茶有解除睡意之功："建茶三十片，不审味如何。奉赠包居士，僧房战睡魔。"五代胡峤在饮茶诗中赞道："破睡须封不夜侯。"因而，茶又被称为不夜侯。

除此之外，人们还为茶取了不少高雅的名号。如唐宋时的团饼茶称"月团""金饼"；唐代陆羽《茶经》把茶誉为"嘉木""甘露"；杜牧《题茶山》赞誉茶为"瑞草魁"；宋代陶穀著的《清异录》对茶有"水豹囊""清人树""冷面草"等多种称谓；宋代杨伯岩《臆乘·茶名》喻称茶为"酪苍头"；五代郑遨《茶诗》称赞其为"草中英"；元代杨维桢《煮茶梦记》称呼茶为"凌霄芽"；清代阮福《普洱茶记》所记载的"女儿茶"等。

后世，随着各种名茶的出现，往往以名茶的名字来代称"茶"字，如"铁罗汉""大红袍""白牡丹""雨前""黄金桂""紫鹃""肉桂"等。时至今日，随着人们对茶的喜爱程度越来越高，茶的种类与别称也随之增多。

中国的茶文化研究

我国是一个拥有五千年历史的文明古国。中国人最早懂得喝茶，也最会喝茶，喝茶已有数千年的历史。自从神农遍尝百草开始，中国人就懂得喝茶了。在汉、三国、两晋时期，家家户户无不以茶待客，表示敬意，各地各族人民也开始形成饮茶礼俗，茶文化应运而生。从广义上讲，茶文化分自然科学和人文科学两方面，是指人类社会历史实践过程中所创造的与茶有关的物质财富和精神财富的总和。从狭义上讲，茶文化着重于茶的人文科学，主要指茶对精神和社会的功能。

中国茶文化博大精深，它包含作为载体的茶和使用茶的人类因茶而形成的各种事实和观念，是一个内容丰富、结构复杂的体系。它的内容涉及科技教育、文化艺术、医学保健等许多学科与行业，包括诗词、美术、小说、祭祀、禅教、婚礼、歌舞、茶事旅游、茶事博览和茶食茶疗等多个方面，具有历史性、地区性、民族性和社会性等特点。

中华茶文化包含物质文化、精神文化与行为文化三个层次。

物质文化。茶文化的物质层次是指人们从事茶叶生产的活动方式及其成果的总和。例如：茶叶的种植与栽培、加工制造、保存与收藏，以及饮茶时所用的茶具、水、茶室等有形的过程、产品、物品、建筑物等。

精神文化。茶文化的精神层次是指人们在长期进行茶叶生产、经营、品饮及茶艺活动的过程中，逐渐形成的价值观念、审美情趣、思维方式等主观因素的总和，例如茶叶生产、饮茶情趣以及有关茶的诗词歌赋等文艺作品，该层次也是茶文化的核心部分。人们在品茶的过程中感悟人生，将品茶与人生哲学有机结合起来，将饮茶上升到哲理的高度，追求精神上的愉悦，也就是茶文化中的茶道、茶德等。

行为文化。茶文化的行为层次是指人们在茶叶生产、经营、消费过程中逐渐形成的行为模式的总和，常常以茶艺、茶礼、茶俗等形式表现出来。我国各民族、各地区在长期饮茶的过程中，结合地域特点及民族习惯，形成了各具特色的饮茶方式和茶艺程式。中国旧时曾以茶为礼，称为"茶礼"，送茶礼叫"下茶"；"一女不吃两家茶"，也是说一旦女家受了茶礼，便不再接受别家的聘礼。除此之外，客来敬茶是我国的传统礼节，表明了主人的热情好客；千里寄茶表现出对亲人、故乡的思念，体现了浓浓的亲情。

茶最开始被我们的祖先发现，只是用来解毒、煮食而已。慢慢地，它发展到饮用。今天的茶不仅仅是生津止渴、醒脑提神的饮品，同时人们通过茶获得了精神的需要，表现了我们的人生信仰以及追求人生的崇高境界。茶经过几千年的发展，如今已经成为风靡世界的三大无酒精饮料之一。茶文化源远流长，博大精深。人类对茶的认识，以及在此基础上的应用和创造等过程，都以茶为载体来传播，是茶与文化的有机融合。

不同时代、不同民族、不同社会阶层、不同的社会环境和自然环境使茶文化呈现出了不同形态，构成了中国茶文化的历史长链。在历史的进程中，茶文化的内容得到不断丰富和发展，不断汲取具有鲜明时代特色的营养，并与各个时期、各个层面的社会生活密切结合，对中国社会的发展产生了深远的影响。

宋代是历史上茶饮活动最活跃的时代，由于南北饮茶文化的融合，开始出现茶馆文化，茶馆在南宋时称为茶肆，当时临安城的茶饮买卖昼夜不绝。此外，宋代的茶饮活动从贡茶开始，又衍生出"绣茶""斗茶""分茶"等娱乐方式。

茶可作为物质食粮

茶也是精神食粮

33

第二章

茶的分类

初次走入茶叶店，我们总会被里面五花八门、绚丽缤纷的茶叶名称所吸引，眼花缭乱。其实茶叶的名称也是有讲究的，有的根据茶叶产地而命名，例如西湖龙井、普陀佛茶等；有的根据茶叶形状不同而命名，例如银针、珠茶等；有的更是以历史故事命名，如铁观音、大红袍等。总之，分类方法花样百出，这样才使茶显得更具神秘感。

传统七大茶系分类法

中国的茶叶种类很多，分类也自然很多，但被大家熟知和广泛认同的就是按照茶的色泽与加工方法分类，即传统七大茶系分类法：红茶、绿茶、黄茶、青茶、白茶、黑茶和花茶七大茶系。

1. 红茶

红茶是我国最大的出口茶，出口量占我国茶叶总产量的50%左右，属于全发酵茶类。它因干茶色泽、冲泡后的茶汤和叶底以红色为主调而得名。但红茶开始创制时被称为"乌茶"，因此，英语称其为"Black Tea"，而并非"Red Tea"。

红茶以适宜制作本品的茶树新芽叶为原料，经萎凋、揉捻、发酵、干燥等典型工艺过程精制而成。香气最为浓郁高长，滋味香甜醇和，饮用方式多样，是全世界饮用国家和人数最多的茶类。

红茶中的名茶主要有以下几种：祁门红茶、政和工夫、闽红工夫、坦洋工夫、白琳工夫、滇红工夫、九曲红梅、宁红工夫、宜红工夫，等等。

滇红工夫　　　　　　九曲红梅　　　　　　祁门红茶　　　　　　政和工夫

| 洞庭碧螺春 | 黄山毛峰 | 六安瓜片 | 西湖龙井 |

2. 绿茶

　　绿茶是历史最早的茶类，距今至少有三千多年。古代人类采集野生茶树芽叶晒干收藏，可以看作是广义上的绿茶加工的开始。但真正意义上的绿茶加工，是从 8 世纪发明蒸青制法开始，到 12 世纪又发明炒青制法，绿茶加工技术已比较成熟，一直沿用至今，并不断完善。

　　绿茶是我国产量最大的茶类，其制作过程并没有经过发酵，成品茶的色泽、冲泡后的茶汤和叶底均以绿色为主调，较多地保留了鲜叶内的天然物质。其中茶多酚咖啡因保留鲜叶的 85% 以上，叶绿素保留 50% 左右，维生素损失也较少，从而形成了绿茶"清汤绿叶，滋味收敛性强"的特点。由于营养物质损失少，绿茶也对人体健康更为有益，对防衰老、防癌、抗癌、杀菌、消炎等均有特殊效果。

　　绿茶中的名茶主要有以下几种：西湖龙井、洞庭碧螺春、黄山毛峰、信阳毛尖、庐山云雾、六安瓜片、太平猴魁，等等。

3. 黄茶

　　由于杀青、揉捻后干燥不足或不及时，叶色变为黄色，于是人们发现了茶的新品种——黄茶。黄茶具有绿茶的清香、红茶的香醇、白茶的愉悦以及黑茶的厚重，是各阶层人群都喜爱的茶类。其品质特点是"黄叶黄汤"，这种黄色是制茶过程中进行闷堆渥黄的结果。

| 广东大叶青 | 霍山黄芽 | 君山银针 | 蒙顶黄芽 |

由于品种的不同，黄茶在茶片选择、加工工艺上有相当大的区别。比如，湖南省岳阳洞庭湖君山的君山银针，采用的全是肥壮的芽头，制茶工艺精细，分杀青、摊放、初烘、复摊、初包、复烘、再摊放、复包、干燥、分级等十道工序。加工后的君山银针外表披毛，色泽金黄光亮。

黄茶中的名茶主要有以下几种：君山银针、蒙顶黄芽、霍山黄芽、海马宫茶、北港毛尖、鹿苑毛尖、广东大叶青，等等。

4. 乌龙茶（青茶）

乌龙茶，主要指青茶，属于半发酵茶，在中国几大茶类中，具有鲜明的特色。它融合了红茶和绿茶的清新与甘鲜，品尝后齿颊留香，回味无穷。

乌龙茶因其在分解脂肪、减肥健美等方面有着显著功效，又被称为"美容茶""健美茶"，受到海内外人士的喜爱和追捧。

乌龙茶中的名茶主要有以下几种：凤凰水仙、武夷肉桂、武夷岩茶、冻顶乌龙、凤凰单丛、黄金桂、安溪铁观音、本山，等等。

冻顶乌龙　　凤凰单丛　　凤凰水仙　　安溪铁观音　　武夷肉桂　　武夷岩茶

5. 白茶

白茶是我国的特产，一般地区并不多见。人们采摘细嫩、叶背多白茸毛的芽叶，加工时不炒不揉，晒干或用文火烘干，使白茸毛在茶的外表完整地保留下来，这就是它呈白色的缘故。

白毫银针　　　　　白牡丹　　　　　寿眉

优质成品茶毫色银白闪亮，素有"绿妆素裹"之美感，且芽头肥壮，汤色黄亮，滋味鲜醇，叶底嫩匀。冲泡后品尝，滋味鲜醇可口，还能起到药理作用。中医药理证明，白茶性清凉，具有退热降火之功效，海外侨胞往往将白茶视为不可多得的珍品。

白茶中的名茶主要有以下几种：白牡丹、贡眉、白毫银针、寿眉、福鼎白茶，等等。

6. 黑茶

黑茶因其茶色呈黑褐色而得名。由于加工制造过程中一般堆积发酵时间较长，所以叶片多呈现暗褐色。其品质特征是茶叶粗老、色泽细黑、汤色橙黄、香味醇厚，具有扑鼻的松烟香味。黑茶属深度发酵茶，存放的时间越久，其味越醇厚。

黑茶中的名茶主要有以下几种：普洱茶、四川边茶、六堡散茶、湖南黑茶、茯砖茶、老青茶、老茶头、黑砖茶，等等。

| 老茶头 | 普洱散茶（熟） | 生饼茶 | 生砖茶 |

7. 花茶

花茶又称熏花茶、香花茶、香片，属于再加工茶，是中国独特的一个茶叶品种。花茶由精致茶胚和具有香气的鲜花混合，使花香和茶味相得益彰，受到很多人尤其是偏好重口味的北方朋友青睐。

花茶具有清热解毒、美容保健等功效，适合各类人群饮用。随着人们生活水

| 碧潭飘雪 | 茉莉龙珠 | 茉莉银针 | 女儿环 |

平的提高，时尚生活越来越丰富，花茶也增添了许多品种，例如保健茶、工艺茶、花草茶，等等。

常见的花茶主要有：茉莉花茶、玉兰花茶、珠兰花茶、茉莉龙珠、茉莉银针、玫瑰花茶、菊花茶、千日红、女儿环、碧潭飘雪，等等。

按茶树品种分类

我国是世界上最早种茶、制茶、饮茶的国家，已经有几千年的茶树栽培历史。植物学家通过分析得出的结论是，茶树从起源到现在已经有6000万～7000万年的漫长历史了。

茶树是一种多年生的常绿灌木或小乔木的植物，高度在1～6米，而在热带地区生长的茶树有的为乔木型，树高可达15～30米，基部树围可达1.5米以上，树龄在数百年甚至上千年。花开在叶子中间，为白色、五瓣，有芳香。茶树叶互生，具有短柄，树叶的形状有披针状、椭圆形、卵形和倒披针形等。树叶的边缘有细锯齿。茶树的果实扁圆，果实成熟开裂后会露出种子，呈卵圆形、棕褐色。

茶树同其他物种一样，需要有一定的生长环境才能存活。茶树由于在某种环境中长期生长，受到特定环境条件的影响，通过新陈代谢，形成了对某些生态因素的特定需要，从而形成了茶树的生存条件。这种生存条件主要包括地形、土壤、阳光、温度、雨水等。

根据自然情况下茶树的高度和分枝习性，茶树可分为乔木型、小乔木型和灌木型。

1. 乔木型

乔木型的茶树是较原始的茶树类型，分布于和茶树原产地自然条件较接近的自然区域，即我国热带或亚热带地区。植株高大，分枝部位高，主干明显，分枝稀疏。叶片大，叶片长度的变异范围为10～26厘米，多数品种叶长在14厘米以上。结实率低，抗逆性弱，特别是抗寒性极差。芽头粗大，芽叶中多酚类物质含量高。这类品种分布于温暖湿润的地区，适宜制红茶，品质上具有滋味浓郁的特点。

2. 小乔木型

小乔木型茶树属于进化类型，分布于亚热带或热带茶区，抗逆性相比于乔木类型要强。植株较高大，从植株基部至中部主干明显，植株上部主干则不明显。分枝较稀，大多数品种叶片长度在10～14厘米，叶片栅栏组织多为两层。

灌木型茶树

3. 灌木型

灌木型茶树也属于进化类型，主要分布于亚热带茶区，我国大多数茶区均有其分布，包括的品种也最多。地理分布广，茶类适制性亦较广。灌木类型的茶树品种，植株低矮，分枝部位低，从基部分枝，无明显主干，分枝密。叶片小，叶片长度变异范围大，为 2.2～14 厘米。叶片栅栏组织 2～3 层。结实率高，抗逆性强。芽中氨基氮含量高。

灌木型茶叶还可按茶树品种分为以下类别：根据茶树的繁殖方式分类，可分为有性品种和无性品种两类；根据茶树成熟叶片大小分类，可分为特大叶品种、大叶品种、中叶品种和小叶品种四类。

以下介绍几种我国台湾地区按茶树品种分类的茶叶：

＊青心乌龙

属于小叶种，适合制造部分发酵的晚生种，由于本品种是一个极有历史并且被广泛种植的品种，因此有种仔、种茶、软枝乌龙等别名。树型较小，属于开张型，枝叶较密，幼芽成紫色，叶片呈狭长椭圆形，叶肉稍厚柔软富弹性，叶色呈浓绿富光泽。本品种所制成的包种茶不但品质优良，且广受消费者喜好，故成为本省栽植面积最广的品种，可惜树势较弱，易患枯枝病且产量低。

＊硬枝红心

别名大广红心，属于早生种，适合制造包种茶的品种，树型大且直立，枝叶稍疏，幼芽肥大且密生茸毛，呈紫红色，叶片锯齿较锐利，树势强健，产量中等。制造铁观音茶泽外观优异且滋味良好，品质与市场需求有直追铁观音种茶树所制造产品的趋势。本品种所制成的条型或半球型包种茶，具有特殊香味，但因成茶色泽较差而售价较低。

*大叶乌龙

台湾地区四大名种之一。属于早生种，适合制造绿茶及包种茶品种，树型高大直立，枝叶较疏，芽肥大，茸毛多呈淡红色，叶片大且呈椭圆形，叶色暗绿，叶肉厚树势强，但收成量中等。本品种目前零星散布于台北市汐止、深坑、石门等地区，面积正在逐年减少。

按产地取名分类

我国的许多省份都出产茶叶，但主要集中在南部各省，基本分布在东经94°~122°、北纬18°~37°的广阔范围内，有浙、苏、闽、湘、鄂、皖、川、渝、贵、滇、藏、粤、桂、赣、琼、台、陕、豫、鲁、甘等省区的上千个县市。

由于茶树是热带、亚热带多年生常绿树种，要求温暖多雨的气候环境，酸性土壤的土地条件。南方地区多山云雾大，散射光多，日照短，昼夜温差大，气候阴凉，对形成茶叶优良品种非常有利，因而可以高产。

茶树最高种植在海拔2600米高地上，而最低仅距海平面几十米。在不同地区，生长着不同类型和不同品种的茶树，从而决定着茶叶的品质及其适制性和适应性，形成了一定的、颇为丰富的茶类结构。

根据产地取名的茶叶品种很多，以下列举几种精品茶叶：

1. 西湖龙井

中国十大名茶之一，因产于中国杭州西湖的龙井茶区而得名。龙井既是地名，又是泉名和茶名。"欲把西湖比西子，从来佳茗似佳人。"这优美的句子如诗如画，泡一杯龙井茶，喝出的却是世所罕见的独特而骄人的龙井茶文化。

西湖龙井

2. 洞庭碧螺春

中国十大名茶之一，因产于江苏省苏州市太湖洞庭山而得名。太湖地区水气升腾，雾气悠悠，空气湿润，极宜于茶树生长。碧螺春茶叶早在隋唐时期即负盛名，有千余年历史。喝一杯碧螺春，仿如品赏传说中的江南美女。

3. 安溪铁观音

1725～1735年间，由福建安溪人发明，是中国十大名茶之一。铁观音独具"观音韵"，清香雅韵，"七泡余香溪月露，满心喜乐岭云涛"，以其独特的韵味和超群的品质备受人们青睐。

4. 祁门红茶

因产于安徽省祁门一带而得名。"祁红特绝群芳最，清誉高香不二门。"祁门红茶是红茶中的极品，享有盛誉，香名远播，素有"群芳最""红茶皇后"等美称，深受不同国家人群的喜爱。

祁门红茶

5. 黄山毛峰

产于安徽省黄山，是我国历史名茶之一。特级黄山毛峰的主要特征：形似雀嘴，芽壮多毫，色如象牙、清香高长、汤色清澈，滋味鲜醇，叶底黄嫩。由于新制茶叶白毫披身，芽尖锋芒，且鲜叶采自黄山高峰，于是将该茶取名为黄山毛峰。

黄山毛峰

6. 冻顶乌龙

冻顶乌龙产自台湾地区鹿谷附近的冻顶山，山中多雾，山路又陡又滑，上山采茶都要将脚尖"冻"起来，避免滑下去。山顶被称为冻顶、山脚被称为叫冻脚。冻顶乌龙茶因此得名。

冻顶乌龙

7. 庐山云雾

因产自中国江西的庐山而得名。素来以"味醇、色秀、香馨、汤清"享有盛名。茶汤清淡，宛若碧玉，味似龙井而更为醇香。

8. 阿里山乌龙茶

阿里山实际上并不是一座山，只是特定范围的统称，正确说法应是"阿里山区"。这里不仅是著名的旅游风景区，也是著名的茶叶产区，阿里山乌龙茶可以算得上是中国台湾高山茶的代表。

君山银针

广东大叶青

安吉白茶

安化黑茶

9. 君山银针

君山银针产于湖南岳阳洞庭湖中的君山，故称君山银针。茶芽外形很像一根根银针，雅称"金镶玉"。据说文成公主出嫁时就选了君山银针带入西藏。

10. 广东大叶青

大叶青是广东的特产，是黄茶的代表品种之一。

11. 花果山云雾茶

因产于江苏省连云港市花果山而得名。花果山云雾茶生于高山云雾之中，纤维素较少，茶内氨基酸、儿茶多酚类和咖啡因含量都比较高。

12. 南京雨花茶

雨花茶因产自南京雨花台而得名，此茶以其优良的品质备受各类人群喜爱。

13. 婺源绿茶

江西婺源县地势高峻，土壤肥沃，气候温和，雨量充沛，极其适宜茶树生长。"绿丛遍山野，户户有香茶"，是中国著名的绿茶产区，婺源绿茶因此得名。

14. 安吉白茶

安吉白茶属绿茶，为浙江名茶的后起之秀，因其加工原料采自一种嫩叶全为白色的茶树，而得名为安吉白茶。

15. 普陀佛茶

普陀佛茶又称为普陀山云雾茶，是中国绿茶类古茶品种之一。普陀山是中国四大佛教名山之一，属于温带海洋性气候，冬暖夏凉，四季湿润，土壤肥沃，为茶树的生长提供了十分优越的自然环境，普陀佛茶也因此而闻名。

16. 安化黑茶

中国古代名茶之一，因产自中国湖南安化县而得名。20 世纪 50 年代曾一度绝产，直到 2010 年，湖南黑茶进入中国世博会，安化黑茶才再一次走进茶人的视野，成为茶人的新宠。

17. 桐城小花茶

桐城小花茶因盛产于安徽桐城而得名，是徽茶中的名品。桐城小花茶除了具备花茶的各种特征，另有如兰花一样的美好香氛，因茶叶尖头细小，故为小花茶。

18. 广西六堡茶

六堡茶生产已有二百多年的历史，因产于广西苍梧县六堡乡而得名。其汤色红浓，香气陈厚，滋味甘醇，备受海内外人士赏识。

除以上这些种类之外，还有许多以产地取名的茶叶，例如福鼎白茶、正安白茶、湖北老青茶、黄山贡菊等。

按采收季节分类

茶叶的生长和采制是有季节性的，随着自然条件的变化也会有差异。如水分过多，茶质自然较淡；孕育时间较长，接受天地赐予，茶质自然丰腴。因而，按照不同的季节，可以将茶叶划分为春、夏、秋、冬四季茶。

1. 春茶

春茶俗称春仔茶或头水茶，为 3 月上旬～5 月上旬之间采制的茶，采茶时间在惊蛰、春分、清明、谷雨 4 个节气。依时日又可分早春、晚春、（清）明前、明后、（谷）雨前、雨后等茶（孕育与采摘期：冬茶采摘结束后至 5 月上旬，所占总产量比例为 35%），采摘期为 20～40 天，随各地气候而异。

春茶

由于春季温度适中，雨量充沛，无病虫危害，加上茶树经半年冬季的休养生息，使得春梢芽叶肥硕，色泽翠绿，叶质柔软鲜嫩，特别是氨基酸及相应的全氮量和多种维生素，使春茶滋味鲜活，香气馥郁，品质极佳。

2. 夏茶

夏茶的采摘时间在每年夏天，一般为 5 月中下旬～6 月，是春茶采摘一段时间后所新发的茶叶，集中在立夏、小满、芒种、夏至、小暑、大暑等 6 个节气之间。其中又分为第一次夏茶和第二次夏茶。

第一次夏茶为头水夏仔或二水茶（孕育与采摘期：5 月中下旬～6 月下旬，所占总产量为 17%）。

第二次夏茶俗称六月白、大小暑茶、二水夏仔（孕育与采摘期：7 月上旬～8 月中旬，所占总产量为 18%）。

由于夏季天气炎热，茶树新梢芽叶生长迅速，使得能溶解茶汤的水浸出物含量相对减少，特别是氨基酸及全氮量的减少。由于受高温影响，夏茶很容易老化，使得茶汤滋味比较苦涩，香气多不如春茶强烈。

夏茶

3. 秋茶

秋茶为秋分前后所采制之茶，采摘时间在每年立秋、处暑、白露、秋分 4 个节气之间。其中又分为第一次秋茶与第二次秋茶。

第一次秋茶称为秋茶（孕育与采摘期：8 月下旬～9 月中旬，所占总产量为 15%）。

第二次秋茶称为白露笋（孕育与采摘期：9 月下旬～10 月下旬，所占总产量为 10%）。

秋茶

由于秋季气候条件介于春夏之间，秋高气爽，有利于茶叶芳香物质的合成与积累。茶树经春夏二季生长、采摘，新梢芽内含物质相对减少，叶片大小不一，叶底发脆，叶色发黄，滋味、香气显得比较平和。

4. 冬茶

冬茶的采摘时间在每年冬天，集中在寒露、霜降、立冬、小雪 4 个节气之间（孕育与采摘期：11 月下旬～12 月上旬，所占总产量为 5%）。

由于气候逐渐转凉，冬茶新梢芽生长缓慢，内含物质逐渐堆积，滋味醇厚，香气比较浓烈。

人们多喜爱春茶，但并不是每种茶中都是春茶最佳。例如乌龙茶就以夏茶为优。因为夏季气温较高，茶芽生长得比较肥大，白毫浓厚，茶叶中所含的儿茶素等也较多。总之，不同的季节，茶叶有着不同的特质，要因茶而异。

按茶叶的形态分类

我国不但拥有齐全的茶类，还拥有众多的精品茶叶。茶叶除了具有各种优雅别致的名称，还有不同的外形，可谓千姿百态。茶叶按其形态可分为以下类别：

1. 长条形茶

外形为长条状的茶叶，这种外形的茶叶比较多，例如：红茶中的金骏眉、条形红毛茶、工夫红茶、小种红茶及红碎茶中的叶茶等；绿茶中的炒青、烘青、珍眉、特针、雨茶、信阳毛尖、庐山云雾等；黑茶中的黑毛茶、湘尖茶、六堡茶等；青茶中的水仙、岩茶等。

2. 螺钉形茶

茶条顶端扭转成螺丝钉形的茶叶，例如乌龙茶中的铁观音、色种等。

3. 卷曲条形茶

外形为条索紧细卷曲的茶叶，如绿茶中的洞庭碧螺春、都匀毛尖、高桥银峰等。

4. 针形茶

外形类似针状的茶叶，如黄茶中的君山银针；白茶中的白毫银针；绿茶中的南京雨花茶、安化松针等。

5. 扁形茶

外形扁平挺直的茶叶，如绿茶中的西湖龙井、旗枪、大方等。

6. 尖形茶

外形两端略尖的茶叶，如绿茶中的太平猴魁等。

条形茶 金骏眉　　　　　　螺钉形茶 毛蟹（一种铁观音）　　　　卷曲条形茶 洞庭碧螺春

针形茶 白毫银针　　　　　扁形茶 西湖龙井　　　　　　　　尖形茶 太平猴魁

7. 团块形茶

毛茶复制后经蒸压造型呈团块状的茶，其中又可分为砖形、枕形、碗形、饼形等。砖形茶形如砖块，如红茶中的米砖茶等；黑茶中的黑砖茶、花砖茶、茯砖茶、青砖茶等。枕形茶形如枕头，如黑茶中的金尖茶。碗形茶形如碗臼，如绿茶中的沱茶。饼形茶形如圆饼，如黑茶中的七子饼茶等。

8. 束形茶

束形茶是用结实的消毒细线把理顺的茶叶捆扎成的茶，如绿茶中的绿牡丹等。

9. 花朵形茶

即芽叶相连似花朵的茶叶，如绿茶中的舒城小兰花；白茶中的白牡丹等。

10. 颗粒形茶

形状似小颗粒的茶叶，如红茶中的碎茶；用冷冻方法制成的速溶茶等。

11. 珠形茶

外形像圆珠形的茶叶，亦称珠茶，如绿茶中的平水珠茶；花茶中的茉莉龙珠等。

12. 片形茶

有整片形和碎片形两种。整片形茶如绿茶中的六安瓜片；碎片形茶如绿茶中的秀眉等。

"中华茶苑多奇葩，色香味形惊天下"，不同形态的茶叶构成了多姿多彩的茶

团块形茶 茯砖茶

束形茶 飞雪迎春

花朵形茶 花开富贵

颗粒形茶

珠形茶 茉莉龙珠

片形茶 六安瓜片

文化，为这个悠久文明的古国带来旖旎的风姿与风情。

按发酵程度分类

茶叶的发酵，就是将茶叶破坏，使茶叶中的化学物质与空气产生氧化作用，产生一定的颜色、滋味与香味的过程，只要将茶青放在空气中即可。就茶青的每个细胞而言，要先萎凋才能引起发酵，但就整片叶子而言，是随萎凋而逐步进行的，只是在萎凋的后段，加强搅拌与堆厚后才快速地进行。

根据制茶过程中是否有发酵以及不同的工艺划分，可将茶叶分为不发酵茶、半发酵茶、全发酵茶和后发酵茶四大类别。

1. 不发酵茶

不发酵茶，又称绿茶。以采摘适宜茶树新梢为原料，不经发酵，直接杀青、揉捻、干燥等典型工艺过程，以区别经发酵制成的其他类型茶叶，故名。

2. 半发酵茶

（1）轻发酵茶，是指不经过发酵过程的茶。因为制作过程不经过发酵，所以气味天然、清香爽口、茶色翠绿。例如白茶、武夷、水仙、文山包种茶、冻顶茶、松柏长青茶、铁观音、宜兰包种、南港包种、明德茶、香片、茉莉花茶等。

（2）重发酵茶，指乌龙茶。真正的"乌龙茶"是东方美人茶，即白毫乌龙茶，易与俗称的乌龙茶混淆。

3. 全发酵茶

全发酵茶是指100%发酵的茶叶，因冲泡后茶色呈现出鲜明的红色或深红色。其中可按品种和形状分为下列两类：

（1）按品种分：小叶种红茶、阿萨姆红茶。

（2）按形状分：条状红茶、碎形红茶和一般红茶。

4. 后发酵茶

后发酵茶中，最有名最被人熟知的就是黑茶。以黑茶中的普洱茶为例，它的前加工是属于不发酵茶类的做法，再经渥堆后发酵而制成。

茶叶中发酵程度会有小幅度的误差，其高低并不是绝对的，按照发酵程度，大致上红茶为95%发酵，制作时萎凋的程度最高、最完全，鲜茶内原有的一些多酚类化合物氧化聚合生成茶黄质和茶红质等有色物质，其干茶色泽和冲泡的茶汤以红黄色为主调；黄茶为85%发酵，为半发酵茶；黑茶为80%发酵，为后发酵

根据发酵程度不同，由轻到重依次为绿茶、白茶、黄茶、乌龙茶、黑茶、红茶

按照汤色不同，由浅到深依次为绿茶、白茶、黄茶、乌龙茶、黑茶、红茶（由下至上分别为1～4泡的茶汤）

茶；乌龙茶为60%～70%发酵，为半发酵茶，制造时较之绿茶多了萎凋和发酵的步骤，鲜叶中一部分天然成分会因酵素作用而发生变化，产生特殊的香气及滋味，冲泡后的茶汤色泽呈金黄色或琥珀色；白茶为5%～10%发酵，为轻发酵茶；绿茶是完全不发酵的，在制作过程中没有发酵工序，茶树的鲜叶采摘后经过高温杀青，去除其中的氧化酶，然后经过揉捻、干燥制成，成品干茶保持了鲜叶内的天然物质成分，茶汤青翠碧绿。

按熏花种类分

茶叶按是否熏花，可分为花茶与素茶两种。所有茶叶中，仅绿茶、红茶和包种茶有熏花品种，其余各种茶叶，很少有熏花。这种茶除茶名外，都冠以花的名称，以下为几种花茶：

1. 茉莉花茶

又称茉莉香片。它是将茶叶和茉莉鲜花进行拼合，用茉莉花熏制而成的品种。茶叶充分吸收了茉莉花的香气，使得茶香与花香交互融合。茉莉花茶使用的茶叶以绿茶为多，少数也有红茶和乌龙茶。

茶胚吸收花香的过程被称为窨制，茉莉花茶的窨制是很讲究的。有"三窨一提，五窨一提，七窨一提"

茉莉花茶

之说，意思是说制作花茶时需要窨制 3 ～ 7 遍才能让毛茶充分吸收茉莉花的香味。每次毛茶吸收完鲜花的香气之后，都需要筛出废花，接着再窨花，再筛废花，再窨花，如此进行数次。因此，只要是按照正常步骤加工并无偷工减料的花茶，无论档次高低，冲泡数次之后仍应香气犹存。

2. 桂花茶

桂花茶是由精制茶胚与鲜桂花窨制而成的一种名贵花茶，香味馥郁持久，茶色绿而明亮。茶叶用鲜桂花窨制后，既不失茶原有的香，又带有浓郁的桂花香气。饮用之后有通气和胃的作用，桂花茶是普遍适合各类人群饮用的佳品。

桂花龙井茶

桂花茶盛产于四川成都、广西桂林、湖北咸宁、重庆等地。西湖龙井与代表杭州城市形象的桂花窨制而成的桂花龙井、福建安溪的桂花乌龙等，均以桂花的馥郁芬芳衬托茶的醇厚滋味而别具一格，成为茶中珍品。另外，桂花烘青还远销日本、东南亚，深受国内外消费者的喜爱。

3. 玫瑰红茶

玫瑰红茶是玫瑰茶的一种，是由上等的红茶与玫瑰花混合窨制而成的。它口感醇和，除了具有一般红茶的甜香味，还散发着浓郁的茉莉花香。除此之外，玫瑰红茶还可以帮助人们实现美容养颜，补充人体水分，实现抗皱、降血脂、舒张血管等目标。也正因为如此，玫瑰红茶成为深受广大女性喜爱的佳品。

玫瑰红茶

按制造程序分

茶按照制造程序分类，可分为毛茶与精茶两类。

1. 毛茶

毛茶又称为粗制茶或初制茶，是茶叶经过初制后含有黄片、茶梗的成品。其外形比较粗糙，大小不一。

毛茶的加工过程就是筛、切、选、拣、炒的反复操作过程。筛选时可以分出茶叶的轻重，区别品质的优次；接着经过复火，可以使头子茶紧缩干脆，便于切

毛茶

精茶

断，提高工效。因为茶胚身骨软硬不同，不仅很难分出茶叶品质的好坏，且容易走料，减少经济收入。所以必须在茶胚含水量一致的情况下，再经筛分、取料、风选、定级，才能达到精选茶胚、分清品质优次、取料定级的目的。拣剔是毛茶加工过程中最费工的作业。为了提高机器拣剔的效率，尽量减轻拣剔任务，达到纯净品质的目的，首先要经过筛分、风选，使茶胚基本上均匀一致，然后再经拣剔，这样才能充分发挥机器拣剔的效率，减少手工拣剔的工作量，达到拣剔质量的要求。

从毛茶到精茶，经过整个生产流水作业线的过程，被称为毛茶加工工艺程序。我国目前有的茶厂采用先抖后圆的做法，也有先圆后抖的做法。

由于毛茶的产地、鲜叶老嫩、采制的季节、初制技术等的不同，品质往往差异很大，但却不妨碍人们饮用。

2. 精茶

精茶又称为精制茶、再制茶、成品茶，是毛茶经分筛、拣剔等精制的手续，使其成为形状整齐与品质划一的成品。

按制茶的原材料分

按照制茶所需的原材料，茶叶又可分为叶茶和芽茶两类。不同的茶对原材料的要求各不相同，有的需要新鲜叶片制作，因而要等到枝叶成熟后才可摘取；有的则需要采摘其嫩芽，需要芽越嫩越好。

1. 叶茶

顾名思义，以叶为制造原料的茶类称为"叶茶"。叶茶类以采摘叶为原则，如果外观上有明显的芽尖，则可能是品质较差的夏茶。以下列举两种叶茶：

*酸枣叶茶

酸枣产于我国北方地区，属于落叶灌木或小乔木。酸枣全身都是宝，不仅其果实可以食用，根茎叶皆有药用价值，种子也具有镇静、安神的作用。

除此之外，采摘野生酸枣 4～5 月份的嫩叶，可以制成酸枣叶茶。酸枣叶茶具有镇定、安神、降温、提高免疫力等作用，它对调节神经衰弱、心神不安、失眠多梦都具有良好的作用，对高血压人群的降压效果也很显著。

★菩提叶茶

菩提树的花朵为米黄色，因其含有特殊的挥发性油，香味十分清远。在德国，菩提叶茶又称为"母亲茶"，因为它们的香气犹如母亲般的慰藉。

菩提叶茶

菩提叶中含有丰富的维生素 C，对人体的神经系统、呼吸系统以及新陈代谢作用极大。菩提叶可以让人镇定心情，有助于排出体内的废弃物，降低血压以及清除血脂，防止动脉硬化，消除疲劳，还可以消除黑斑、皱纹等。

2. 芽茶

用茶芽制作而成的茶类叫作"芽茶"。芽茶以白毫多为特色，茸毛的多少与品种有关，这些茸毛在成茶上体现出来的就是白毫。例如白毫、毛峰或龙井茶等。

市场上，只要看见标有"白毫"或"毛峰"的产品，例如白毫乌龙、白毫银针或黄山毛峰等，这些品种的茶都十分注重白毫，原材料也必须挑选茸毛多的品种。当然，

白毫银针

并不是所有的芽茶都注重白毫，有的芽茶在制作过程中就将茸毛压实，俗称"毫隐"。

按茶的生长环境分类

根据茶树生长的地理条件，茶叶可分为高山茶、平地茶和有机茶几个类型，品质也有所不同。

1. 高山茶

我国历代贡茶、传统名茶以及当代新创的名茶，往往多产自高山。因而，相比平地茶，高山茶可谓得天独厚，也就是人们平常所说的"高山出好茶"。

明代陈襄诗曰："雾芽吸尽香龙脂"，意思是说高山茶的品质之所以好，是因为在云雾中吸收了"龙脂"的缘故。我国名茶以山名加云雾命名的特别多。例如花果山云雾茶、庐山云雾茶、高峰云雾茶、华顶云雾茶、南岳云雾茶、熊洞云雾茶，等等。其实，高山之所以出好茶，是优越的茶树生态环境造就的。

茶树一向喜温湿、喜阴，而海拔比较高的山地正好满足了这样的条件，温润的气候，丰沛的降水量，浓郁的湿度，以及略带酸性的土壤，促使高山茶芽肥叶壮，色绿茸多。制成之后的茶叶条索紧结，白毫显露，香气浓郁，耐冲泡。

而所谓高山出好茶，是与平地相比而言，并非是山越高，茶越好。那些名茶产地的高山，海拔都集中在 200 ～ 600 米。一旦海拔超过 800 米以上，气温就会偏低，这样往往影响了茶树的生长，且茶树容易受白星病危害，用这种茶树新梢制出来的茶叶，饮起来涩口，味感较差。另外，只要气候温和，云雾较多，雨量充沛，以及土壤肥沃，土质良好，即使不是高山，普通的地域也同样可以产出好茶来。

2. 平地茶

平地茶的茶树的生长比较迅速，但是茶叶较小，叶片单薄，相比起来比较普通；加工之后的茶叶条索轻细，香味比较淡，回味短。

平地茶与高山茶相比，由于生态环境有别，不仅茶叶形态不一，而且茶叶内质也不相同：平地茶的新梢短小，叶色黄绿少光，叶底硬薄，叶张平展。由此加工而成的茶叶，香气稍低，滋味较淡，身骨较轻，条索细瘦。

3. 有机茶

有机茶就是在完全无污染的产地种植生长出来的茶芽，在严格的清洁的生产体系里面生产加工，并遵循着无污染的包装、储存和运输要求，且要经过食品认证机构的审查和认可而成的制品。

从外观上来看，有机茶和常规茶很难区分，但就其产品质量的认定来说，两者存在着如下区别：

（1）常规茶在种植过程中通常使用化肥、农药等农用化学品；而有机茶在种植和加工过程中禁止使用任何人工合成的助剂和农用化学品。

（2）常规茶通常只对终端产品进行质量审定，往往很少考虑生产和加工过程；而有机茶在种植、加工、贮藏和运输过程中，都会进行必要的检测，为保证全过程无污染。因此，消费者从市场上购买有机茶之后，如果发现有质量问题，完全可以通过有机产品的质量跟踪记录追查到生产过程中的任何一个环节，这也是购买常规茶难以实现的。

冻顶乌龙（高山茶）　　　西湖龙井（平地茶）　　　有机茶

第三章
茶的主要成分和保健功效

从神农尝百草开始，我们的祖先就已经知晓并利用茶的保健功效了。世界卫生组织调查了许多国家的饮料优劣情况，最终结果为：茶是中老年人的最佳饮料。其实，除了中老年人，茶对各类人群的作用都极为显著。科学研究证实，茶叶中含有多种人体所必需的成分，例如蛋白质、脂肪、多种维生素等，它们都为人体的健康做出了重要贡献。

茶富含多种营养元素

茶叶中富含将近 500 余种人体所必需的营养成分，主要有咖啡因、茶碱、可可碱、胆碱等生物碱，黄酮类、儿茶素、花青素等酚类衍生物质，还有多种维生素、氨基酸和矿物质。其中具有营养价值的包括维生素、蛋白质、氨基酸、类脂类、糖类及矿物质

元素等；具有保健和药效作用的包括茶多酚、咖啡因、脂多糖等。这些成分共同作用，对人体防病治病保健等方面有着重要意义。

1. 茶中含有人体需要的多种维生素

茶叶中的维生素，根据其溶解性可分成水溶性维生素和脂溶性维生素。水溶性维生素包括 B 族维生素和维生素 C，它们能够通过喝茶就被人体直接吸收和利用。B 族维生素可以去除疲劳、提神、安神、活血和防癌等；维生素 C 亦称抗坏血酸，可以增强人体免疫力。

2. 茶中含有人体需要的无机盐元素

茶叶中含的人体所需的大量元素，包括磷、钙、钾、钠、镁、硫等；还有许多微量元素，例如铁、锰、锌、硒、铜、氟和碘等，这些元素都对人体的生理机

能有着重要的作用。因此，常饮用茶是获取这些矿物质的重要途径之一。

3. 茶中含有人体需要的蛋白质

蛋白质是生命的物质基础，人的生长、发育、运动、生殖等一切活动都离不开蛋白质，可以说，没有蛋白质就没有生命。因此，它是与生命及各种形式的生命活动紧密联系在一起的物质。而茶叶中蛋白质的含量占茶叶干物量的20%～30%，其中水溶性蛋白质是形成茶汤滋味的主要成分之一。因此，常喝茶的人往往可以及时补充所需的蛋白质。

4. 茶中含有人体需要的氨基酸

茶叶中的氨基酸种类丰富，此外，还有婴儿成长发育必需的组氨酸。虽然这些氨基酸在茶叶中含量并不高，却可作为人体每天需求量缺乏的补充剂。

茶叶中含有氨基酸约28种，其中人体必需的就含有8种，它们是异亮氨酸、亮氨酸、赖氨酸、苯丙氨酸、苏氨酸、缬氨酸、色氨酸和甲硫氨酸。

5. 茶中含有人体需要的糖类

糖类是自然界中广泛分布的一类重要的有机化合物，也是人体能量的主要来源。茶叶中的糖类有单糖、淀粉、果胶、多聚糖等。由于茶叶中的糖类多是不溶于水的，茶的热量并不高，属于低热量饮料。因此，茶叶中的糖类对于人体生理活性的保持和增强具有显著功效。

> 我国的保健茶有着独有的特色，是以绿茶、红茶或乌龙茶为主要原料，配以确有疗效的单味或复方中药制成；也有用中药煎汁喷在茶叶上干燥而成；或者药液茶液浓缩后干燥而成。

除以上几种营养元素，茶叶中还包含多种对人体有益的物质。因此，常喝茶不仅可以带给我们凝神静心的作用，还可以及时让我们补充各类营养元素，对身体极其有益。

茶具有抗衰老功效

中国的古人通过观察和实践知晓茶叶有益于人体健康这一功效。《神农食经》曾记载"久服令人有力悦志"，《杂录》也曾记载"苦茶轻身换骨"。随着人们对茶的认识不断加深，其抗衰老作用也被人们广泛认识。

那么，喝茶是如何抗衰老的呢？这要从自由基开始说起。人的生长代谢固然受遗传因素的支配，但同时还受到内外一些物质的影响。自由基是具有不对称电子的原子或分子基团，如氢自由基、超氧离子自由基、羟自由基、过氧化羟自由基、有机自由基等。这是一些极为活跃、反应能力极强的微粒，除了通过食品、药物在体内产生外，辐射、高温或环境异常因素也能诱发自由基的形成。

自由基对人体造成的危害是巨大的。它能引发脱氧核糖核酸（DNA）破坏，从而促使智力衰退、肌肉萎缩，产生早衰现象；也会对人体内的蛋白质氧化破坏，并能氧化体内的不饱和脂肪酸，使脂肪变质，造成细胞膜、线粒体膜、溶酶膜硬化，产生动脉硬化。由此看来，自由基是加速人体衰老的罪魁祸首。

即便如此，自由基却并不可怕。它危害人体，而人体也有清除和防御的本能。人体能通过水解反应清除自由基，人的饮食中也往往吸入抗氧化剂，缓解自由基的危害，所以通常口服一些非酶性的维生素 C 和维生素 E 对人体都很有好处，而茶叶中就含有这些营养成分。

茶叶中除了含有较高含量的维生素 C 和维生素 E，还包含对人体有益的儿茶素类化合物。儿茶素类化合物具有较强的抗氧化性，可以起到很好的抗衰老、延年益寿的效果。此外，茶叶中含有的茶多酚也具有很强的抗氧化性和生理活性，它是人体自由基的清除剂，能有效阻断脂质过氧化反应，清除活性酶，抗衰老效果要比维生素 E 强 18 倍。

现今生活中，饮茶不仅是改善饮食结构的一项内容，而且具有很强的抗氧化活性作用，对延缓衰老的作用已经被越来越多的人认可。

科学饮茶改善记忆力

记忆力减退已经不仅仅是老年人才有的表现，现如今生活压力过大，许多年轻人也常常伴有这类状况发生。英国纽卡斯尔大学的研究人员在对阿尔茨海默病的患者进行研究的时候，发现了经常饮茶有助于改善人们的记忆。

阿尔茨海默病的一大特点就是乙酰胆碱水平下降，而纽卡斯尔大学药用植物研究中心的研究人员对绿茶和红茶进行了一系列实验，实验结果表明，绿茶和红茶都能抑制与阿尔茨海默病发生相关的酶的活性，使乙酰胆碱保持在一个合理的水平。

由此看来，茶叶的另一个显著功效就是改善人们的记忆力。因而，我们可以在闲暇时候品一杯香茗，不仅舒缓紧张疲惫的神经，还可以提高记忆力。面对现代社会的高效率、快节奏，上班族的午餐常常吃得不合理或者过于匆忙。一顿营养均衡的下午茶不仅能赶走瞌睡虫，还有助于恢复体力和记忆力。喝下午茶和单纯的吃零食是不同的。零食的热量会储存到体内，而下午茶同其他正餐一样，相当一部分热量用来供机体消耗，它可以帮助人们保持精力直到黄昏，进而使晚餐比较清淡，养成良好的饮食习惯。

营养学家告诉我们，茶叶生津润喉的功效得益于其中特有的游离氨基酸，经研究发现，茶氨酸可以提高脑内多巴胺的生理活性，因此它能使人精神愉悦，同时会增强记忆，提高学习能力。因此，有喝下午茶习惯的人在记忆力和应变力上，比其他人的平均分值高出 15% ~ 20%。

饮茶可强身健体

茶叶中除了含有人体所需要的营养物质，还包含对某些疾病具有特殊疗效的物质。人们每天对茶的摄入量虽然很少，但经常补充这些物质，对人体确实能起到营养保健、强身健体的作用，所以称茶叶为天然保健饮料是名副其实的。

1. 饮茶可以增强人体的免疫力

免疫力是人体自身的防御机制，帮助人体识别和消灭外来侵入的任何异物（例如细菌、病毒等），处理衰老、损伤、死亡、变异的自身细胞以及识别和处理体内突变细胞和病毒感染细胞的能力。个人的免疫力固然跟自己本身的体质有关，但是通过适当的科学方法也可以增强自己的免疫力。茶叶中含有较高含量的维生素 C，可以有效提高免疫力。同时，也有研究认为茶里含有的氨基酸也能增强身体的抵抗力。总之，饮茶是一种既便捷又健康有效的方式，对于身体免疫力的增强有着明显的效果。

2. 饮茶可以预防骨质疏松

红茶类品性温和、香味醇厚，有助于强健骨骼。茶叶中含有丰富的黄酮类物质，可减少人们患骨质疏松症的危险。

可见，如果我们想要增强体质、强身健体，多饮茶确实是一条可行的途径。

> 茶叶具有降低血脂，改善血管的作用。尤其是绿茶可以降低血脂，并且还有预防高脂血症发生的作用。

饮茶有助于消脂减肥

我国古时的许多文献中都提到茶可以去肥腻，也就是现代人所说的减肥功效。例如唐代《本草拾遗》中记载着茶的功效为"久食令人瘦，去人脂"。

研究表明，茶叶中的咖啡因和黄烷醇类化合物可以增强消化道蠕动，有助于食物的消化；茶汤中的胆碱和叶酸等物质也具有调节脂肪代谢的功能，增强分解脂肪的能力；茶叶中的类黄酮、芳香物质、生物碱等成分能够降低胆固醇、三酸甘油酯的含量和降低血脂浓度，具有很强的解脂作用；茶叶在助消化的同时，还可以保护胃黏膜防止因胃溃疡而引起出血，对肠胃有很好的保护作用。由此看来，在各种物质共同作用下，茶的确有着帮助消化，并提高人体对脂肪的分解能力，自然达到减肥的功效。

大家既然知道了常喝茶可以达到消脂减肥的目的，那么下面就简单介绍一些各类茶的具体减肥功效：

1. 红茶

如果想减轻体重，最好喝热的红茶。不加糖、不加奶精，或只加代糖，而且最好不要饭后马上喝，最好隔1小时以后再喝。

2. 绿茶

绿茶中含有丰富的维生素 C、维生素 E、氨基酸、食物纤维等，有助于胆固醇降低，也可帮助消化。

左下方起始顺时针：绿茶、红茶、普洱茶

3.乌龙茶

乌龙茶中含有丰富的氨基酸及纤维素，除降低胆固醇、利尿之外，更有助脂肪分解，促进新陈代谢。

据国内外医学界的一些研究资料显示，相比于其他茶类，常喝乌龙茶、普洱茶、砖茶、沱茶等紧压茶，更有利于降脂减肥。这些茶对各个年龄段的人都有不同程度的减重效果，尤其对 40 ~ 50 岁的人效果更加明显。临床实验结果表明，70% 以上的人群显著地降低了人体中三酸甘油酯的含量。

乌龙茶等紧压茶中含有丰富的咖啡因、茶碱、可可碱、挥发油、维生素 C、槲皮素、鞣质等物质，具有明显的分解脂肪的作用。我国一些少数民族主食牛羊肉和奶酪等高脂肪食品而不发胖，其原因之一，与经常饮用紧压茶有关。

虽然茶叶中含有的某些物质可以达到消脂的作用，但茶叶并没有直接"减肥"的功效，所以在购买茶叶时，千万不要被不正当的宣传误导。现在越来越多的人都想以最直接的方式减肥，殊不知，肥胖与一个人的日常饮食和运动量都有关。因此，人们不仅需要合理科学饮食，还应该积极锻炼身体，再配以茶类作为辅助，相信一定会达到减肥的效果。

饮茶可防辐射

现今社会发展较快，手机、电脑、电视等强辐射的电器越来越多，人们整日生活在其中，虽然得到它们带来的精神上的享受，同时也深受它们的辐射之害。那么，我们如何能在这样的环境下减少辐射的危害呢？研究发现，有喝茶习惯的人，受辐射损伤较轻，血液病发病率也较低，由辐射所引起的死亡率也较低。

茶中含有的茶多酚具有很强的抗氧化性和生理活性，是人体自由基的清除剂，可以阻断亚硝酸盐等多种致癌物质在体内合成，对肿瘤患者在放射治疗过程中引起的轻度放射病，治疗有效率可达 90% 以上；除了茶多酚，茶叶中含有脂多糖，人体摄入脂多糖后，会产生非特异性免疫能力，不仅能保护人体的造血功能，还能提高机体的抵抗力，并能减轻辐射对人体的危害；而茶中含有的氨基酸等物质也可以在某种程度上抵抗放射性伤害。

除此之外，茶还可以减轻由于吸烟所引起的辐射污染。据美国马萨诸塞大学医疗中心的约瑟夫·迪法兰赞博士估计，每天吸 30 支烟的人，他的肺部在一年内得到香烟中放射性物质的辐射量相当于他的皮肤在胸腔 X 光机上透视了大约 300 次。而饮茶能有效地阻止放射性物质侵害身体。用茶叶片剂治疗由于放射引起的轻度辐射病的临床试验表明，其总有效率可达 90%。因此，那些平时在高放射性环境工作的人可以多喝茶来抵抗辐射，减轻对身体的伤害。

下面介绍的这两类茶都在防辐射上有着显著的效果，以供大家参考：

1. 绿茶

在各种茶类中，绿茶的防辐射效果是最佳的，其对抗辐射、抑菌的疗效自然比其他茶类要明显。因为它不用经过发酵就进行杀青工序，所以其中含有的维生素 C 和茶多酚要比其他茶类多许多，能有效阻断人体内亚硝胺的形成。

2. 菊花茶

花茶一般都以绿茶和鲜花窨制而成，因此也具有与绿茶同等的功效。以菊花茶为例，它是由白菊花和上等绿茶焙制而成，茶中的白菊花具有去毒的作用，对体内积存的暑气、有害的化学和放射性物质，都有抵抗、排除的疗效。因此，它是每天接触电子污染的办公一族必备的一种茶。

这两种茶在我们生活中可以轻易地买到。人们经常在各种辐射的环境中生活，不妨经常饮茶，可以达到减轻辐射危害的效果。

饮茶可提神解乏

茶叶具有提神解乏的作用，其主要原因是茶叶中含有 2% ~ 5% 的咖啡因、茶叶碱和可可碱等物质。这些生物碱能刺激肾脏，促使尿液迅速排出体外，提高肾脏的滤出率，缩短有害物质在肾脏中的滞留时间，还可以刺激衰退的大脑中枢神经，促使它由迟缓变为兴奋，集中思考力，从而起到提神益思、潜心静气的效果。咖啡因还可排除尿液中的过量乳酸，有助于人体尽快消除疲劳。

除了这些生物碱，茶叶中还含有咖啡因，咖啡因可以刺激大脑感觉中枢，从而使其更加敏锐和兴奋，起到安神醒脑、解除疲劳的作用。因此，当人们感觉到疲倦的时候，闻着缕缕的清香，品着茶汤的舒爽，精神自然会慢慢饱满起来，已有的困倦和劳累也会得到很好的缓解，不但思维会变得清晰，反应也会变得敏捷起来。这便是茶带来的安神醒脑的良好功效。

以下推荐两类茶，在提神解乏的功效上有明显作用：

1. 铁观音

铁观音可提神益思，其中所含的咖啡因有兴奋中枢神经、增进思维、提高工作效率的功能。饮茶后能破睡、提神、去烦、解除疲倦、清醒头脑、增进思维，能显著地提高口头答辩能力及逻辑思维反应能力。同时，由于铁观音中含有多酚类等化合物，抵消了纯咖啡因对人体产生的不良影响。此外，经常饮用铁观音还可以令人开胃和促进人体的皮肤毛孔出汗散发热量，使人感到凉爽舒畅。

2. 茉莉花茶

茉莉花茶对安抚情绪很有益，它可以醒脑提神，下午昏昏欲睡时喝一杯效果最好。如果还有心慌乏力、心累的感觉，还可以在花茶中加一点儿干桂圆肉。

总之，当人们觉得头昏脑涨，提不起精神或是昏昏欲睡时，可以冲一杯馥郁的香茶，用来提神醒脑，一定会有很大的帮助。

茉莉花茶（碧潭飘雪）

饮茶可利尿通便

人的容颜是人体的一面镜子，面部色斑的形成是由多种因素引起的，大体归纳为人体内部原因和外部原因两大因素。内部原因主要是体内毒素不能及时排出，从而让有害物质在肾脏中滞留导致的。而经常饮用茶水则可及时排出这些有害物质，使肠道顺畅，达到利尿通便的作用。

饮茶能利尿通便，其原理很简单。当摄入了一定的茶水，其中的咖啡因、可可因以及芳香油之间综合作用，可刺激肾脏，促进尿液从肾脏中加速过滤出来，并减少有害物质在肾脏中的滞留时间。由于乳酸等致疲劳物质伴随尿液排出，体力也会得到恢复，疲劳便得到缓解。但饮过量和饮浓茶，会加重肾脏负担，使人体排尿过多，不利于肾脏功能，也会使体内水分过少，所以饮茶要适量。

同时，适量饮茶还具有一定的杀菌效果。茶叶中含有的茶多酚能与细菌蛋白结合，使细菌的蛋白质凝固变性导致细菌死亡，进而达到消除炎症的目的。因此，服用茶多酚对慢性结肠炎、腹胀、单纯性腹泻等病有较好的辅助疗效。但对肠道内的有益菌群，如双歧杆菌却有激活繁荣的作用。茶多酚类物质能增强肠道的收缩和蠕动，促进消化道的蠕动，使淤积在消化道的废物和有毒有害物质有效地排出。因此，茶多酚还有"人体器官最佳清洁卫士"之称。

以下介绍几种效果比较明显的茶类：

1. 荷叶茶

中国自古以来就把荷叶奉为瘦身的良药。李时珍的《本草纲目》记载，莲心及荷叶具有平肝火、清心火、泻脾火、降肺火以及降压利尿、清热养神、敛液止汗、止血固精等功效。

久居烦嚣城市的人们，因饮食油腻、久坐气血不通引起的身体臃肿、腰腹鼓胀等多种都市病，都可以通过饮用荷叶茶缓解。喝多了伤胃的咖啡浓茶、甜腻的调味汽水，来一点简单、清香的天然荷叶茶，既可以让肠道健康，又可以达到利尿通便的作用，让身体轻快，气色肤色都变好，何乐而不为呢？

荷叶茶

2. 决明子茶

决明子茶是豆科草本植物的成熟种子，味苦、甘而性凉，润肠通便。现代药理研究认为，决明子富含大黄酚、大黄素、决明素等成分，具有通便、降压、抗菌和降低胆固醇的作用。老年人饮用决明子茶不仅有助于大便通畅，还能起到降压、调脂等保健功能。可取单味炒决明子 15 克，直接泡茶饮用，直至茶水无色。

决明子茶

这两类茶的作用都极其显著，不妨尝试一下吧。

饮茶可保护牙齿

茶之所以具有保护牙齿的功效，主要是因为茶中所含的多种物质共同作用而产生的，例如茶中含有氟、茶多酚类化合物以及单宁酸。

1. 氟

我们都知道，含氟牙膏可以使牙齿更加坚固更加耐酸，也就是说，氟对我们的牙齿是非常重要的。其实，茶中也含有这种保护我们牙齿的物质——氟。它来自茶树叶和冲泡过茶叶的水，适量的氟元素是抑制龋齿发生的重要元素，它能够保护牙齿的牙釉质免遭侵蚀。

茶树会将从土壤中吸收到的氟聚集到叶片中，所以茶叶中的氟含量非常丰富。干制的茶叶含有百万分之400左右的氟，一杯泡好的茶水含有0.3～0.5毫克的氟。实验表明，喝茶后34%的氟可以被留在口腔中，而且其中有一些会非常牢固地吸附在牙齿表面的牙釉质上。实际上，在经常饮茶的国家，居民体内70%氟的摄入都来自于茶，也就是说，喝茶能起到更好的牙齿保护作用。

茶中含有的含氟物质可以杀死在齿缝中残留的细菌，起到预防蛀牙的作用，效果要远好于氟化物配合制剂。茶叶还可抑制人体钙质的减少，对预防龋齿，护齿、坚齿，均是有益的。此外，茶还能消除口腔内残留的蛋白质，从而清新口气、除口臭。

2. 茶多酚类化合物

这些化合物可以抑制牙齿细菌的生成和繁殖，进而预防龋齿的发生。红茶和绿茶均含有茶多酚，这是一种抗氧化植物化合物，可防止牙斑附着在牙齿上，从而降低口腔和牙齿的发病概率。另外，因为茶本身呈碱性，而碱性物质可以防止牙齿钙质的减少和流失，因此，饮茶可以起到坚固牙齿的作用。

3. 单宁酸

茶是最好的天然单宁酸的来源。研究表明，一杯茶中的单宁酸能抑制细菌繁殖和龋齿的发生，而这些菌正是牙菌斑生长的主要因素。单宁酸除了有清除牙菌斑的作用以外，还能与茶汤中其他的一些物质，如儿茶素、咖啡因、维生素E相互作用，以增强牙釉质的抗酸能力。而且在氟的参与下，牙齿抗酸能力会大大加强。

由此看来，喝茶并配合好的饮食结构能有效地预防蛀牙，帮助我们建立和维护一个

> 喝茶在保护牙齿的同时还可除臭，特别是对酒臭、烟臭、蒜臭效果很好。饭后用茶水漱口，不但可以消除饭后食物渣屑所引起的口臭，还能够去除因胃肠障碍所引起的口臭。

健康的口腔环境。因而，近年来越来越多的人群开始以喝茶的方式保持口腔健康。

饮茶可消炎杀菌

从我国古代开始，人们就发现了茶的药用价值。那时，人们常用茶叶为伤口消毒。时至今日，人们发现了茶越来越多的药用功效，其中较为重要的就是消炎杀菌。我国民间常用浓茶治疗细菌性痢疾，或用来敷涂伤口，消炎

解毒，促使伤口愈合。现在以茶为原料制成的治疗痢疾、感冒的成药，疗效也比较好。

茶之所以具有此类作用，主要是因为其含有的儿茶素类化合物、黄烷醇类和多酚类化合物。茶叶中的儿茶素类化合物对伤寒杆菌、黄色溶血性葡萄球菌、金黄色链球菌和痢疾等多种病原细菌具有明显的抑制作用；黄烷醇类相当于激素药物，能够促进肾上腺的活动，具有直接的消炎作用；茶叶中多酚类化合物还具有较强的收敛作用，对消炎止泻有明显效果。茶多酚与单细胞的细菌结合，能凝固蛋白质，将细菌杀死。如危害严重的霍乱菌、伤寒杆菌、大肠杆菌等，放在浓茶中冲泡几分钟，多数就会失去活力。

除此之外，茶叶中还包含有多种杀菌成分。现代研究发现，茶叶中包含的醇类、醛类、酯类等有机化合物均有杀菌作用，但杀菌的作用机理不完全相同。有些使细菌体内蛋白质变性，有些则干扰细菌代谢。另外，茶叶中的硫、碘、氯和氯化物等为水溶性物质，能冲泡到茶汤中，也有杀菌消炎的功效。茶叶杀菌作用，有些是单一成分发挥作用，而更多的是集中成分综合作用的结果，对人体并不会带来伤害。

下面以红茶和普洱茶为例，详细解释一下茶的消炎杀菌作用。

1. 红茶

红茶中含有较多的多酚类化合物，具有消炎的效果；而其中所含的儿茶素类则能与单细胞的细菌结合，使蛋白质凝固沉淀，从而抑制和消灭病原菌。所以细菌性痢疾及食物中毒患者喝红茶颇为有益，民间也常用浓茶涂伤口、褥疮和足癣，

以达到消炎的效果。

2. 普洱茶

普洱茶中含有许多生理活性成分，具有杀菌消毒的作用，可用于缓解肠道疾病，如霍乱、伤寒、痢疾、肠炎等。皮肤生疮、溃烂流脓，外伤破皮，用浓茶冲洗患处，能够消炎杀菌。有关专家用普洱茶进行抑制变形球菌附着能力试验，发现普洱茶具有抗菌斑形成的作用，浓度为1%时效果最佳。

除了饮用之外，我们还可以用普洱茶泡澡，有增强体质的功效。因为普洱茶中含有大量茶多酚等物质，对人体可以起到消炎、抑菌等作用。如果我们不慎摔倒擦破皮或碰撞引起肌肤红肿，又找不到消炎药水时，不妨利用冷凉的茶汤清洗患部，并嚼些茶叶敷在伤处。这样处理之后，不但可防止细菌感染，还可以消炎止痛，这是紧急处理方法之一。

饮茶有助于抑制心脑血管疾病

所谓心脑血管疾病，就是心脏血管和脑血管的疾病统称。现如今，人们生活水平普遍提高，但由于生活节奏的加快和改变，许多人患上"三高症"，即高血压、高血糖和高脂血。尤其以年龄大的人居多，有调查显示，60岁以上老年人中40%~45%患有高血压的同时还患有高血糖或高脂血。为此，抑制心脑血管疾病更需要得到我们的重视。

1. 饮茶可以预防心脏病

专家研究茶的功效时曾分析，茶叶在高温的水中能释放出高浓度的茶色素，不但可将动脉壁上硬化的粥样物质清除，使动脉组织逐渐恢复正常，还能防止胆固醇类物质沉积于动脉壁，从而阻止动脉硬化的发生。

玉米须茶

2. 饮茶可以帮助降血压

长期服用降血压的药物对人们既有好处，又有不利的一面。而通过茶饮则既可达到降血压的目的，又可以不让身体受到药物伤害。以下介绍几种可以降血压的茶类：

（1）玉米须茶。玉米须具有很好的

乌龙茶

降血压之功效，泡茶饮用每天数次，每次 25 ～ 30 克。在临床上应用玉米须茶治疗因肾炎引起的浮肿和高血压的疗效尤为明显。

（2）灵芝茶。灵芝茶入五脏，补全身之气，心、肺、肝、脾、肾脏虚弱，均可服之。灵芝茶具有扶正固本，增强免疫，提高机体抵抗力，降血压的作用。

3. 饮茶可以帮助降血糖，减缓糖尿病

血液中的糖称为血糖，人体各组织细胞活动所需要的能量大部分来自葡萄糖。血糖对人类虽然不可或缺，但也不能超过标准，必须维持在一定的水平才可。而高血糖人群可以通过喝茶降低血糖，糖尿病患者也可以通过喝茶减缓病症，因为茶叶中含有的茶多酚，能保持微血管的正常韧性，节制微血管的渗透性，所以能使微血管脆弱的糖尿病患者恢复微血管正常。

4. 饮茶可以帮助降血脂

血脂是指血浆中的脂类物质，包括胆固醇、三酸甘油酯、磷脂和脂肪酸等。饮茶能降血脂，国内外已有大量报道。我国茶区居民血胆固醇含量和冠心病发病率明显低与其他地区，这与当地居民常饮茶有关。

国外科学家曾用乌龙茶对成年女子进行降血脂实验：每天饮 7 杯常规浓度的乌龙茶，持续 6 周后，饮用乌龙茶的人血浆中三酸甘油酯和磷脂的含量水平有明显下降，这说明茶的确具有降血脂的功效。

除了乌龙茶之外，普洱茶也同样具有保护心血管健康的功能。苦丁茶软化血管、降血脂的功能较其他茶叶更好，最适合血压偏高、体形发胖的体质燥热者常饮养生；而普洱茶的性质温和，适合体质虚寒的人饮用。

饮茶可美容护肤

茶叶中蕴含着许多自然养生的功效，美容护肤就是其中重要的功效之一。茶叶中的维生素、矿物质等营养元素可以调节皮肤机能，促使皮肤更有活力；茶多酚可抗氧化、抗衰老、抗菌、防肥胖；咖啡因有提神醒脑、紧肤收敛作用；单宁酸吸收并排除人体黑色素，使皮肤更白皙；糖类可增强肌肤免疫力；叶绿素促进组织、血液再生……由此看来，只要每天坚持饮茶、用茶，那么必然会产生美容护肤的效果。

以下是茶叶美容护肤的具体功效与方法：

1. 美白嫩肤

绿茶能深层清洁肌肤污垢和油脂，具有软化角质层，使肌肤细嫩美白的功效。而且茶浴能从里到外温和身体，虚寒体质者尤为适用。

我们可以利用富含维生素C的绿茶茶末自制面膜。与同样富含维生素C的柠檬相比，它不含酸性，不刺激皮肤。茶末中所含的单宁酸成分还可增加肌肤弹性，有助于润肤养颜。除了美白皮肤，茶末还具有杀菌作用，对粉刺、化脓也很有疗效。我们也可以将薏仁、杏仁粉搭配茉莉花茶涂敷脸上，稍作按摩，这样做可以去除角质，使皮肤光润有弹性。

2. 收缩毛孔

茶叶还具有嫩肤的作用。皮肤黯淡时，用少许玫瑰花粉加上温红茶，敷在额头及双颊，可以焕发皮肤红润及活力。没喝完的凉绿茶也可以当洁肤水使用，浸湿棉片后擦拭皮肤，其中的儿茶素能收缩毛孔，增加皮肤弹性。

3. 祛痘

从古时开始，就有以茶叶为药膏治疗皮肤疾病的民间方子。因此，如果脸上长了痘或者炎性暗疮，可用少量黄连粉配凉绿茶调成泥，敷在患处，每日1次，即可帮助祛除恼人痘痘。

4. 减轻黑眼圈和水肿

睡眠不足、用眼过度等多会引发黑眼圈，除了正常的作息以及充足的睡眠之外，用茶来减轻黑眼圈及水肿也是一条妙方。

我们可以用隔夜或稍冰后的茶包敷在眼睛上，可以有效地缓解因熬夜、水肿等原因引起的暂时性黑眼圈、疲惫和眼部浮肿问题，加速眼部血液循环，清除并防止黑色素沉淀。加强保养效果，令双眼焕发神采。并且，经常以绿茶包热敷，还能有效减轻眼袋。

饮茶可以美容历来被人们所公认。一方面茶叶中富含的美容营养素价值非常高，对皮肤具有良好的滋润效果；另一方面，通过饮茶可以使人体排除毒素，这样会令皮肤看起来更健康，使人精神焕发。因此，爱美的你一定不能错过这样一种有效而便捷的美容好方法！

饮茶可清心明目

冲泡一壶清茶，任由馥郁的香气扑面而来，茶叶的轻柔以及与水的交融会安抚人们的心灵。"心清可茶，茶可清心；若要清心，唯有香茗"，的确如此。当人感到忧愁时，茶可以冲淡人的烦恼；当人感到困惑时，茶可以让人减少烦躁；当人郁闷时，又可以在茶的慰藉下舒缓心情。因而，茶自古以来一直备受人们的喜爱。

茶不仅能清心降火，同时也能明目。加拿大科学家发现，多饮茶可以防止白内障。他们认为，白内障是由于人体内氧化反应产生的自由基作用于眼球的晶状体所致，而茶叶中的茶多酚分解产生的具有抗氧化作用的代谢物可以阻止体内产生自由基的氧化反应。美国农业部营养与衰老研究中心的科学家们最近发现，白内障的发病率与人体血浆中胡萝卜素含量高低及浓度大小关系密切。凡是白内障患者，其血浆中胡萝卜素浓度往往很低，且发病率比正常人高 3 ~ 4 倍。因此，这些患者需要及时补充胡萝卜素，除了从饮食中进补，茶叶中也含有比一般蔬菜和水果都高得多的胡萝卜素。人们在喝茶的同时，茶中包含的这些健康元素便悄然进入人体，发挥其特效。由此看来，不仅患了白内障的人群需要适当地饮茶，普通人群常饮茶也可以起到保护眼睛的作用。

以下提供几种对眼睛有好处的茶，仅供参考：

1. 绿茶

绿茶中含有强效的抗氧化剂、维生素 C 以及儿茶酚，不但可以清除体内的自由基，还能缓解人的紧张情绪，有效地舒缓视神经的疲劳。

绿茶（竹叶青）

2. 枸杞茶

枸杞子中含有丰富的胡萝卜素和维生素，这些都对保护眼睛起到了至关重要的作用。枸杞本身具有甜味，用来泡茶更能增加茶的滋味，实在是一种既美味又营养的饮品。

除了以上两种对眼睛具有显著功效的茶，还有许多，我们可根据自己的需要，酌情选用。

枸杞子

饮茶可消渴解暑

茶作为现代人极为喜爱的饮品，消渴作用自不必说。当茶水滑过干渴的喉咙，柔滑的感受也就传到了心底，浸润着五脏六腑。内心深处那些焦渴的感觉也会随着茶水的流过而慢慢消失，带给人们舒服惬意的感受。尤其是在炎热的夏季，灼热的空气以及炽烈的阳光很容易使人干渴或中暑，此时如果在庭院中摆上小桌，与三五位友人一同品茶聊天，自有一番说不出的享受。

茶是绝佳的解渴和消暑饮品，茶所含的营养素很高，其中维生素 A 和维生素 C 都可以提高人体对夏季高温的耐受力。饮热茶能出汗散热，使体内的热量散发，还可以及时补充体内水分。茶叶中还含有糖类、果胶、氨基酸等成分，能与唾液作用，解热生津。有研究显示，喝热茶 9 分钟后，皮肤温度下降 1℃ ~ 2℃。因此，喝茶可以使人感到凉爽。

在所有茶类中，红茶和白茶在消渴解暑方面的作用更大。实验表明，红茶中含有较多的多酚类、糖类、氨基酸和果胶等，它们能刺激唾液分泌，导致口腔滋润，产生清凉感；同时红茶中的某些元素控制人体内的体温中枢，因此，常饮红茶也可以调节体温，维持体内的生理平衡。

白茶在清热败火、平衡血糖等方面功效显著。尤其是 20 年的陈韵老白茶，可冲泡 15 次以上，并且茶汤 36 小时不变质，特别适合人们在炽热的夏季饮用。

除了以上两种茶，决明

子茶、荷叶茶都可以起到消暑解渴的作用，还可以补充人体内的水分，人们可以按照自己的口味做出不同选择。

在赤日炎炎的午后，坐在阴凉处手捧一杯茶，轻饮慢品，不仅达到了解渴的目的，同时也让身心获得凉爽与惬意。

荷叶茶

决明子茶

饮茶可暖胃护肝

肝脏是身体内以代谢功能为主的一个器官，其作用之一就是解毒。肝解毒时由于血液在流动的关系，解毒的同时身体的其他部位正常运转中还会继续产生代谢产物。所以血液里一直都会存在一些毒素，它只能保持我们身体的正常运转，对于那些强加进来的毒素则很难缓解。如果人们经常熬夜、酗酒或服药等，只会对肝脏增加很

红茶暖胃护肝的效果最好

大的负担，让肝脏解毒的功能受损，因而导致其他的脏器细胞也会加快老化，使体内毒素大大增加，对人体百害而无一利。

而茶中含有丰富的维生素 C，维生素 C 能使肝脏的解毒功能增强，因此时常饮茶可以减少人们体内含有的毒素，可以起到保护肝脏的作用。

除了护肝，茶的另一个作用就是暖胃，但并不是所有类型的茶都有这个功效。例如，人在没吃饭的时候饮用绿茶会感到胃部不舒服，这是因为茶叶中所含的重要物质——茶多酚具有收敛性，对胃有一定的刺激作用，在空腹的情况下刺激性更强。所以，绿茶并不能起到暖胃的效果。

也许有人会说，红茶与绿茶中不是都含有茶多酚吗？那么为什么红茶就能起到暖胃的作用？因为红茶是经过发酵烘制而成的，茶多酚在氧化酶的作用下发生酶促氧化反应，含量减少，对胃部的刺激性也自然减少，而这些茶多酚的氧化产

饮用红茶也有几点注意事项：

（1）红茶不适合放凉饮用。因为红茶放置时间过长，其中所含的营养含量就会降低，这样自然会影响到暖胃的效果。

（2）保持红茶的温度和适宜的浓度。饮用红茶时不要等杯中的茶水都喝完再续水，最好在水剩下 1/3 左右的时候添加热水。这样不但可以让茶保持一定的温度，还可以控制在一定的浓度范围内。

（3）红茶最好在饭后喝。在红茶中加些炒米做成糊米茶，也能增加养胃的功效。另外，炒过的大麦配上红茶做成大麦茶，加上陈皮的陈皮茶也都很好。

我们在选择茶的种类时，一定要根据自身的体质，切勿一味地追求其某些功效而忽略了自己的健康。

物还能促进人体消化。因此与绿茶相比，红茶更能调理肠胃。有些人喜欢在红茶中添加牛奶和糖，这样也可以达到养胃暖胃的效果。

饮茶有助于防癌抗癌

茶叶中含有多种化学成分，其中仅氨基酸就有 20 多种。而茶叶中茶氨酸的含量约占其氨基酸总量的 50%，茶氨酸在人体内的分解产物能够促进 T 淋巴细胞对外界病原微生物的侵袭产生免疫反应，同时还能促进干扰素的分泌。干扰素是一种蛋白质，在人体内具有广谱的抗病毒作用。因而，茶叶的另一个功效就是防癌抗癌。

我们已经了解，人体内的自由基对人本身存在着巨大的危害，是人体在呼吸代谢过程中，在消耗氧的同时产生的一组有害"垃圾"。它几乎存在于人体的每一个细胞之中，是人体的一大隐患和"定时炸弹"。研究表明，自由基也是造成基因变异、致癌的重要原因。一般情况下，人的机体是处于自由基不断产生和不断消除的动态平衡之中。自由基一旦产生过多，人体致癌的可能性也就加大了。

茶叶中茶多酚的主体儿茶素类物质是一种抗氧化剂，也是一种自由基强抑制剂。茶多酚进入人体后，这种物质与致癌物结合，使其分解，降低致癌物活性，从而抑制致癌细胞的生长，进而阻断亚硝酸盐等多种致癌物质在体内合成，控制癌细胞的增殖，并能直接杀伤癌细胞，提高机体免疫能力。据有关资料显示，喝茶对胃癌、肠癌等多种癌症的预防和辅助治疗均有裨益。

第四章

茶的贮藏方法

苏东坡曾说："从来佳茗似佳人。"佳茗同佳人一样娇贵无比，只有居住在合适、舒适的地方，才会保持它独有的气质与韵味。茶叶这种至洁之物，一旦潮湿、霉变或是吸收了周围的异味，无论再用什么办法都难以使其复原。因而，茶叶需要妥善存储。

贮茶的注意事项

茶叶是一种比较娇贵的消费品，温度、湿度、光线等诸多因素都会影响其品质。如果保存不当，就会造成其颜色发暗，香气散失，味道不佳，甚至发霉，使茶叶提前过期，影响到其作为商品的经济价值和饮用口感，甚至还会影响到饮茶者的健康。

以下是贮茶时的四个注意事项：

1. 低温

温度能加快茶叶的自动氧化，使得茶叶的香气、汤色、滋味等发生很大的变化；温度太高会加速茶叶的氧化或陈化变质，使茶叶中一些原可溶于水的物质变得难溶或不溶于水，芳香物质也遭到破坏。而且温度越高，变质越快，茶叶外观色泽越容易变深变暗。尤其是在南方，一到夏季，气温便会升到40℃以上，即使茶叶已经放在阴凉干燥处保存了，也会很快变质，使得绿茶不绿、红茶不鲜、花茶不香。因此要维持或延长茶叶的保质期，茶叶需要低温保存。

低温保存可降低茶叶中各种成分的氧化过程，有效减缓茶叶变褐及陈化。储藏茶叶的适宜温度为5℃以下。当然，低温保存茶叶并不是说温度越低越好。一般来讲，茶叶保存的适宜冷藏温度在0℃ ~ 5℃。

2. 避光

光线照射也会对茶叶产生不良的影响，光照会加速茶叶中各种化学反应的进行。茶叶中含有叶绿素等物，经光线照射后易褪色，与光接触会发生光合作用，引起茶叶氧化变质，使茶叶的色泽变暗沉。另外，茶叶中还含有少量的类胡萝卜素，是光合作用的辅助成分，具有吸收光能的性质，在强烈光线的作用下很容易

71

被氧化。氧化后的类胡萝卜素储藏后产生的气味，使茶汤味道变质。因此，茶叶必须遮光保存，以防止叶绿素和其他成分发生光合作用，日常包装材料也要选用能遮光者。

3. 干燥

茶能够轻易地吸收空气中的水分，具有很强的吸湿性。在温度较高、微生物活动频繁的月份，一旦茶叶含水量超过10%，茶叶便会发霉，色香味俱失，不再适宜饮用，此时饮用对人体有一定的伤害。如果把干燥的茶叶放在室内，且直接接触空气，很短的时间内其含水量就会增加许多；如果在阴雨潮湿的天气里，每露置一小时，其含水量就可增加1%。如果茶叶不慎吸水受潮，轻者失去香味，重者发生霉变。这时不可以将受潮茶叶放在阳光下直接曝晒，而应该把受潮的茶叶放在干净的铁锅或烘箱中用微火低温烘烤，同时要不停地翻动茶叶，直至茶叶干燥散发出香味。

因此茶叶从一开始必须在干燥的环境下保存，不能受水分侵袭。干燥有两层含义，一是贮存的环境要相对干燥，二是茶叶贮存前含水量要控制在一定程度。精品茶叶的含水量一般都不会超过3%～5%，如果茶叶的含水量较高，就需要进行干燥处理后再贮藏。同样地，干燥后的茶叶也要放在干燥通风处，以减缓茶叶陈化、劣变的速度。家庭买回的小包装茶，无论是复合薄膜袋装茶或是听罐包装茶，都必须放在干燥的地方。如果是散装茶，可用干净白纸包好，置于有干燥剂的罐、坛中，盖盖密封。

4. 隔绝空气

茶叶不仅容易吸水，空气中的氧气也很容易和茶叶进行氧化反应，使茶叶在短时间内发生陈化。而且，茶叶具有很强的吸附性，因此，保存茶叶还要做到隔绝空气。

茶叶极易吸附外界的异味，使茶叶的香味受到沾染。因此，保存茶叶最好有

储存茶叶的各种各样的坛坛罐罐

专门的冷藏库，如果必须和其他物品放在一起，也应该注意完全密封，严禁在茶叶周围放化妆品、药品、樟脑球等类似的具有强烈气味的物品，以免茶叶吸附异味，影响茶质。

茶叶罐贮存法

因茶叶极易吸收空气中的湿气或是异味，如密封不严，香气又极易挥发。所以，存储茶叶时用什么容器、用什么方法便成了古往今来人们一直特别注意的事，于是，各种茶叶罐应运而生。

用茶叶罐存储茶叶，是最常用的贮茶方法，也是最简单可行的方法。即便如此，茶叶在其中存放的时间也不宜太长，茶叶罐也不易太大，因为它不能做到完全密闭。一般家庭中少量用茶，用锡罐、铁罐、有色玻璃瓶等贮存都可以。保存的方法很简单，把买回的茶叶立即分成若干小包，装于事先准备好的茶叶罐或筒里。注意不要装半盒，尽量一次装满盖上盖。而且不用茶叶的时候不要打开盖子，用完要马上把盖子盖严。

装有茶叶的茶叶罐必须放置在阴凉干燥处，不要放在阳光直射、有异味、潮湿、有热源的地方，以免加速茶叶氧化、劣变或陈化，而且这样保存铁罐才不容易生锈。有条件也可以在器皿筒内适当放些用布袋装好的生石灰，以起到吸潮和保鲜作用。

下面介绍两种市场上常见的茶叶罐类型和储存方法：

1. 铁罐

购买前，先检查罐身与罐盖密闭性能是否良好。储存时，将干燥的茶叶装罐，罐要装得很严实，还可以轻轻摇晃一下试试里面是否装满。用这种方法储存茶叶，取用方便，但不宜长期储存。

——要格外注意铁罐的密闭性

有的人也喜欢购买那种有双层盖的铁罐，更有助于较长时间保存茶叶。可以装好茶叶后，盖上双层盖，盖口缝要用胶带纸封紧，还可套上两层塑料袋，扎紧袋口。

2. 锡罐

从古时开始，人们就喜欢用锡来净化水质使味道更加清甜。清人刘献廷在《广阳杂记》中记载："惠山泉清甘于二浙者，以有锡也。余谓水与茶之性最相宜，锡瓶贮茶叶，香气不散。"可见明代后期已采用锡具贮茶。

锡是一种金属元素，对人体无毒无害。一般来说，很多金属都会带有自身的金属味，而锡却没有任何味道。正因为如此，现代人才会利用它的这个特点保存茶叶。

除了没有异味这个特点，用锡制成的茶叶罐因为自身的材质，密封性相对其他材质来说也更强。因为锡罐本身比较厚实，罐颈高，温度恒定，保鲜的功能也就更胜一筹。

由于茶叶中的一些成分很不稳定，很容易发生变化，产生茶变。因此，放置茶叶的容器就非常重要，一般以锡瓶、瓷坛、有色玻璃瓶为最佳；塑料袋、纸盒最次；同时注意保存茶叶的容器要干燥、洁净，远离樟脑、药品、化妆品、香烟、洗涤用品等有强烈气味、异味的物品；不同的茶叶也不能混在一起保存。

目前市场上的锡罐多杂入铅锌等金属，久用是否有碍健康，尚未见有关论述。新近流行的不锈钢大口双盖茶罐，洁净轻巧，又有各种不同规格，使用方便。但是不管用什么茶叶罐存储茶叶，我们都需要了解以下两个注意事项：

（1）好茶叶需要用好的茶叶罐来储存，尤其是娇嫩的绿茶，对保鲜的要求更

高。若是用不好的茶叶罐，营养和味道都会流失，也容易变质，对于好茶，不得不说是个浪费，这也是爱茶之人所不能容忍的事情。因此，有条件一定要选择一款好的茶叶罐，这也是一个较为明智的投资。

（2）对于留有其他味道的罐子，不可以直接用来盛放茶叶。我们可先用少许茶末置于罐内，盖上盖子，上下左右摇晃轻擦罐壁后倒掉，这样做可以去除罐子中的异味。市面上有贩售两层盖子的不锈钢茶罐，简便而实用。我们可以配合清洁无味的塑料袋装茶后，再放入罐内盖上盖子，用胶带黏封盖口，这样保存茶叶也不失为一个好办法。

锡质茶叶罐

总之，茶叶罐多种多样，只要注意温度、湿度、

光线和异味等几个问题，茶叶自然能够长期妥善保存。

冰箱贮存法

由于茶叶在温度较高的地方容易加快其氧化或陈化变质的速度，因此，茶叶适宜存放在阴凉通风处，这样的保存方法可以减缓其自动氧化的速度。经研究发现，如果温度控制在5℃以下，保存茶叶质量的效果较好。因此，冰箱贮存就成为普通家庭常用的贮存茶的方法之一。

冰箱具有优良的隔热性，可以保持恒定低温的状态，因此满足了茶叶贮存需要低温的这一特点，所以将茶叶放置其中不失为一个很好的选择。首先我们可以将茶叶采用小包装形式，装入铁质、锡质容器或冰瓶内密

冰箱贮存茶叶

封好，然后套上一个塑料袋防潮，再放入冰箱内贮存。如果将温度控制在5℃以下，茶叶保存一年以上也不会变质。如果春天存放，到冬天取出时，茶的色、香、味同存放时基本不变，此方法简便易行。当然，使用专用的冷藏库最好，避免与其他食物一起，以免茶叶吸附异味。

冰箱贮存法简单可行，但也有需要注意的情况：

（1）由于茶叶容易吸附潮气和异味，且冰箱内部潮湿，其中放置的各种食品都会影响到茶的味道，为防止茶叶变成冰箱的"除臭剂"，在茶叶放入冰箱前一定做好密封工作，并在包装袋内装入足量的专用保鲜剂。

（2）从冰箱中取出茶叶后，不能立即将包装打开，而是要让茶叶慢慢升温，待温度升到常温后打开包装袋，然后进行冲泡饮用。并且从冰箱中取出之后，最好能在半个月内喝完。

（3）在所有茶类中，绿茶最好放在冰箱里储存。而其他茶类，例如红茶、乌龙茶、普洱茶、花茶均不必放在冰箱内保存。因为红茶和乌龙茶中多酚类物质的含量比较低，陈化变质的速度较慢，容易贮藏；普洱茶是发酵茶，里面含有益菌种和酶，这些酶能让普洱的口味更好，越陈越香。而酶要发挥作用，就需要通风、阴凉、干燥的环境，但放在冰箱里满足不了酶的需要，因此只需普通的存储方法

就好；花茶具有馥郁的香气，如果低温存储，往往其中的香气会被抑制，降低茶叶本身的鲜灵度和浓度。所以这些类茶只要放在避光、干燥、密封、没有异味的容器中保存就好。

由于科技越来越发达，现在市场上出现了专门存储茶叶的冰箱和冷柜，有的还包含0℃冰温区，这对茶友们来说无疑是最好的消息。

暖水瓶贮存法

暖水瓶是我们生活中常见的用品，由于其瓶胆由双层玻璃制成，夹层中的两面又镀上银等金属，中间抽成真空，瓶口有塞子，密闭性比较好。因此，保温性能良好的暖水瓶、保温瓶均可用来贮存茶叶，其效果良好，一般可保持茶叶的色香味长达一年。

储存的方法很简单。首先，选择一个保温性能良好的暖水瓶，为了节省，也可以用瓶胆隔层无破损的废弃暖水瓶，即使内壁有垢迹或断了底部的真空气孔的热水器也可用；接着，将热水倒干净，擦干，一定要彻底消除里面的水分，保持干燥的环境；将干燥的茶叶装入瓶内，要切记将茶叶压得紧实一些，而且要装足，可以适当晃一晃，减小茶叶之间的空隙，这样才能避免里面存有太多氧气与茶叶发生氧化反应；暖水瓶被茶叶装满了之后，瓶口需要用软木塞盖紧，并用白蜡封口，外面用透明胶带或保鲜膜缠紧，这样可以有效地阻止外面空气进入。

暖水瓶贮存也需要注意以下两点：

（1）暖水瓶虽然可以用旧的，但为了避免空气流入，隔层一定不能破损。这样的环境对于茶叶来说才相对密闭，才能减缓茶叶的氧化质变速度。

（2）暖水瓶中的水分一定要彻底去除之后才可装入茶叶，并且装茶叶的时候一定要装足装实，软木塞一定要盖紧瓶口，减少瓶中空气的残留。

由于暖水瓶中空气少，温度稳定，且外面的空气不容易进来，这种方法可以使茶叶储存得长久一些，保质效果也比较好。而且对于普通家庭来说，材料方便省钱，操作方法也简单易行。因此，它是许多家庭常采用的方法之一。

暖水瓶贮存茶叶

干燥剂贮存法

干燥剂也叫吸附剂，可以用在防潮、防霉等方面，起干燥作用。使用干燥剂，可使茶叶的贮存时间延长到一年左右。可以用来储存茶叶的干燥剂有以下几类：

1. 木炭干燥剂

利用木炭储藏茶叶的方法很简单，主要是利用其良好的吸湿、吸味的特性。首先，将木炭烧燃，随后用火盆或铁锅覆盖，等到木炭熄灭冷却后再用干净的布将木炭包裹起来，放在盛放茶叶的容器中，例如瓦缸等。需要注意的是，里面的木炭要根据吸潮情况，及时更换，以便缸内时刻保持干燥。

2. 生石灰干燥剂

用生石灰保存茶叶，需要先将散装茶用薄质牛皮纸包严实，放在干燥密封的坛子或铁桶里面，沿着内边缘放好，中间的位置放袋装未风化的生石灰。装满了之后，上面用棉花垫塞封口处，再盖严盖子。将整个容器放到干燥处储藏，另外要根据容器内的潮湿情况，经常更换石灰，大概1～2个月换一次即可。

干燥剂

3. 变色硅胶干燥剂

变色硅胶干燥剂的贮藏方法与木炭法、生石灰法相似，但这种方法对茶叶的保存效果更好。一般贮存半年后，茶叶仍然保持其新鲜度。变色硅胶未吸潮前是蓝色的，当干燥剂颗粒由蓝色变成半透明粉红色时，表示吸收的水分已达到饱和状态，这时需要将它取出来，放在火上烘焙或放在阳光下晒，直到恢复原来的颜色时，就可以继续放入使用。变色硅胶可以循环使用，性价比比较高。

不同的茶需要选用不同类型的干燥剂，例如贮存红茶和花茶，可用干燥的木炭；贮存绿茶可用块状未潮解的石灰。若有条件者，也可用变色硅胶。总之，要按照贮茶的注意事项保存茶叶。

食品袋贮存法

食品袋储藏茶叶利用的材料就是常见的塑料袋，这种保存茶叶的方法是目前家庭贮茶最简易、最经济实用的方法之一。

密封食品袋贮存茶叶

贮存方法很简单。首先，选择两个全新的、无毒无味无空隙的塑料食品袋，这样的袋子不会进入空气，也能有效隔开其他物质的味道，避免茶叶吸附异味。将干燥的茶叶用防潮纸或软白纸包好后装入其中一个塑料袋中，轻轻挤压，将里面残留的空气尽量都排出来，然后用一根细绳扎紧袋子口。

接下来，将另一个塑料袋反方向套在先前的包装袋上，同样挤出里面的空气，并用绳子扎紧。如果有条件，还可以在袋子中装入茶叶专用保鲜剂，然后密闭封口。最后将两层除去空气的塑料袋装入干燥、阴凉、密闭、无异味的锡罐或铁罐中即可。

用食品袋贮存茶叶需要注意以下两点：

（1）食品袋虽然随处可见，但选择上也有一点要求。一定要选用适合包装食品用的食品袋或是密度高的低压材料，要求手感厚实、耐磨耐用，这样才会使用长久。另外，袋子不能有孔洞、异味，否则茶叶很容易受潮或吸收周围的异味。

（2）将茶叶装入食品袋中后，一定不要忘了挤压出里面的空气，这样才会避免茶叶与氧气发生反应，影响质量。

食品袋储藏法可以减少茶叶香气散失，减慢茶叶氧化速度，因而长久地保持茶叶质量。与其他方式相比，用食品袋保存茶叶的方法既简单又实用，其保鲜效果十分显著，与真空保存或冰箱冷藏不相上下，而且持续时间也会很长。

其他贮藏茶叶的方法

除了以上几种方法，人们还发现了其他几种贮藏茶叶的方法，其中比较常用的就是真空包装法与抽气充氮法。这两种方法都可以避免茶叶香味低淡、色泽枯暗、品质下降，从而保持茶叶的经济价值和使用价值。

茶叶在保存时，一定要注意不能接触异味，茶叶如果接触异味，不仅会影响茶叶的味道，而且会加速茶叶的变质。茶叶在包装时，要保证严格按照卫生标准执行，确保在采摘、加工、储存的过程中没有异味污染，如果在前期有异味污染，那么后期保管无论多么注意，茶叶依然会很快变质。

1. 真空包装法

为了让茶叶与氧气彻底地隔离，人们常常采用真空包装法贮存茶叶。真空包装贮藏是采用真空包装机，将茶叶袋内空气抽出后立即封口，使包装袋内形成真空状态，从而阻滞茶叶氧化变质，达到保鲜的目的。真空包装时，选用的包装袋必须是阻气性能好的铝箔或其他多层的复合膜材料，此外复合袋也可以选用。然后以铁质、锡质拉罐等作为容器。

真空贮存茶叶

2. 充氮储藏

充氮保存即是利用气泵把容器内的空气吸出来，然后充入稀有气体、二氧化碳或者氮气。经测试，如果绿茶采用铝箔包装袋充氮包装的形式，5个月后，其维生素C的含量可保持在96%以上。因此，用这种方法可以置换茶叶包装袋内的活性很强的氧气等气体，阻滞茶叶化学成分与氧的反应，达到防止茶叶陈化和劣变的目的。

惰性气体本身也具有抑制微生物生长繁殖的作用，而充入惰性气体之后，茶袋呈气囊型膨胀，除了防止茶叶变质，还可以保护茶叶不被压碎。

这两种方法采用的都是隔绝空气，减少茶叶与氧气反应的方法。类似的方法还有很多，只要能保证茶叶存储的几个注意事项即可。

不同类型茶叶的贮存方式

不同类型的茶叶有着不同的贮存方式，要想了解如何存储茶叶，首先要了解茶叶的特性。只有了解了不同茶叶的特性，才能因茶的不同而选择不同的存放方式。

根据茶叶的不同种类，可分为全发酵类、半发酵类和不发酵类三种茶类。这三种茶类的特性有些许差异，详细情况如下：

1. 全发酵类

全发酵类的茶包括红茶和黑茶。这类茶经过完整的发酵过程，其味道正是发酵之后特有的，而且越久越醇，价值越高。因而，这类茶不需要防潮、防晒，也不需要放入冷库、冰箱中存储，只需密封起来，免得吸收周围异味，放在室温状态下即可。

以黑茶中的普洱茶为例，可以这样存储：

目前广为采用的是"陶缸堆陈法"。方法为：取一个广口陶缸，将老茶与新茶掺杂置入缸内，以利于两者陈化。对于即将饮用的茶饼，可将其整片拆为散茶，放入透气的陶罐中，静置半个月后即可取用。如果保存得当，普洱茶会越陈越香。这是因为一般的茶饼往往外围松透，中央气强。经过上述"茶气调和法"处置后，即可让内外互补，享受到较高品质的茶汤。

2. 半发酵类

半发酵类茶主要是指乌龙茶。它既包含全发酵茶的特性，又有不发酵茶的特性，因此，储存这类茶需要做到：防潮、防晒、防异味。但由于乌龙茶介于两类茶之间，所以在一般情况下，乌龙茶的存储时间要比不发酵类的绿茶多一些。假如不用冰箱储存，绿茶大约能保存一年，而乌龙茶大约能保存 2 ~ 3 年。

乌龙茶有轻焙、重焙，轻发酵、重发酵之分。一般说来，轻焙、轻发酵的茶，其特性与绿茶较为相似。如果想要持久收藏，需要放在冰箱等低温的地方。例如高山乌龙茶就属于轻焙、轻发酵，其特性与绿茶很像，因而贮存方法也极为相似。

3. 不发酵类

不发酵类的茶包含绿茶、白茶和黄茶类。这些茶中含有较多的维生素及活性营养素，很容易受到光晒、潮气以及异味的影响，因而极容易变质，所以相比其他两类茶来说，它的贮存要求特别高。

贮存这类茶必须做到防晒、防潮、防异味。由于茶叶极为敏感，切不可随便乱放，否则必然会加快其变质速度，而且还会吸收周围的异味，破坏自身的味道。

如果茶叶数量不多，会在几个月内用完，只需将其置于阴凉通风之处便可。

不同类型茶叶应选用不同的贮存方式

当然，储存容器必须密封，以免受异味熏染。储存容器最好是锡罐，以免受日晒。市面上出售高档茶叶时附带的纸皮质茶罐、茶盒也可用，但是茶罐里面包茶叶的锡纸包必须保留，这样茶叶才会更经得起收藏。

根据茶的以上三种类型，我们可以得到不同的存储方式。这样就能有效地将它们区分开来，做到不同茶叶不同对待。

第五章

丰富多彩的茶文化

　　说到茶文化，茶自然是其中的主角之一。多年来，随着茶在人们生活中占据的地位越来越高，茶文化也逐渐发展完善，变得丰富多彩起来。与茶有关的文化包括各类著作、诗词、书画、茶联、歌舞、婚礼、祭祀等等，几乎涵盖了我国文化的各个方面。茶由我国起源，又被各国所接纳，而种类繁多、历史悠久的茶文化俨然成了我国与世界联系的纽带。如果大家想了解茶文化的真正内涵，那就请随我们一同踏上茶文化之旅，去欣赏这些多姿多彩的茶之国度吧。

茶与名人

　　从古至今，茶穿梭于各种场合之中。它进入皇宫，成为宫中的美味饮品之一；它流入寻常百姓家里，成为待客的首选。除此之外，它还与各类人打交道，上至王公大臣，下至黎民百姓，其中不乏各类名人，古今皆有。

1. 神农

　　第一个闻到茶香味的可以说是神农了。《茶经》中记载："茶之为饮，发乎神农氏，闻于鲁周公。"由此看来，早在神农时期，茶及其药用价值已被发现，并由药用逐渐演变成日常生活饮品。

2. 陆羽

　　陆羽与茶也结下了不解之缘。他生前爱茶，并著有《茶经》一书，将与茶有关的知识介绍得极为详细。除此之外，陆羽开创的茶叶学术研究，历经千年，研究的门类更加齐全，研究的手段也更加先进，研究的成果更是丰富，茶文化得到了更为广泛的发展。陆羽的贡献也日益为中国和世界所认识。陆羽逝世后不久，他在茶业界的地位就渐渐突出起来，不仅在生产、品鉴等方面，而且在茶叶贸易中，人们也把陆羽奉为神明，凡做茶叶生意的人，多用陶瓷做成陆羽像，供在家里，认为这样做对其生意有帮助。

3. 皎然

　　说到诗僧，大家一定会想到皎然，他是南朝大诗人谢灵运的十世孙。其实，他不仅爱诗，更爱茶。他与陆羽常常论茶品味，并以诗文唱和。其作品之中对茶饮的功效及地方名茶特点等都有介绍。

皎然博学多识，著作颇丰，有《杼山集》十卷、《诗式》五卷、《诗评》三卷及《儒释交游传》《内典类聚》《号呶子》等著作，时至今日仍被无数茶人捧读。

4. 卢仝

卢仝，唐代诗人，他好茶成癖，诗风浪漫。他曾著《走笔谢孟谏议寄新茶》诗，传唱千年而不衰。其中最为著名的是"七碗"之吟，即："一碗喉吻润，两碗破孤闷。三碗搜枯肠，唯有文字五千卷。四碗发轻汗，平生不平事，尽向毛孔散。五碗肌骨清。六碗通仙灵。七碗吃不得也，唯觉两腋习习清风生。"其诗中将他对茶饮的感受及喜爱之情皆展现出来，由此我们也能看出他与茶的感情至深，真可谓"人以诗名，诗则又以茶名也"。

5. 曹雪芹

一部《红楼梦》让人记住了曹雪芹的名字，也同时看出了作者是个品茶好手。曹雪芹对茶的喜爱都可以在《红楼梦》中寻找到踪迹，例如"倦绣佳人幽梦长，金笼鹦鹉唤茶汤"；"静夜不眠因酒渴，沉烟重拨索烹茶"；"却喜侍儿知试茗，扫将新雪及时烹"。这些诗词将他的诗情与茶意相融合，为后人留下的不仅是诗词，同时也是无数与茶相关的知识。

茶典、茶人与茶事

中国古典名著《红楼梦》不愧是一部百科全书，其中涉及的茶事就有260多处，出现"茶"字四五百次，涉及龙井茶、普洱茶、君山银针、六安茶、老君眉等名茶，众多茶俗不仅反映了贡茶在清代上层社会的广泛性，也体现出作者曹雪芹对茶事、茶文化的深刻理解。正所谓一部《红楼梦》，满纸茶叶香。

出身名门世家的曹雪芹曾亲历家族在统治阶级的内部斗争中沦落。

另外，妙玉以雪烹茶等详细描写，更衬托出作者对茶的热爱；贾府中不同院落里的精致茶器，也从另一个角度突出了院落主人的性情以及贾府的奢华。我们不难看出，曹雪芹的确可称为爱茶之人。

6. 张岱

张岱认为人的一生应有爱好，甚至应该有"癖"，有"瘾"。那么，他的诸多爱好中，称为"癖"的非"茶癖"莫属了。种种史料表明，他对绍兴茶业的发展做出过极大的贡献，在《兰雪茶》一文中，他说："遂募歙人入日铸。扚法、掐法、挪法、撒法、扇法、炒法、焙法、藏法，一如松萝。"兰雪茶一经出现后，立即得到人们的好评，绍兴人原来喝松萝茶的也只喝兰雪茶了，甚至在徽州各地，原来唯喝松萝茶的也改为只喝兰雪茶了。张岱不仅创制了兰雪茶新品种，还发现和保护了绍兴的几处名泉，如"禊泉""阳和泉"等，使绍兴人能用上上等泉水煮茶品茗。由此看来，张岱与茶真如莫逆之交一样。

7. 巴金

著名文学家巴金老人很早就与潮汕工夫茶结缘。已故作家汪曾祺在《寻常茶话》中记载："1946 年冬，开明书店在绿杨村请客。饭后，我们到巴金先生家喝工夫茶。几个人围着浅黄色老式圆桌，看陈蕴珍（萧珊）表演：濯器、炽炭、注水、淋壶、筛茶。每人喝了三小杯。我第一次喝工夫茶，印象深刻。这茶太酽了，只能喝三小杯。在座的除巴先生夫妇，有靳以、黄裳。一转眼，四十三年了。靳以、萧珊都不在了。巴老衰病，大概没有喝一次工夫茶的兴致了。那套紫砂茶具大概也不在了。"

巴金老人平时喝茶很随意，用的是白瓷杯，后来，著名制壶大师许四海去拜访，用紫砂壶冲泡法为他冲泡了乌龙茶。茶还没喝时，一股清香就已经从壶中飘出，巴金老人一连喝了几盅，连连称赞。

8. 汤玛士·立顿

提到汤玛士·立顿，可能有许多人不知道他是谁，但提起"立顿"这个品牌，相信大家一定不会陌生。他就是立顿红茶的创办人，以"让全世界的人都能喝到真正的好茶"为口号，让"立顿"这个品牌响彻全球。

汤玛士对红茶极其热衷，他发现红茶会因水质不同而有口味上的微妙差异，例如，适合曼彻斯特水质的红茶来到伦敦便完全走味，于是他想了个办法，让各地分店定期送来当地的水，再配合各地不同的水质创立不同的品牌。除此之外，他卖茶的方式也与众不同，以前的茶叶都是称重量，而他将茶叶分为许多不同重量的小包装，并在上面印有茶叶品质，这种独特的方式令许多人争相购买起来。

时至今日，由汤玛士奠定的基础，及后人对茶的求新求变，使立顿红茶行销全世界。"立顿"几乎成为红茶的代名词，在世界各个角落都能品尝到它的芳香。

从古至今，从中国到海外，茶与无数名人都结下了深厚的缘分。人们爱茶、敬茶，而茶叶将其独特的馥郁芬芳留给了每个喜爱它的人。到了今天，仍有无数名人与茶为伴，品味着一个又一个清幽雅致的故事。

有关茶的著作

一代又一代名人留下无数与茶相关的作品，其中一些对茶叶的记载算得上极尽详细，这些著作可以称得上瑰宝，值得现今所有爱茶之人借鉴。

1.《茶经》

《茶经》创作于"茶圣"陆羽之手，是世界历史上第一本全面介绍茶的概况的专著，被誉为"茶叶百科全书"。这本书分别从茶的起源、采茶的用具、采茶的方法等10个方面详细地论述了茶叶生产的历史、现状、生产技术以及饮茶技艺，茶道原理。它不仅是一部精辟的农学著作，还是一本阐述茶文化的书，同时也将普通茶事升格为一种美妙的文化功能，不仅推动

不少古人将自己有关茶的经历和见闻记录下来，做成专门论述茶业的书籍和文献。

了中国茶文化的发展，也在世界范围内广为流传，开创了中华茶艺与茶道的先河。

2.《茶录》

《茶录》是宋代重要的茶学专著，作者蔡襄。其文虽不长，但自成系统。全书分为两篇，上篇论茶，下篇论茶器。上篇中对茶的色、香、味和藏茶、炙茶、碾茶、罗茶、候汤、熻盏、点茶做了简明扼要的论述，主要论述茶汤品质和烹饮方法。在下篇中，分茶焙、茶笼、砧椎、茶钤、茶碾、茶罗、茶盏、茶匙、汤瓶9目。下篇中对制茶用具和烹茶用具的选择，有独到的见解。值得注意的是，全书各条均是围绕着"斗试"这一内容的，其上篇各条，与下篇各条均成一一对应，

形成一个完整的体系。因而，《茶录》应是一部重要的茶艺专著，也是继陆羽《茶经》之后最有影响的论茶专著。

3.《煎茶七类》

从茶史上论，徐渭（1521 年~1593 年）的《煎茶七类》稿是中国茶道之至论，而且文稿的形成和出现，有着引人寻幽探秘之魅力。全书 250 字左右，分为人品、品泉、烹点、尝茶、茶宜、茶侣、茶勋七则。

4.《僮约》

《僮约》是王褒（公元前 90 年~公元前 51 年）的作品中最有特色的文章，也是一篇极其珍贵的历史资料，文章中记述了他在四川时亲身经历的事。在《僮约》中有这样的记载："脍鱼炮鳖，烹茶尽具"；"牵犬贩鹅，武阳买茶"。由此我们可以知道，四川地区是全世界最早种茶与饮茶的地区；武阳地区是当时茶叶主产区和著名的茶叶市场。因而，《僮约》这篇文章可称得上是我国，也是全世界最早的关于饮茶、买茶和种茶的记载。

5.《大观茶论》

《大观茶论》是宋代皇帝赵佶关于茶的专论。全书共 20 篇，其中对北宋时期蒸青团茶的产地、采制、烹试、品质、斗茶风尚等均有详细记述。其中"点茶"一篇，见解精辟，论述深刻，书中记载，点茶讲究力道的大小，力道和工具运用的和谐。它对手指、腕力的描述尤为精彩，整个过程点茶的乐趣、生活的情趣跃然而出，这不仅从一个侧面反映了北宋以来我国茶业的发达程度和制茶技术的发展状况，也为我们认识宋代茶道留下了珍贵的文献资料。

就内容而言，《大观茶论》可以说是有关茶知识的入门之作，主要在于它提出了以下几种观点：提出了"阴阳相济，则茶之滋长得其宜"的观点；关于天时对茶叶优劣的影响，它提出了"焙人得茶天为庆"的观点；对制茶过程，它提出了"洁净宜熟良"的要求。《大观茶论》的最大特点就是把深刻的哲理与生活情趣寓于对茶的极其简明扼要的论述中，使后人能够更容易理解。

6.《品茶要录》

《品茶要录》是黄儒著于宋代熙宁八年（1075 年）的茶学专著。全书 10 篇，分别提出与茶有关的 10 种方法：一说采造过时，则茶汤色泽不鲜白，水脚微红，及时采制的佳品茶汤色鲜白；二说白合盗叶，茶叶中掺入了白合、盗叶而使茶味涩淡；三说入杂，讲如何鉴别掺入的其他叶片；四说蒸不熟；五说过熟；六说焦釜；七说压黄；八说渍膏；九说伤焙；十说辨别，谈壑源、沙溪两块茶园，两地虽只隔一岭，相距无数里，但茶叶品质相差很大，说明自然环境对茶叶品质的影响。最后指出芽细如麦，鳞片未开，阳山砂地之茶为佳品。

本书对茶叶采制得失对品质的影响做出了仔细分析，并提出茶叶欣赏鉴别的标准，对审评茶叶具有一定参考价值，值得爱茶之人借鉴参考。

7.《茶谱》

《茶谱》的作者为朱权，他是明太祖朱元璋第十七子。全书除了绪论外，可分为十六则，其中绪论部分简单地介绍了茶事是雅人之事，可用于修身养性。正文首先指出了茶的功效，包括"解酒消食，除烦去腻""助诗兴""倍清谈""伏睡魔""能利大肠，去积热，化痰下气"等。除了对茶功效的记载，《茶谱》中还提到了饮茶器具，例如炉、灶、磨、碾、罗、架、匙、筅、瓯、瓶等，列举得极为详细。

朱权在这本专著中提出了许多观点，例如，他觉得在诸多茶书之中，唯有陆羽和蔡襄得到了茶中的真谛，对茶的理解较为深刻；他还认为，饼茶不如叶茶好，原因是叶茶保存了原有茶叶的色香味形等特色。朱权对茶的领悟可谓极高，他将品茶提升到一个全新的层次，即："或会于泉石之间，或处于松竹之下，或对皓月清风，或坐明窗静牖，乃与客清淡款话，探虚玄而参造化，清心神而出尘表。"他在著作中指出，这是饮茶的最高境界。

茶典、茶人与茶事

《茶经》是唐代大师陆羽经过对中国各大茶区茶叶种植、采制、品质、烹煮、饮用及茶史、茶事、茶俗的多年研究，总结而成的一套关于茶的精深著作。全书共7000多字，分上、中、下三卷，所论一之源、二之具、三之造、四之器、五之煮、六之饮、七之事、八之出、九之略、十之图，共十大部分。书中对中国茶叶的历史、产地、功效、栽培、采制、烹煮、饮用、器具等都做了详细叙述。在此之前，中国还没有这么完备的茶叶专著，因此，《茶经》是中国古代第一部，同时也是最完备的一部茶叶专著。

茶诗

诗，文学体裁的一种，通过有节奏、韵律的语言反映生活，抒发情感。在茶文化中，茶诗是很有特色的。翻开中国茶文化史，我们可以看到无数与茶相关的诗词，既表达了诗人对茶的喜爱之情，同时也将茶与诗的魅力结合在一起。由此看来，茶诗不愧为中华茶文化宝库中的灿烂明珠。

1.《荈赋》

有关人士分析，最早的茶诗是晋代杜育所写的《荈赋》了，但也有人认为，"赋"并不算是诗，只是古代文体的一种。但无论如何，茶诗源于晋代，这是个不争的事实，现在，我们将《荈赋》的全诗呈上：

> 灵山惟岳，奇产所钟。瞻彼卷阿，实曰夕阳。
>
> 厥生荈草，弥谷被岗。承丰壤之滋润，受甘霖之霄降。
>
> 月惟初秋，农功少休。结偶同旅，是采是求。
>
> 水则岷方之注，挹彼清流；器择陶简，出自东隅；酌之以匏，取式公刘。
>
> 惟兹初成，沫成华浮。焕如积雪，晔若春敷。

该诗简单地从茶叶的生长环境开始介绍，并描述了茶农不辞劳苦采茶的情景，接着描写烹茶所选择的水源、器具，以及品茶之后的艺术美感。可以说，全诗将与茶有关的事宜描述得极为详细，给人一种身临其境的感觉，仿佛茶农采茶的画面呈现在人们眼前一样。

2.《答族侄僧中孚赠玉泉仙人掌茶（并序）》

> 常闻玉泉山，山洞多乳窟。
>
> 仙鼠如白鸦，倒悬清溪月。
>
> 茗生此中石，玉泉流不歇。
>
> 根柯洒芳津，采服润肌骨。
>
> 丛老卷绿叶，枝枝相接连。
>
> 曝成仙人掌，似拍洪崖肩。
>
> 举世未见之，其名定谁传。
>
> 宗英乃禅伯，投赠有佳篇。
>
> 清镜烛无盐，顾惭西子妍。
>
> 朝坐有馀兴，长吟播诸天。

此诗是一首咏茶名作，字里行间无不赞美饮茶之妙，为历代咏茶者赞赏不已。由此可以看出，诗仙李白是一个评茶行家，诗中仅寥寥几句，就把茶叶的生长环境、药用功效以及制作方法描述得清楚明了。

3.《双井茶》

> 西江水清江石老，石上生茶如凤爪。
> 穷腊不寒春气早，双井芽生先百草。
> 白毛囊以红碧纱，十斤茶养一两芽。
> 长安富贵五侯家，一啜犹须三月夸。
> 宝云日注非不精，争新弃旧世人情。
> 岂知君子有常德，至宝不随时变易。
> 君不见建溪龙凤团，不改旧时香味色。

这首诗的作者是北宋诗人欧阳修，他也是一位嗜茶爱茶之人。他写茶的诗文不算多，但很精彩。本诗说的是人与茶的关系，以茶喻人。其中含义为：佳茗不可得，就好比君子之质，也是可遇而不可求的。当然，这里更直接地述说了他一生饮茶的癖好，至老亦未有衰减。

4.《观采茶作歌》

> 前日采茶我不喜，率缘供览官经理；
> 今日采茶我爱观，吴民生计勤自然。
> 云栖取近跋山路，都非吏备清跸处，
> 无事回避出采茶，相将男妇实劳劬。
> 嫩荚新芽细拨挑，趁忙谷雨临明朝；
> 雨前价贵雨后贱，民艰触目陈鸣镰。
> 由来贵诚不贵伪，嗟哉老幼赴时意；
> 敝衣粝食曾不敷，龙团凤饼真无味。

相传，这首诗是乾隆皇帝巡视杭州时在龙井茶区所作。本诗既体现出乾隆观农务时的欢乐心情，康乾盛世，国泰民安，故而有闲观采茶，体民情；还表现了乾隆观采茶后心底油然发觉诚信最可贵，而不是虚伪的关怀，如果不是今天看到茶农如此艰苦辛劳，自己喝再好的茶叶也无法体会茶的真实味道。

5.《谢李六郎中寄新蜀茶》

> 故情周匝向交亲，新茗分张及病身。
> 红纸一封书后信，绿芽十片火前春。
> 汤添勺水煎鱼眼，末下刀圭搅麴尘。
> 不寄他人先寄我，应缘我是别茶人。

茶诗

这首诗的作者是我国唐代诗人白居易，他是我国伟大的现实主义诗人，也是在文学史上负有盛名且影响深远的文学家。白居易不仅诗写得好，还是一个品茶行家。他本人亲自种过茶树，对茶叶了解颇深，也常常得到亲友们馈赠的茶叶。

这首《谢李六郎中寄新蜀茶》描写了与李六郎中之间的深厚交情，同时，最后两句"不寄他人先寄我，应缘我是别茶人"表明了白居易是一个品茶行家。

我国流传下来的茶诗数以千计，各种诗词体裁一应俱全。诗是有感而发、触景生情的产物。一首好诗，寥寥几字，却饱含着千言万语。当我们读着那些散发着墨香的文字时，一定会领悟当时诗人那种旷达幽远的宁静心绪与对茶的浓浓喜爱之情。

茶画

茶与画的关系既简单又微妙，画与象形文字有关，而茶能催发人的灵感，因此，有关茶的画作很多。茶入画后可以提升画的意境，而通过画的衬托又可以使茶更添加几分雅致。以茶为画的主题一来能使茶画区别于其他画作，二来也可以反映出当时社会对茶事的热衷程度以及社会史实与茶事变迁的关系。我国的茶画很多，茶画艺术也是始终遵循着生活轨迹而发展的，但也像书法一样，建立在毛笔和绢纸等工具的基础上。以下我们简单介绍一下我国比较著名的茶画：

1.《惠山茶会图》

《惠山茶会图》为明代画家文徵明所作。在诗文上，他与祝允明、唐寅、徐祯卿并称"吴中四才子"；在画史上与沈周、唐寅、仇英合称"吴门四家"。文徵明的艺术造诣极为全面，其诗、文、画无一不精，能青绿，亦能水墨，能工笔，亦

《惠山茶会图》

能写意，山水、人物、花卉、兰竹等无一不工，并具有其独特的风格，人称是"四绝"的全才。

文徵明画风重于"神会意解"而不拘泥于"一笔一墨之肖"，故文徵明的画作个性鲜明，神韵流动。他曾创作大量有关茶事的绘画作品，其中以《惠山茶会图》最为著名。

2.《玉川煮茶图》

《玉川煮茶图》为明代画家丁云鹏所作。他早年人物画工整秀雅，晚期趋于沉着古朴，前后变化比较明显。丁云鹏最擅长的是佛教题材，佛祖、菩萨、罗汉在他笔下既栩栩如生，又庄严肃穆。除此之外，他在山水画上也有一定造诣，在师法宋元基础上，自具风格，亦能作兰草，有《楚泽流芳图》存世。丁云鹏生活于雕版、制墨业发达的徽州，还为书刊画了不少插画，对于新安木刻画的发展起到了一定推动作用。

《玉川煮茶图》中画的是花园的一隅，两棵高大芭蕉下的假山前坐着主人卢仝，也就是玉川子，这也是该画名字的由来。图中还画了一个老仆提壶取水，另一仆人双手端来捧盒，卢仝身边石桌上放着泡茶所用的茶具，只见他左手持羽扇，眼睛凝视着炉火上的茶壶，栩栩如生，如同卢仝真正在烹茶一样。整幅画优美典雅，风格独特。

3.《调琴啜茗图》

《调琴啜茗图》为唐代画家周昉所作。据当时人记载，周昉画作的特点是"衣裳劲简""彩色柔丽"，其所描绘的妇女形象是"以丰厚为体"，这些特点都可以在他现存的作品《挥扇仕女图》《簪花仕女图》中见到。

《调琴啜茗图》画的是三个贵族女子，一个调琴，一个拢手端坐，一个侧身向调琴者，手持盏向唇边，另外还有两个侍女站立。画中表现两个妇女在安静地期待着另一个妇女调弄琴弦准备演奏。其中啜茶的背影和调弄琴弦的细致动作，都被描画得精确而富有表现力。这幅画，旁边衬以树木浓荫，渲染出十分恬适的气氛。又通过刹那间的动作姿态，描绘出古代贵族妇女在无所事事的单调生活中的悠闲心情。

4.《萧翼赚兰亭图》

《萧翼赚兰亭图》为唐代阎立本根据唐代何延之《兰亭记》的故事所作。画面中描绘的是唐太宗御史萧翼从王羲之第七代传人的弟子袁辩才的手中将"天下第一行书"《兰亭集序》真迹骗走的故事。画面中狡猾的萧翼向袁辩才索画，当时袁辩才已年逾古稀，但神情淡定，有佛门二人相对而坐，侍者僧立于其间，右为烹茶的老者和侍者。老者端坐在蒲团上，手持"茶夹子"准备搅动釜中刚投入的茶末，侍童弯腰手持茶托茶盏，准备"分茶"入盏，右下角还画有方茶桌，放着茶碾、茶罐等器物。图中的每个人物及细节都被他刻画得细致入微。

由这幅画中，我们不仅看出了阎立本高超细致的画图技巧，同时也能看到当时社会与茶的关系是紧密相连的。

茶典、茶人与茶事

自古以来，文人雅士都喜欢饮茶，因此出现了很多以茶事为主题的绘画。历代茶画的内容大多是描绘煮茶、奉茶、品茶、采茶、以茶会友、饮茶用具等。从这些茶画中可以反映出当时的茶风茶俗，是茶文化的一部分，是研究茶文化的珍贵资料。可以说，这些茶画就是一部中国几千年茶文化历史图录，而且有很高的欣赏价值。

早在唐代时期，就出现了不少以茶为主题的绘画，例如阎立本的《萧翼赚兰亭图》，周昉的《调琴啜茗图》等。自此以后，各朝各代都出现很多这样的茶画，为后人留下了宝贵的资料。

《事茗图》

5.《事茗图》

《事茗图》为明代唐寅所作。据史料记载，唐寅玩世不恭而又才华横溢，他擅画山水、人物、花鸟；其山水画中山重岭复，以小斧劈皴为之，雄伟险峻，而笔墨细秀，布局疏朗，风格秀逸清俊；人物画多为仕女及历史故事，线条清细，色彩艳丽清雅，体态优美，造型准确；其花鸟画，长于水墨写意，洒脱随意，格调秀逸。

这幅《事茗图》所描绘的是文人雅士夏日品茶的生活景象。群山飞瀑，巨石巉岩，山下翠竹高松，山泉蜿蜒流淌，一座茅舍藏于松竹之中，环境清幽。屋中厅堂内，一个人伏案观书，案上放置着书籍、茶具等物品，一童子煽火烹茶。屋外板桥上有客来访，一童携琴随后。整幅画面线条秀润流畅，笔工精致细腻，墨色渲染得也极其柔和，似乎能使人透过画面听见潺潺水声，闻到淡淡茶香，生动至极，也代表了唐寅独特的艺术风格。

画是独特的传统文化，经过层层积累而练就的综合艺术。茶画也是如此，它记载了我国从古至今的社会与生活图景，同时也向世界展示出茶文化的魅力。

茶联

茶联是以茶为题材的对联，是茶文化的一种文学艺术兼书法形式的载体，也是中国茶文化中的一朵奇葩。茶联包括：茶的对联，茶店对联，茶庄对联，茶文化对联，茶楼对联，茶馆对联，等等。在各地的茶馆、茶道馆、茶艺馆、茶楼、茶坊、茶室、茶叶店等地都可以见到茶联的风采。在此，我们共同欣赏一下它们的魅力吧：

（1）北京前门"北京大茶馆"的门楼两旁挂有这样一副对联：大碗茶广交九州宾客；老二分奉献一片丹心。

（2）杭州"茶人之家"正门门柱上的茶联是：一杯春露暂留客；两腋清风几

欲仙。店中会客室门前木柱上的茶联是：得与天下同其乐；不可一日无此君。陈列室中的茶联是：龙团雀舌香自幽谷；鼎彝玉盏灿若烟霞。

（3）福州南门外的茶亭悬挂的茶联是：山好好，水好好，开门一笑无烦恼；来匆匆，去匆匆，饮茶几杯各西东。

（4）绍兴的驻跸岭茶亭曾挂过一副茶联为：一掬甘泉好把清凉洗热客；两头岭路须将危险话行人。

（5）蜀地早年有家茶馆，同时也经营酒业。其大门两边有这样一副茶酒联：为名忙，为利忙，忙里偷闲，且饮杯茶去；劳心苦，劳力苦，苦中作乐，再拿壶酒来。

我国还有一些茶联所写的内容都是各类名茶，有的形容茶叶外形，有的形容

茶典、茶人与茶事

茶联是我国对联宝库中一颗璀璨的明珠，被广泛运用于茶叶店、茶馆、茶庄、茶座、茶艺、茶居、茶亭、茶汤、茶人之家等场合，内容广泛，意义深刻，雅俗共赏，既宣传了茶叶功效，又给人带来联想、烘托气氛、弘扬文化，更增添了品茗情趣。

明代童汉臣的茶联，一直流传至今，曰：扬子江中水；蒙山顶上茶。仅用10字，就说明了蒙山茶优异的品质。

浙江绍兴鲁迅故居
鲁迅一生对茶格外偏爱，曾由衷感叹："有好茶喝，会喝好茶，是一种清福。"

清代乾隆年间，广东梅县叶新莲曾写对联：为人忙，为己忙；忙里偷闲，吃杯茶去；谋食苦，谋衣苦，苦中取乐，拿壶酒来。该联内容通俗易懂，辛酸中不乏谐趣。

清代广州著名茶楼陶陶居，有联曰：陶潜善饮，易牙善烹，饮烹有度。陶侃惜分，夏禹惜寸，分寸无遗。此联将东晋名人陶潜、陶侃嵌入其中，"陶陶"二字自然得体，又朗朗上口。

相对于古代"扫来竹叶烹茶叶；劈碎松根煮菜根"（郑板桥诗）的粗茶淡饭平民生活，今天的茶联更表现出一种浓厚的商业文化气息。上海"天然茶楼"的茶联更独具匠心，顺念倒念都成联，曰：客上天然居，居然天上客；人来交易所，所易交来人。还有赞美名茶的茶联：水汲龙脑液；茶烹雀舌春。不似广告，却比广告更吸引人，将其中的文化、商业气氛渲染得淋漓尽致。

我国许多旅游胜地，也常常以茶联吸引游客。如南岳衡山望岳门外有一茶联：红透夕阳，如趁余辉停马足；茶烹活水，须从前路汲龙泉。成都望江楼上的茶联，真个把望江楼写活了，曰：花笺茗碗香千载；云影波光活一楼。

冲泡后的色泽以及香味，总之，五花八门，种类繁多，那么我们就看一下这类茶联究竟有哪些：

（1）题西湖龙井：

院外风荷西子笑；明前龙井女儿红。

（2）题太湖碧螺春：

碧螺飞翠太湖美；新雨吟香云水闲。

试待清明风景画；素描谷雨碧螺春。

（3）题黄山毛峰：

毛峰竞翠，黄山景外无二致；兰雀弄舌，震旦国中第一奇。

（4）题庐山云雾：

秀出东南，匡庐奇秀甲天下；香飘内外，云雾醇香益寿年。

欲识庐山真面目；兴吟云雾好茶诗。

（5）题君山银针：

川迥洞庭开，君山拔萃尘心去；境清天趣尽，云彩镶金好月来。

淡扫明湖开玉镜；妙着神笔画君山。

川迥洞庭开美景；金镶玉色画君山。

金镶玉色尘心去；川迥洞庭好月来。

（6）题武夷岩茶：

碧玉瓯中翠涛起；武夷山外美名扬。

茶与歌舞

茶歌与茶诗、茶画的情况一样，都是由茶文化派生出来的一种与茶相关的文化现象。现存资料显示，最早的茶歌是陆羽茶歌，皮日休在《茶中杂咏序》中就这样记载："昔晋杜育有荈赋，季疵有茶歌。"但可惜的是，陆羽的这首茶歌已经散佚，具体内容已无从考证。

不过在唐代中期，一些茶歌还能被找到，例如皎然的《茶歌》、卢仝的《走笔谢孟谏议寄新茶》、刘禹锡的《西山兰若试茶歌》等几首。

到了宋代，由茶叶诗词而传为茶歌的这种情况较多，如熊蕃在十首《御苑采茶歌》的序文中称："先朝漕司封修睦，自号退士，曾作《御苑采茶歌》十首，传在人口。"这里所说的"传在人口"，就是指在百姓间传唱歌曲。

有些人对卢仝的《走笔谢孟谏议寄新茶》有些疑问，认为这首诗在唐代并没我国著名的茶歌：

《富阳江谣》《富阳茶鱼歌》《台湾茶歌》《冷水泡茶慢慢浓》《武夷茶歌》《安溪采茶歌》《江西婺源茶歌》《采茶调》《龙井谣》《茶谣》《倒采茶》《茶山情歌》《请茶歌》《茶山小调》《挑担茶叶上北京》《龙井茶，虎跑泉》《采茶舞曲》《想念乌龙茶》

有当作茶歌来唱。这虽然没有详细资料查考，但宋代王观国的《学林》就提到了"卢仝茶歌"或"卢仝谢孟谏议茶歌"，由此看来，至少在宋代，这首诗已经配乐演唱了。

以上介绍的茶歌都是诗歌加以配乐得成，正如《尔雅》所说："声比于琴瑟曰歌"；《韩诗章句》也有记载："有章曲曰歌"，它们都认为诗词只要配以章曲，声之如琴瑟，那么这首诗也就可以称其为歌了。

茶歌的另一种来源是由茶谣开始，即完全是茶农和茶工自己创作的民歌或山歌。茶农在山上采茶，处在鸟语花香、天高气爽的环境，忍不住开口放声歌唱。如清代流传在每年到武夷山采制茶叶的江西劳工中的歌，其歌词称：

> 清明过了谷雨边，背起包袱走福建。
> 想起福建无走头，三更半夜爬上楼。
> 三捆稻草搭张铺，两根杉木做枕头。
> 想起崇安真可怜，半碗腌菜半碗盐。
> 茶叶下山出江西，吃碗青茶赛过鸡。
> 采茶可怜真可怜，三夜没有两夜眠。
> 茶树底下冷饭吃，灯火旁边算工钱。
> 武夷山上九条龙，十个包头九个穷。
> 年轻穷了靠双手，老来穷了背竹筒。

由民谣改编的类似茶歌还有许多，不过当时茶农采制的茶往往都要作为贡茶献给宫廷，其辛苦程度也可想而知。因此，不少茶歌都是描绘茶农悲苦生活的，例如《富阳江谣》，歌是这样唱的：

> 富春江之鱼，富阳山之茶。

鱼肥卖我子，茶香破我家。

采茶妇，捕鱼夫，官府拷掠无完肤。

昊天何不仁？此地亦何辜？

鱼何不生别县，茶何不生别都？

富阳山，何日摧？富阳水，何日枯？

山摧茶亦死，江枯鱼始无！

呜呼！山难摧，江难枯，我民不可苏！

有个官吏叫韩邦奇，给皇上上奏章，用了这首歌谣，皇上大怒，说："引用贼谣，图谋不轨。"韩邦奇为此差点儿丢了命。由此看来，君王杯中茶，俨然是百姓的辛酸泪啊！

这些茶歌开始并没有形成统一的曲调，后来唱得多了，也就形成了自己的曲牌，同时还形成了"采茶调"，致使采茶调和山歌、盘歌、五更调、川江号子等并列，发展成为我国南方的一种传统民歌形式。当然，采茶调变成民歌的一种格调后，其歌唱的内容，就不一定限于茶事或与茶事有关的范围了。

边唱茶歌，边手足起舞，便成了茶舞。以茶事为内容的舞蹈可能发展较早，但在元代和明清期间，我国舞蹈经历了一段衰败阶段，因而在史料中对我国茶舞的记载很少。现在能被人们所知道的，仅仅是流行于我国南方各省的"茶灯"或"采茶灯"。

茶灯是福建、江西、湖南、湖北、广西等省采茶灯的简称，是过去汉族比较常见的一种民间舞蹈形式。茶灯在广西被称为壮采茶和唱采舞；在江西，人们还称其为茶篮灯和灯歌；在湖南湖北，也被称为采茶和茶歌。

这种茶舞在各地有着不同的名字，连跳法也有所不同。但一般来说，跳舞的人往往是一男一女或一男二女，有时人数会更多。跳舞者腰中系着绸带，女人左手提着茶篮，右手拿着扇子，边唱边跳，清新活泼，表现了姑娘们在茶园劳动的勤劳画面；男人则手拿铁尺，以此作为扁担或锄头，同样载歌载舞。

这种茶灯舞属于汉族的民间舞蹈，而我国其他民族也有类似的以敬茶饮茶为内容的舞蹈，也可以看成一种茶舞。例如云南白族的人们，他们手中端着茶或酒，在领歌者的带领下，唱着茶歌，弯着膝盖，绕着火塘转圈圈，以歌纵舞，以舞狂歌；彝族与白族类似，老老少少也会在大锣和唢呐的伴奏下，手端茶盘或酒盘，边舞边走，把茶、酒一一献给每位客人，然后再边舞边退。

中国现代最著名的茶舞，当推音乐家周大风先生作词作曲的《采茶舞曲》。这个舞中有一群江南少女，载歌载舞，将江南少女的美感与茶的风韵融合在一起，使满台生辉，将茶文化的魅力与精髓表现得淋漓尽致。

茶歌、茶舞的兴起，让我国的茶文化变得更加鲜活生动、多姿多彩。试想一下，当人们在茶园中采茶时，面对着绿油油的茶树，温暖和煦的阳光，唱起歌跳起舞，一定会是一幅极其美妙的画面。

茶与婚礼

我国古人常把茶与婚姻联系起来，他们认为，茶代表坚贞、纯洁的品德，也象征着多子多福。且有人认为"茶不移本，植必生子"，与我国古代广泛流行的婚姻观念极其吻合，所以茶与婚礼的各种习俗一直流传至今。如果想知道茶与婚礼有什么习俗，就请看以下简单介绍：

1. 送茶

送茶即男方家向女方家"求喜""过礼"。我国云南一些少数民族，男方向女方求婚时要带上茶叶等物品，只有女方收下"茶礼"，婚事才算定下，否则，女方就要把这些礼物退给男方。另外，在我国湖南的一些少数民族中，男方向女方送茶时，必须要带上"盐茶盘"，即用灯芯染色组成"鸾凤和鸣""喜鹊含梅"等图案，再用茶和盐将盘中的空隙堆满。如果女方接受盐茶盘，那么就表示答应男方的求喜，双方确定婚姻关系。

送茶的这一过程与订婚相似，我国各地都有类似的仪式，虽然相差很大，但有一点却是共同的，即男方都要向女家送一定的礼品，即"送小礼"和"送大礼"。这样才会把亲事定下来。但无论送什么礼品，除首饰、衣料、酒与食品之外，茶都是不可少的。送过小礼之后，过一定时间，还要送大礼，有些地方送大礼和结婚合并进行，也称"送彩礼"。大礼送的衣料、首饰、钱财比小礼多；视家境情况，多的可到二十四抬或三十二抬。但大礼中，不管家境如何，茶叶、龙凤饼、枣、花生等一些象征性礼品，也是不可缺少的。当女方收到男家的彩礼之后，也要送些嫁妆，虽然嫁妆随家庭经济条件而有多寡，但不管怎样，一对茶叶罐是少不了的。由此看来，茶与婚礼的关系实在紧密。

2. 吃茶

明人郎瑛在《七修类稿》中，有这样一段说明："种茶下子，不可移植，移植则不复生也，故女子受聘，谓之吃茶。"在婚俗中，"吃茶"意味着许婚。在浙江某些地区媒人奔波于男女双方之间的说合，俗称"食茶"，是旧时汉族的一种婚俗。媒人受到男方之托，向女方提亲，如果女方应允，则用桂圆干泡茶，或用三只水泡蛋招待，俗称"食茶"。当地将其称为"圆眼茶"和"鸡子茶"。

汉族"吃茶"和订婚的以茶为礼一样，都带有"从一"的意思，而我国其他民族结婚时赠茶和献茶，多数只将其作为生活的一种礼俗而已。例如，有一些少数民族，还留有古老的"抢婚"风俗。男女两家先私下商定婚期，届时仍叫姑娘外出劳动，男方派人偷偷接近姑娘，然后突然把姑娘"抢"了就走。边跑边高声大喊："某某人家请你们去吃茶！"女方亲友闻声便迅速追上"夺回"姑娘，然后再在家正式举行出嫁仪式。由此看来，这与汉族的"吃茶"在很大程度上有所不同，因此，"吃茶"这个词也不能一概而论。

茶典、茶人与茶事

唐代赵州观音寺有一个高僧名叫从谂禅师，人称"赵州古佛"，他喜爱饮茶，不仅自己爱茶成癖，还积极倡导饮茶之风，他每次在说话之前，都要说一句："吃茶去。"

据《广群芳谱·茶谱》引《指月录》中记载："有僧至赵州，从谂禅师问：'新近曾到此间么？'曰：'曾到。'师曰：'吃茶去。'又问僧，僧曰：'不曾到。'师曰：'吃茶去。'后院主问曰：'为甚么曾到也云吃茶去，不曾到也云吃茶去？'师召院主，主应喏，师曰：'吃茶去。'"从此，人们认为吃茶能悟道，"吃茶去"也就成了禅语。

3.三茶

三茶是旧时的婚俗之一，指订婚时的"下茶"，结婚时的"定茶"，同房时的"合合茶"。这种习俗现在虽然已经不常见了，但"三茶"有其独特的意义：媒人上门提亲，沏以糖茶，含有美言之意；男子上门相亲，置贵重物品或钱钞于杯中送还女方，如果姑娘收下则为心许，随即会递送一杯清茶；入洞房前，还要以红枣、花生、龙眼等泡入茶中，并拌以冰糖招待客人，为早生贵子跳龙门之美意。

4.新婚请茶

新婚请茶在现在许多地方仍有人使用。婚礼宴请男女双方的至亲好友，为表达对他们的感激，泡清茶一杯，摆糖果、瓜子等几种茶点招待，既节约又热闹亲切。

5.新婚三道茶

新婚三道茶也被称为"行三道茶"，主要用于新婚男女在拜堂成亲后饮用，通常饮用三道：第一道是两杯白果汤，新郎新娘双手接过第一道茶，对着神龛作揖以敬神；第二道是莲子红枣汤，新郎新娘将其敬给父母，感谢父母养育之恩；第三道是茶汤，需要两人一饮而尽，意在祈求神灵保佑新人白头到老、夫妻恩爱。

5.退茶

退茶意味着退婚，退掉了"定亲礼"。如果女方对父母包办的婚姻不满意，不愿意出嫁，就用纸包一包干茶亲自送到男家，把茶叶包放在堂屋桌子上转身就走。这样是含蓄地向男方父母表达辞谢之意，只要不被男方家人抓住，婚约就算废除。

6.离婚茶

离婚茶的习俗来源于滇西，也被称为好聚好散茶。男女双方离婚时，既不会大吵大闹，也不会出口伤人，他们会选择一个吉日，用喝茶的方式解决自己的感情问题，顺其自然地走向各自的生活。

唱离婚茶的过程简单叙述如下：男女双方谁先提出离婚就由谁负责摆茶席，请亲朋好友围坐。长辈会亲自泡好一壶"春尖"茶，递给即将离婚的男女，让他们在众亲人面前喝下。如果这第一杯茶男女双方都不喝完，只象征性地品一下，那么就证明婚姻生活还有余地；如果双方喝得干脆，则说明要继续生活下去的可能性很小。

第二杯还是要离婚的双方喝，这一杯较前一杯甜，是泡了米花的甜茶，这样的茶据说是长辈念了72遍祝福语的，能让人回心转意。可是如果这样的茶，还是被男女双方喝得见杯底的话，那么就只有继续第三杯。

第三杯是祝福的茶，在座的亲朋好友都要喝，不苦不甜，并且很淡，喝起来简直与清水差不多。这杯茶的寓意很清楚，从今以后，离婚了的双方各奔前程，说不上是苦还是甜。因为离婚没有赢家，先提出离的一方不一定会好过，被背弃的一方说不定会因此找到真正的知音。

喝完三杯茶，主持的长辈就会唱起一支古老的茶歌，旋律让人心伤，即将各奔东西的男女听完也会不住地抹眼泪。如果男女双方此刻心生悔意，还来得及握手言和。

整个过程虽然朴素，它送别过无数从此分道扬镳的夫妻，也挽救过不少的婚姻。试想一下，若是现今社会的人们在离婚时能添加这样一个过程，相信也能挽救不少婚姻吧。

茶与祭祀

在我国五彩缤纷的民间习俗中，茶与丧祭的关系也是十分密切的。《南齐书》中就有记载，齐武帝萧赜永明十一年在遗诏中称："我灵上慎勿以牲为祭，唯设饼果、茶饮、干饭、酒脯而已。"由此看来，早在南北朝时就已经将茶与丧祭联系在一起了。因此，"无茶不在丧"的观念，在中华祭祀礼仪中根深蒂固。

1. 以茶陪丧

古人认为茶叶有洁净、干燥的作用，茶叶随葬有利于吸收墓穴异味，保存遗体。因此，许多地方，都在较大程度上保留着用茶陪丧的古老风俗。人们总会先用甘露叶做成一个菱形的随葬品，再在死者手中放一包茶叶。因为人们迷信地认为，人死之后会被灌下"孟婆汤"，目的是为了让死者忘却人间旧事，甚而要将死者导入迷津备受欺凌或服苦役，而如果用这两样东西陪葬，死者的灵魂过孟婆亭时即可以不饮孟婆汤，从而保持清醒，不受鬼役蒙骗。因此，茶叶就成为重要的随葬品之一。

另外，我国某些地区旧时还会在棺木中放置茶叶枕头，即用白布制作枕套，用茶叶作为填充料制成枕头。死者枕茶叶枕头的寓意为死者到达阴曹地府之后，如果想喝茶就可以随时取出泡茶；另外，将茶叶放置在棺木内，可消除异味。而在我国江苏的有些地区，死者入殓时要先在棺材底撒上一层茶叶、米粒，到出殡盖棺时再撒上一层茶叶、米粒，这样做的目的在于更好地保存遗体，不受潮，也可除去异味。

2. 以茶驱妖除魔

一般来说，丧葬时使用茶叶多是为死者而准备，但我国福建福安地区却是为活人准备的，也就是当地的"龙籽袋"习俗。旧时，如果当地人家里有人亡故，都要请风水先生选择一块风水宝地以便埋葬死者。棺木入穴前，香火缭绕，鞭炮齐响，此时风水先生要在穴中铺上地毯，并撒些茶叶、谷子、豆子以及钱币等物品，接着让亡者家属用地毯将里面的东西收集起来，用布袋装好并封口，将其挂在自家房梁上，以便长期保存，当地人称其为"龙籽袋"，象征着死者留给家属的"财富"。

茶典、茶人与茶事

旧时，陕西汉中地区的百姓无论是过生日、满月，还是结婚、丧葬等事，都要设宴待客。其中办丧葬宴席时，讲究饭菜从简，而且不备酒。他们认为，家有丧事为不幸，不宜饮酒。

办丧事很有讲究，亲人去世之后，家人要委托好友前往亲戚家去报丧。死者去世三天后即开始吊唁，村人和亲戚好友陆续前去吊表。吊唁者到达后，主人会盛情款待，除每晚招呼烟茶外，午夜后仍要提供饭菜。

旧时，出殡之前还有"三献礼"的习俗，由死者的众位亲属按照辈分、年龄依次将祭品献于死者的灵前，并诵读献文，而三献之首礼为茶。

当地人认为，茶叶是吉祥之物，能够"驱妖除魔"，保佑死者的子孙财源茂盛，吃穿不愁，同时里面的豆子、谷子也象征着五谷丰登，六畜兴旺。

3. 以茶祭祀

古人还以茶祭祀。茶叶不是达官贵人才能独享，用茶叶祭扫也不是皇室的专利。上到皇宫贵族，下至庶民百姓，在祭祀中都离不开清香芬芳的茶叶。他们用茶祭天、地、神、佛，也用来祭鬼魂。许多地区，都在较大程度上保留着以茶祭祀的风俗。古代用茶作祭，一般有三种形式：在茶碗、茶盏中注以茶水；不煮泡只放干茶；不放茶，只置茶壶、茶盅作象征。

旧时祭祀分为三种：早晨祭早茶神，正午祭日茶神，夜晚祭晚茶神。其中，祭祀所用的物品以茶为主，并辅以纸钱、米粑等物品。

茶是在我国祭祀发展后期才加入祭品的，以茶祭祀的活动可以说是茶文化发展过程中衍生出来的一种带有封建迷信的副文化。虽然说部分祭祀活动是一种迷信的社会现象，但在某种程度上来说，它减轻了祭祀过程中的浪费，也有一些积极作用。随着国家建设的不断发展，旧有的一些祭祀活动已经被取代，发生了根本性的变化。

茶与棋

南宋诗人陆游曾写过这样两句诗："茶炉烟起知高兴，棋子声疏识苦心。"此句诗中，将茶与棋联系在一起。除了他以外，我国有很多诗人都吟咏过类似的诗句，例如曹臣《舌华录》中，曾把琴声、棋子声、煎茶声等并列为"声之至清者也"，还说"琴令人寂，茶令人爽，竹令人冷，月令人孤，棋令人闲"。由此看来，我国很早以前就将茶与棋看作一体，"茶诗琴棋酒画书"还被自古以来的文人雅士列为引以为豪的七件雅事。

棋与茶是亲密的伙伴，它们在唐朝一同兴盛，又一同作为盛唐文化经典漂洋过海，在东瀛扎根。同时，它们还传入朝鲜半岛和周边地区，如今，茶与棋已经进入全世界几十个国家和地区，将古老东方的文化传播到全球，被全世界的人所喜爱。

人们将茶与棋联系起来也是有原因的，因为两者有着较为相似的地方。例如，下围棋时讲究下本手，其特点是：下这步棋的时候，功用不明显，但如果不走，需要时又无法补救，因此，为了防患于未然必须舒展宽裕地下出本手来。一般来说，那些华而不实的虚招往往会令对手反感。棋下得厚，积蓄的力量就会越来越大，围棋术语称之为"厚味"；但棋又不可下得太厚，否则赢棋的概率又会变低；另外，棋下得厚实，借力处就多，让对方处处受掣，时时小心提防，着子也得远些，免得被强大的厚味吞噬。因而，在这两者之间能够保持平衡的人才算得上是高手。

由此我们一定会联想到茶的某些特性吧？茶在某些方面也讲求这样的平衡，茶采摘得不能太早也不能太迟，若太早，其精华还未凝聚，制成的茶经不起冲泡，且味道很淡；若采得太迟又会太过粗老，因而，采摘的时间也需要掌握一定的平衡。除了茶的采摘，泡茶的时间也需要保持平衡，不可冲泡太久，亦不可冲泡太短；不可用太烫的水冲泡，又不能让温度降得太低；喝茶虽然有许多功效，但又不宜多饮，否则单宁酸摄入过剩，又会对身体有些损伤……总之，从茶的采摘开始，到品饮结束，许多环节都需要把握一个度，掌握平衡。

另外，茶产于名山大川，其性平和而中庸；棋崇尚平等竞技，一人一手轮流下子，棋逢对手本身就是一种平衡，完全符合中庸之道。中国茶道通过茶事，创造一种平和宁静的氛围和一个空灵虚静的心境，而曲径通幽，远离杂乱喧嚣是弈者追求的一种棋境；而对弈过程中，胜负乃是其次，重要的是于棋艺中彼此切磋，悟出棋中的精髓，与饮茶的意境又相辅相成。由此可以说，对弈成了双方心灵的交流，无声的语言沟通。而茶道与棋道也自然紧密地联系起来，一同成为东方文化的瑰宝。

　　除了两者在某些方面的相似，饮茶对于下棋来说还有许多益处：饮茶能令下棋之人思维敏捷、清晰，帮助其增加斗志，这是其他饮品难以企及的。正因为茶、棋相近相似的品性，我国才出现了许多以茶会友、以棋会友的茶艺馆。这些茶艺馆在表演茶文化魅力的同时，也为对弈者提供了远离尘嚣、曲径通幽的良好棋境。在这些地方，爱下棋的人们可潇洒驰骋于天地间，心清气爽，喝着并不贵的盖碗茶，以茶助弈，把棋盘暂作人生搏击的战场，暂时忘却生活的烦扰，沉浸在棋局与茶香里；而茶客也可以边饮茶，边观看对弈，乐趣尽在其中。因此，茶也就被认为是世外桃源中的"忘忧君"，这些茶艺馆也被茶人棋人看作"世外桃源"一样。

　　茶与棋的关系并不是三言两语就能讲透的，需要每个爱茶与爱棋之人细细体味之后才能品出它的韵味。看似遥不可及的两种事物，其中丝丝相连的意味却渗入每个人的心中，一同转化为中国文化几千年来的魅力。

第六章

特色茶俗

我国地域辽阔，人口众多。饮茶习惯虽然一代代地传下来，可饮茶的习俗却因不同地域而千姿百态，各有各的风采与特色。茶俗是我国传统文化的沉淀，也是人们内心世界的折射，它贯穿在人们的生活中，为人们的物质与精神世界添加了浓墨重彩的一笔，同时也涂抹出中国茶文化最靓丽的色彩。

潮汕啜乌龙

潮汕盛产乌龙茶，与福建、台湾并称为中国乌龙茶三大产区之一。主要产地是潮安、饶平、揭西、潮阳和位于普宁境内的石牌华侨农场等。潮汕常年气候温和，背山面海，热量丰富，有着极优越的地势以及环境，有利于茶树生育成长。

潮汕乌龙茶制作工艺精细，干茶外形紧结，色泽乌油，汤色清澈明

亮，叶底红边绿腹，成茶品质优良，风味独特，具有花香、醇和、回甘、润喉四个特点。因而，潮汕乌龙茶受到各类人群喜爱。在闽南及广东的潮州、汕头一带，几乎家家户户、男女老少，钟情于用小杯细啜乌龙。啜茶用的小杯，称为若琛瓯，只有半个乒乓球大。用如此小杯啜茶，这也是"潮汕啜乌龙"名字的由来。

啜乌龙茶的过程包括温壶、置茶、冲泡、斟茶入杯、品茶几个步骤，每个步骤都有其不同的特点。例如，泡茶所用的水尽可能选择甘洌的山泉水，并且一定要做到用沸水冲泡。啜茶的时候要先举杯将茶汤送入鼻端闻香，吸入茶的浓香，接着用拇指和食指按住杯沿，中指托住杯底，举杯倾茶汤入口，含汤在口中回旋品味。这个过程中，人们会觉得口中留有回甘，而一旦茶汤入肚，就会觉得口鼻生香，咽喉生津，这也正是鉴赏乌龙茶香味和滋味的过程。除了在泡茶饮茶上的

啜乌龙茶很有讲究，与之配套的茶具：风炉、烧水壶、茶壶、茶杯，谓之"烹茶四宝"。

方法之外，潮汕乌龙在茶具上也颇为讲究，啜乌龙茶时应选择与之配套的茶具。由此看来，啜饮乌龙茶，目的不仅在于解渴，更多的则是使人们注重在物质和精神上的享受。

乌龙茶对人体有很大的益处，可清热止渴，提神醒脑，帮助消化，轻身明目，祛痰化咳。除此之外，乌龙茶还可以提升人的自律神经、副交感神经的活动，能预防因压力过大造成的暴饮暴食。

还有许多年轻的女性喜欢用潮汕乌龙茶美容减肥，延缓衰老。潮汕乌龙茶对血清中脂肪及胆固醇有降低作用；延缓衰老的临床实验又提示，乌龙茶能提高SOD酶活性，并且与普通的红茶绿茶相比，除了能够刺激胰脏脂肪分解酵素的活性，减少糖类和脂肪类食物被吸收以外，还能够加速身体产生热量，促进脂肪燃烧，尤其是减少腹部脂肪的堆积。因而，它成为爱美女性的减肥美容方法之一。

因此，百姓啜饮乌龙之风日盛，遍布城乡千家万户，成为日常不可缺少的生活必需品。潮汕乌龙也畅销东南亚和港澳地区，远销日本、欧美，成为重要的出口商品。

北京大碗茶

由于北方人豪爽、粗犷，在饮茶方面也带有这种性格的烙印。喝大碗茶的风尚，在北方地区是随处可见的，特别是在大道两旁、车船码头，甚至田间劳作都少不了它的身影。摆上一张简陋的木桌和几把小凳，茶亭主人用大碗卖茶，价钱便宜，便于过往的行人就地饮用。因为从前在北京前门大街多有这样的茶摊，就被人们称作北京大碗茶。

早年间的北京大碗茶都是挑担做生意。在各个城门脸儿附近、什刹海边儿上或街头巷尾处，经常有挑担卖大碗茶的人。挑子前面装着大瓦壶，后面装着几个粗瓷碗，随身还会带着几个小板凳。这些人边走边吆喝，遇见买家就停下来，摆上板凳卖茶。

时间久了，这种卖茶的方式发生了变化。他们改成了茶摊，一般在树荫下或是固定的街边，支张小桌，再摆几个小凳。提前泡好茶水，待客人来了，就能喝到温热的茶了。大碗茶多用大壶冲泡，大桶装茶，大碗畅饮，处处都透着粗犷的"野味"。也正是如此，它的布局摆设也颇为随意，不需要多精致的茶具，也不需要多华丽的楼、堂、馆，摆设简单，目的也很简单，主要为过往客人解渴小憩而已。

北京大碗茶主要是为普通百姓解渴的饮品，它具有平民化和大众化的特点。首先，大碗茶使用的茶叶是北方人喜欢的花茶，且价格低廉；其次，茶摊的摆设很简单，带给人的感觉也是随意的、亲近的。

现代北京大碗茶有以下两个特点：

1. 解渴

无论你是北京人，还是去北京旅游，在逛街逛得口干舌燥的时候，如果能碰见卖大碗茶的小摊子就猛灌一气。这种喝法只是为了解渴，不在乎茶叶和水的品质好不好，更不在乎茶具的精细程度。因而，喝得多、喝得快也就达到最初的目的了。在这种状态下，你一定会感受到北京大碗茶最本质的特色。

🫖 茶典、茶人与茶事

老舍茶馆是以人民艺术家老舍先生及其名剧命名的茶馆，始建于 1988 年，是集书茶馆、餐茶馆、茶艺馆于一体的多功能综合性大茶馆。沉浸在这古香古色、京味十足的环境中，你不但可以欣赏汇聚京剧、杂技、曲艺、魔术、变脸等优秀民族艺术的精彩演出，还可以品用各类名茶、宫廷细点、北京传统风味小吃和京味佳肴茶宴。

2. 讲究

随着时代进步，北京已经出现了许多具有特色的茶馆。茶叶也比摊子上讲究，花茶、红茶、绿茶、乌龙茶，茶叶五花八门，种类繁多，相信一定会有你喜欢的一种。闲暇时候，邀几位茶友，在茶馆中边品茶，边欣赏茶艺表演，这样的方式不仅有范儿，而且也是一种高档的文化享受。

其实大多数的人喝北京大碗茶，既不那么讲究，也不是为了解渴，而是似乎成了一种习惯。不管经济条件如何，清早起来闷上一壶北京大碗茶，一直等到喝满足了，这才吃了早点，出门上班去。这样一种完全适合每个人的品茶方式，实在可以称作是一种地域的茶文化，也令北京大碗茶扬名国内外。

羊城早市茶

羊城是广州的别称，早市茶，又称早茶，多见于中国大中城市，其中历史最久、影响最深的是羊城广州。

广东人喜欢饮茶，尤其喜欢去茶馆饮早茶。早在清代同治、光绪年间，就有"二厘馆"卖早茶。广东人无论在早晨上班前，还是在下班后，总爱去茶楼泡上一壶茶，要上些点心，围桌而坐，饮茶品点，畅谈国事、家事、身边事，其乐融融。亲朋之间，在茶楼上谈心叙谊，也会倍觉亲近。所以许多人喜欢在茶楼聊天，或者洽谈业务、协调工作，就连年轻男女谈情说爱，也大多选择在茶楼。

广州有早茶、午茶和夜茶三市，当地人品茶大都早、中、晚三次，但早茶最为讲究，饮早茶的风气也最盛。由于饮早茶是喝茶佐点，因此当地称饮早茶为吃早茶。茶楼的早市清晨四点左右开门。当茶客坐定时，服务员前来请茶客点茶和糕点，廉价的谓"一盅二件"，一盅指茶，二件指点心。配茶的点心除广东人爱吃的干蒸马蹄糕、糯米鸡等外，近年还增加了西式糕点。人们可以根据自己的需要，当场点茶，品味传统香茗；又可按自己的口味，要上几款精美清淡的小点心，如此吃来，更加津津有味，既润喉充饥，又风味横生。

当地较为高档的茶馆被称为茶楼。一般三层楼高，不仅有单间，还有雅座、中厅；房间甚至分成中式、西式、日式和东南亚式的，总之都是舒适清雅，极具特色。而当地人品早茶，常常是把它当作早餐的。有些人喝完早茶后直接去上班，有些人则是以此为消闲。更有许多人全家上下围在一起吃早茶，共享天伦之乐。所以这类茶客不去豪华酒家、高档茶楼，而到就近街边经济实惠的小茶馆。不仅实惠，还富有当地浓浓的风情与特色。

羊城早市茶已经成为广州的一大特色，除了当地人，不少外地游客甚至连国外友人到了这里，都会去领略其特点。一直以来，这种吃茶的方式都被看作是充实生活和联谊社交的一种手段，这种风俗之所以长盛不衰，甚至更加延伸扩展，想来也是一定的了。

成都盖碗茶

我国许多地区都有喝盖碗茶的习俗，而以我国西南地区的一些大、中城市最盛，而在成都，盖碗茶几乎成为当地茶馆的"代言人"，无论是家庭待客，还是在茶楼中，人们通常习惯用此法饮茶。

盖碗是由茶盖、茶碗、茶托三部分组合而成的茶具。它既有茶壶的功能，又有茶碗的用处。也就是说，它既能保持茶水的温度，又可以通过开闭盖儿，调节茶叶的溶解程度。如口渴急于喝茶，只需要用茶盖刮刮茶水，让茶叶上下翻滚，便能立即饮上一口香喷喷、热腾腾的浓郁香茶。如要慢慢品尝，可隔着盖儿细细啜饮，免得茶叶入口，而浓如蜜、香沁鼻的茶水则缓缓入口，更令人爽心惬意。盖碗茶的扬名，便由此而来。

在茶楼中，盖碗茶的冲泡过程十分有趣：堂倌边唱喏边流星般转走，右手握长嘴铜茶壶，左手卡住锡托垫和白瓷碗，左手一扬，"哗"的一声，一串茶垫脱手飞出，茶垫刚停稳，"咔咔咔"，茶碗已放在了茶垫上，捡起茶壶，蜻蜓点水，一圈茶碗，碗里鲜水倒得冒尖，却无半点溅出碗外。这种冲泡盖碗茶的绝招，往往使人又惊又喜，成为

茶碗　茶盖

茶船子
（茶托）

人们通常将所有以有盖的茶碗沏出的茶统称为盖碗茶。

一种美的艺术享受。

在茶楼中，盖碗茶还具有"说话"的功能。例如，茶客示意堂倌掺水，无须吆喝，茶盖揭起摆放一边，堂倌就会来续上水；茶客暂时要离开茶馆，但又想保留座位，便在茶盖儿上放一个信物，或把茶盖儿反搁在茶碗上，大家都心知肚明，是决不会来抢座位的；茶客喝够不喝了，茶盖朝天沉入茶碗，堂倌会意拣碗抹桌子；茶客今天喝茶对茶馆极不满意，茶盖、茶碗、茶托拆散一字摆开，不只堂倌，连老板都要立马上前问原因道歉。

除了盖碗茶本身有趣，成都的茶楼也别具特色。茶楼的座椅多是高档藤木，并不像过去的茶铺坐的都是竹椅和木凳，那些座椅看起来虽然平实，却没有档次，而现代的新茶楼正好满足了人们的这种心理。所以，高档文化茶楼颇受一些人士的追捧。除此之外，高档茶楼和低消费茶馆相处得很融洽，让来到成都的外地游客能亲切地感受到这个城市的两种特质。而在茶馆内，所有人都可以自然而平等地享受着生活，享受着这个城市带给他们的舒适和安逸。

提起安逸闲适，成都盖碗茶倒是有着这样几个故事：相传，李白年轻时云游天下，他从四川出发，途中经过成都时，住在青莲街的几个月间，天天在"青莲茶馆"喝盖碗茶，并对其赞赏有加。于是盖碗茶不仅滋润了李白隐逸求仙的思想，同时还让其优哉游哉的生活态度继续发扬，最终成为他最突出的性格特点之一。

除了李白之外，杜甫也曾与盖碗茶结下不解之缘。据传，杜甫初来成都之时，极尽穷愁潦倒，后经过友人的帮助，喝了几碗盖碗茶，忽然神清气爽起来。在接下来的日子中，杜甫也如李白一样，生活得优哉游哉。先不论这两个故事是否属实，单就成都盖碗茶来说，其特点就离不开闲适从容、轻松自如这些字眼。

时至今日，盖碗茶俨然成了成都市的"正宗川味"特产。在那里生活的人清晨早起清肺润喉一碗茶，酒后饭余除腻消食一碗茶，劳心劳力解乏提神一碗茶，亲朋好友聚会聊天一碗茶，邻里纠纷消释前嫌一碗茶——这已经成为古往今来成都城乡人民的传统习俗。而越来越多来自外地与国外的游客，也融入到盖碗茶的魅力之中，在幽香宁静中体会那种闲适从容、智慧幽默的艺术美感。

潮汕工夫茶

中国功夫在世界享有很大声誉，而中国的茶艺中也有一套工夫茶艺。所谓工夫茶，并非一种茶叶或茶类的名字，而是一种泡茶的技法。之所以叫工夫茶，是因为这种泡茶的方式极为讲究，操作起来需要一定的工夫。

冲泡工夫茶的器具有：宜兴紫砂壶、茶杯、水壶、潮汕烘炉（电炉或酒精炉）、赏茶盘、茶船、茶匙等，而茶以安溪铁观音、武夷岩茶为佳。

工夫茶起源于宋代，在广东的潮州府（今潮汕地区）及福建的漳州、泉州一带最为盛行，是唐、宋以来品茶艺术的承袭和深入发展。工夫茶以浓度高著称，初喝时可能会觉得味道很苦，而一旦人们习惯后就会嫌其他茶滋味不够了。工夫茶采用的是乌龙茶，例如铁观音、凤凰和水仙茶。它们介乎红、绿茶之间，为半发酵茶，只有这类茶才能冲出工夫茶所要求的色香味。

潮汕工夫茶是广东潮汕地区独特的饮茶习惯，去过潮汕的人，往往都会去领略当地工夫茶的美名。据茶学家介绍，工夫茶无论是从选茶、泡茶到茶具配备，都必须下一番功夫。潮汕工夫茶对茶具、茶叶、水质、沏茶、斟茶、饮茶都十分讲究。工夫茶茶壶很小，只有拳头那么大，薄胎瓷，半透明，隐约能见壶内茶叶。杯子只有半个乒乓球大小。放茶叶要把壶里塞满，并用手指压实，因为压得越实茶越醇。冲泡工夫茶的水也有讲究，最好是要经过沉淀的。沏茶时将刚烧沸的水马上灌进壶里，出于卫生的考虑，前两次要倒掉。斟茶时，几个茶杯放在一起，要轮流不停地来回斟，不能斟满了这杯再斟那杯，以免出现前浓后淡的情况。

品工夫茶是潮汕地区很出名的风俗之一，饮时是用舌头舔着慢慢地品，一边品着茶一边谈天说地。工夫茶茶汁浓，碱性大，

潮汕工夫茶投茶时要注意先细茶再粗茶然后是茶梗的投茶顺序，投茶量因人、因茶、因壶而异，宜多不宜少，方可品出其香浓味正。

茶社

初饮时，会微感苦涩，但饮到后来，会愈饮愈觉苦香甜润，使人神清气爽，特别是大宴后解油腻最好。在潮汕本地，家家户户都有工夫茶具，每天必定要喝上几轮。即使是侨居外地或移民海外的潮汕人，也仍然保存着品工夫茶这个风俗。可以说，有潮汕人的地方，便有工夫茶的影子。

潮汕工夫茶，是融精神、礼仪、沏泡技艺、巡茶艺术、评品质量为一体的完整的茶道形式。它就像大碗茶一样，有着自己的文化传承。虽然操作手法有些烦琐，但它也来自民间，同样表达一种平等、互相尊重的精神，为我国的茶饮风情涂上重重的一笔。

昆明九道茶

昆明九道茶是云南昆明一带的一种饮茶方式，也被人们称为迎客茶。中国茶道自陆羽《茶经》始，便主张边饮茶边讲茶事，看茶画，而昆明九道茶继承了这个优良传统。肃客入室，九道茶便开始了。

泡九道茶一般以普洱茶最为常见，因饮茶有九道程序，故名"九道茶"，它的九道程序分别为：评茶、净具、投茶、冲泡、沦茶、匀茶、斟茶、敬茶、品茶。详细步骤如下：

1. 评茶

首先将普洱茶放在小盘中，请宾客观其形、察其色、闻其香，并对大家简单介绍普洱茶的特色，增加宾客的品茶乐趣。

2. 净具

九道茶最好选用紫砂茶具，茶壶、茶杯、茶盘最好配套。冲洗茶具的时候最好选择开水，这样不但可以清洁茶具，还可以提高茶具的温度，有利于让茶汁浸出。

> 昆明九道茶也称迎客茶，是云南待客的一种饮茶方式，主要流行于中国西南地区，以云南昆明最为流行。泡九道茶一般以普洱茶最为常见，温文尔雅是饮九道茶的基本方式。

3. 投茶

投茶就是将茶叶投入壶中，这个过程一般看壶的大小而决定，按 1 克茶泡 50 ~ 60 毫升开水比例将茶叶投入壶中，等待冲泡。

4. 冲泡

应取用滚烫的开水，要注意这个过程一定要迅速，冲入的水让茶壶保持 3 ~ 4 分满。

5. 沦茶

冲泡之后，需要立即加上盖子，稍稍摇动，再静置 5 分钟左右，使茶中可溶物溶解于水。

6. 匀茶

打开盖子，再向壶内冲入开水，直到茶汤浓淡相宜为止。

7. 斟茶

将壶中的茶汤，分别斟入紧密排列的茶杯中，大概倒八分满。斟茶的顺序从一面到另一面，来回斟茶，使各个茶杯中的茶汤浓淡一致。

8. 敬茶

由主人手捧茶盘，按长幼辈分，根据一定的礼节依次敬茶示礼。

9. 品茶

宾客在品茶的过程中，一般是先闻茶香清心，随后将茶汤慢慢送入口中，细细品味，感受茶的独特韵味，以享饮茶之乐。

茶过几巡，热情好客的昆明人总会讲一些有关茶的故事与传说，以及云南的湖光山色、秀美风景，让每个来到昆明的游客都无比惬意。历史悠久的昆明九道茶，将整个茶乡的美韵与主人的情谊尽显无遗。

绍兴四时茶俗

在丰富的物产和灿烂的文化之中，茶叶一直是绍兴的瑰宝之一。绍兴茶以其悠久的历史、深厚的文化底蕴，成为茶界的佼佼者，一直在全国甚至世界范围内占有极为重要的位置。

浙江绍兴一年四时均有精品茶产出。旧时绍兴的茶楼、茶店、茶室分布在各个地区的街头巷尾，可以看出绍兴茶俗有多盛行，因而绍兴形成了著名的"四时茶俗"，每一阶段都有其特别的称呼。

1. 元宝茶

每年大年初一这天，绍兴人总会喝上一壶"元宝茶"。所谓"元宝茶"，就是在茶壶中添加一颗金橘或青橄榄，象征着"新年到，元宝进门，发财致富"。很多人家甚至在茶杯上贴上红纸元宝，大致是"招财进宝"的意思。

绍兴卖茶的茶楼、茶店、茶室，无论通衢大道还是里巷小街，比比皆是。当地的人们喝的是"茶缸满碗茶"，不求茶叶好坏，只求浓汁浓味，所谓"头开苦、二开补，三开胀胀肚"，意思是头开汁浓味苦，二开最得灵，三开茶味已淡。而大年初一这天，平常喝的"茶末"则换成了"茶梗大叶"，另外还要配上茶食，如花生瓜子、寸金糖、什锦盒装的十色糕点等。

茶典、茶人与茶事

在旧时，绍兴的茶楼、茶室遍及大街小巷，多为人们交流、休息、娱乐的场所。通常半夜生火，五更天就供应茶水。赶早市的商贩们，因尚未到上市时分，都就近入茶店等待开市。老茶客们喝的是"茶缸满碗茶"，不求茶叶上乘，只求茶汁浓厚。在大年初一时，这些老茶客会得到"元宝茶"的优惠。而所谓"元宝茶"，一是茶叶比平常提高一个档次，此外就是在茶缸中多一颗金橘或青橄榄。

2. 仙茶

清明喝"仙茶"，一直是绍兴人所向往的，被当地人视为福气之事，他们认为只有有福之人才可以享受。

所谓"仙茶"，是指在天时适宜的清明节前，采到的一些头档茶。这些明前茶极为名贵，因而也被称为"明前仙茶"。这种茶在明前刚吐新芽，往往只一芽一叶，如果在产茶区，取溪流之水，用紫铜茶壶煮水，在紫砂壶中泡开，芽叶舒展，香味浓

郁，茶色碧绿清莹，连泡六七次，仍能保存良好茶味。所以这种茶的售价很高，数量很少。清明这一天，一些来茶区的贵客，茶农大都会请客品尝"仙茶"。

"仙茶"有着悠久的历史，从明清两朝开始，就作为绍兴的主要贡品之一，号称贡茶。能够品到"明前仙茶"在当地是一种很高的礼遇。如果你有机会在清明节前到绍兴，一定不要忘了去品尝一下。

3. 端午茶

端午节又被称为端阳、重午、重五。在那天，绍兴人不仅会吃传统的端午粽，还会在餐桌上摆出"五黄"，即黄鱼、黄鳝、黄瓜、黄梅和雄黄酒。对于雄黄酒，杭绍一带民谣有"喝了雄黄酒，百病都远走"的说法。雄黄酒是在白酒中洒上雄黄粉而制成的，但此物性"剧热"，所以饮雄黄酒后会燥热难当，必须喝浓茶以解之。一般人家总会在饮用雄黄酒之后，泡一壶浓茶饮用，以此缓解体内的燥热。因而，端午茶也由此相沿成习，成为绍兴人在端午节不可缺少的时令茶。

4. 盂兰盆会茶

七月十五俗称鬼节，旧时，绍兴一带有"七月十三，枉死城中的孤魂野鬼放出来了"的说法，称"放光野鬼"任他们"自由活动"五天，至七月十八才收进去。所以当地人会举办盂兰盆会的盛事，专为给鬼过节。

当地人从七月十三夜间到七月十八午夜，在天井设七至九碗茶水，供过往鬼魂饮用。而民间这段时间，多演"目莲戏"，所以戏台旁必置大缸青蒿茶供看客饮用，盂兰盆会茶也因此得名。

这四个时节的喝茶习惯正是绍兴人所特有的习俗，如果大家在这期间去绍兴，千万不要错过。

吴屯"喝"茶

武夷山当地有很多茶俗，最有特点的就是吴屯妇女喝茶的习俗。这种茶宴男性一概不可进入，只有女性才有资格入席。而且茶宴的地点也不是固定的，由村里的农家妇女轮流做东。茶宴中会宴请许多女宾客，因而每个做东的人都想要借茶宴的机会展示自己的手艺，做出好菜，捧出好茶，既让村里的姐妹们品尝手艺，又想让她们感受到自己的盛情。

茶宴的最大特色不是品茶，也不是饮茶，而是"喝"茶。并且，这种喝法也与许多地区不太一样，它不用精致小巧的茶杯，也不用上好的紫砂茶具，而是用饭碗。这样大口畅饮的感觉，相信一定有一番独特的魅力。茶宴中所用的茶叶也不需要多昂贵，一般人都用当地的山茶。

茶宴中自然不能少了小菜。村里的女人们都会想方设法就地取材，用自家产的食材亲手制作小菜，例如豆渣饼、南瓜干、咸笋干、花生、黄豆等。每样都经过她们精心挑选，仔细烹饪。茶宴上以茶代酒，女人们互相敬茶，边喝边聊，不仅交流彼此之间的感情，还能使整个村子越来越和睦，实在是一种不可多得的茶宴方式。

吴屯妇女喝茶的习俗沿袭至今已有上千年的历史，相信它一定会将和睦友善的淳朴之风一直延续下去。

青海的熬茶

如果你去青海旅游，不管是在饭店中，还是当地人的家里，热情好客的青海人总会为客人端上来一杯暖暖的茶水，让你的心也跟随着它一起变得温暖。这种深红色的茶水喝起来有着咸咸的味道，它就是当地人通常所称的"熬茶"。

熬茶，也就是茯茶，是当地冬天用茯茶来熬制的茶。茯茶是紧压茶，形状似砖块，俗称"砖茶"。这种茶有油脂状感觉，暖融融的，还有点儿咸，因为在熬茶时，人们一般习惯在茶水里加一些盐，这样会让茶的味道变咸。因此，当地有句俗话是这样说的："茶没盐，水一般。"煮茯茶与其他的茶不同，其他茶先烧开水，水开后放入干净的茶叶即可。可煮茯茶不仅要放茯茶叶，还要加入红枣、桂圆、枸杞、核桃、冰糖、盐、花椒等物，有的人还喜欢在其中加入牛奶，然后用文火慢慢地煎熬，待汁浓味甜，诸味俱现时，才能停火。

一般熬一锅茯茶要数小时，因为熬茶里加入了诸多物品，这种茶就再不像单独的茶水一样清爽了，熬茶的本身就带着一股油味。但是，熬茶又可以解油腻，是很好的止腻之物，所以它是促进消化的好饮料。

这种茶从早年间就被青海人喜爱。过去的青海，气候寒冷，多数蔬菜都很难生长，所以许多人家都吃不上新鲜蔬菜。当地人常常做泡菜和牛羊肉，但这些东西吃多了总会产生油腻的感觉，也很容易影响肠胃的消化功能，所以当地人就习惯用熬茶来解油腻。虽然现在的青海一年四季蔬菜水果不断，但喝熬茶的习惯却一直沿袭下来，成为当地的习俗之一。

除了解油腻之外，熬茶还有许多功效。例如缓解肠胃不适、胃寒、胃胀等症状，还可以解渴暖身，缓解高原地区的干燥。

熬茶代表着青海人的热情好客，也让青海与全国各地的游客结下了深厚的情谊，更为中国的茶文化添上了浓墨重彩的一笔。

吴江三道茶

云南大理白族的三道茶很有名气，而江苏吴江也有三道茶，主要流行于江苏吴江市西南部震泽、桃源、七都等地农村。其品饮特点可归纳为"先甜后咸再淡"，别有一番风味。

三道茶的过程为先吃泡饭，再喝汤，最后饮茶，与我们一般的饮食过程很像。其三个步骤详细情况如下：

1. 头道茶

头道茶又叫锅糍茶，当地的方言叫它"待帝茶"。只听名字，就觉得这道茶所要招待的客人极其尊贵。当地人一般用它来招待贵客，或是招待第一次上门拜访的客人。

锅糍茶听起来是茶，其实却是糯米饭糍干茶，即是用饭糍干加糖冲上开水。做饭糍干的时候，先要用铁铲铲些煮好的糯米饭，将它们放到锅底，用力研磨米饭直到成为一层薄薄的米粉皮子。接着，将这些米粉皮子均匀地贴在锅底四周，等到米粉皮子边缘翘开之后，把它们铲出来，就成了饭糍干。

饭糍干做起来极其复杂，不仅需要掌铲人的技术，还需要另有专人在灶下烧火，而且要严格按照掌铲人的要求控制火候。这种活做起来很累人，即使在寒冬腊月，依然会累得满头大汗，所以才显示出此茶的礼重。

用开水冲泡饭糍干茶，给人的感觉就像泡饭一样，但口感却与米饭相差很多，软而不烂，香甜可口，在屋中放置久了还会满屋生香。

2. 熏豆茶

第二道茶是熏豆茶。熏豆茶中只包含少量的茶叶，多数是一种叫"茶里果"的佐料。它是一种混合佐料，一般包含熏豆、芝麻、卜子、橙皮和萝卜干五种。

（1）熏豆，又名熏青豆，本地人也叫它"毛豆"。人们采摘优良品种的黄豆，经过剥、煮、淘、烘等多种工序，接着放入干燥器中贮藏起来。这种熏豆具有馨香扑鼻、咸淡适宜的特点。

（2）芝麻，就是我们常见的芝麻，一般选择那些颗粒饱满的白芝麻炒香即可。

（3）卜子，是民间的叫法，它的学名是"紫苏"。紫苏经过炒制之后，味道芳香浓烈，可以顺气，起到消食和胃的作用。

（4）橙皮，是产自太湖流域的酸橙之皮，往往由民间自制而成，也可以由蜜饯中的"九制陈皮"取代。人们将橙皮煮后，经过切割、腌制、晒干等多道工序加工而成。

（5）萝卜干。将胡萝卜洗净之后切成丝状，用适量的盐生腌之后晒干即可；或是将胡萝卜煮熟后腌制并晒干。后一种方法制成的萝卜干比较适合牙齿不便的老年人食用。

茶里果正是由这五种原料按一定比例调配而成。除了以上五种原料，当地人还习惯根据自己的喜好和条件，在茶里果中加入青橄榄、咸桂花、腌姜片、笋干等佐料共同制成，放在储存罐中保存。但混合各种佐料一定有个前提，就是这些佐料不可是腥膻油腻之物，也不能使茶汤变得浑浊。

将茶里果投放到茶具之中后，再加入嫩绿的茶叶，用沸水冲泡，就可以品尝熏豆茶了。

3. 清茶

最后一道是清茶，也就是普通的绿茶。当地人又称它为淡水茶，仅仅含有茶叶和白开水的意思。三道茶中，只有最后一道才是真正的茶。

吴江三道茶以其多色多味的特点，浓郁的乡土气息而名扬四海。不仅作为茶俗传承下来，还使中国的茶文化更有特色。

周庄阿婆茶

周庄是江苏省昆山市和上海交界处的一个典型的江南水乡小镇，是中国历史文化名镇之一。当地有着悠久的历史以及独特的风俗习惯，阿婆茶就是其中的特色茶俗。阿婆茶源自于日常生活，就是婆婆、婶婶等妇女们聚集在一起，一边东聊西聊，一边做做针线活儿，渴了的时候喝口茶，然后接着其乐融融地聊生活中的琐碎小事。

俗话说"未吃阿婆茶，不算到周庄"。来到周庄，如果不去见识一下阿婆茶的魅力，那么自然少了许多旅行的乐趣。而品饮过阿婆茶之后，人们才会真正地品味出这水乡古镇的独特韵味来。

近年来，阿婆茶在周庄的地位不仅丝毫没有削弱，而且更加盛行起来。当地很多茶馆茶楼都有阿婆茶出售，尤其是在中市街上的三毛茶楼，因已故台湾作家三毛女士曾来过周庄，留下她许多的书信笔墨和动人故事，因而三毛茶楼的茶客源源不断，而茶楼主人又是一位乡土作家，也曾与三毛有过书信往来，因而在三毛茶楼喝阿婆茶，真是有滋有味，别有一番情趣在其中。

阿婆茶十分重视水质与茶点。泡茶用的水一定要用河里提起来的活水，水壶往往是祖上传下来的铜吊。炉子是用烂泥稻草和稀后涂成的，叫风炉。用干菜箕柴炖茶，火烧得烈烈的，铜吊里哂哂地热气直冒。一边吃、一边炖，这样的茶才带着独特的风味。而茶点往往是村里的"传统货"：咸菜笕、酥豆、酱瓜、菊红糕……每年春天，田里的油菜开始抽蕊吐蕾时，每家每户便要去摘菜笕、腌菜笕了，往往一腌就是几大缸。有如此优质的水和精致淳朴的小菜，让各地游客对阿婆茶更加赞不绝口。

随着人们生活水平不断提高，阿婆茶也在逐步变化着。泥风炉被各种新型灶具取代了；茶点中也增加了各种糖果、蜜饯等小吃；连人们谈论的话题也发生了翻天覆地的变化，大家喝茶的时候，不再像过去一样只说些居家的琐事，现在往往会谈论社会、国家乃至世界的新闻趣事。不过即使形式变化再大，阿婆茶所特有的那种浓郁淳朴的风情也依旧不变，它给人们留下的永远是甜蜜温馨和其乐融融的气氛。

阿婆茶由邻里之间的消遣解闷，演变成现在的时尚文化交流，这样的改变引来了全国各地的无数游客，甚至有些外国友人都会慕名前来。如果你有机会到这个民风淳朴的小镇，不妨到茶楼中感受一下阿婆茶的魅力，领略一下水乡小镇的独特美感吧。

亚洲茶俗

亚洲的许多国家由于靠近中国，并受华人饮茶习惯的影响，很久以前就形成了独特的饮茶习俗。现挑选几个有代表性的国家介绍如下：

1. 泰国腌茶

腌茶是一种嚼食菜肴，它的制作方法与我国云南少数民族制作的腌茶一模一样，都是将它和香料拌在一起，放在嘴里细嚼。因为泰国北部地区气候炎热，而腌茶却又香又清凉，因此成为当地世代相传的一道家常菜。

除此之外，当地的人不习惯喝热茶，只有外地客人来时，他们才会倒一杯热茶款待。他们习惯在热气腾腾的茶中添加冰块，以防暑降温。而且，茶水只有半杯，以便快速冷却，人们喝完茶之后也会倍感清凉。

2. 新加坡肉骨茶

大家去新加坡旅游的时候，一定不要忘了去当地的小店品尝别具特色的肉骨茶。当你落座之后，店主就会端上一大碗热气腾腾的鲜汤，里边有四五块排骨和猪蹄，有的还会放上党参、枸杞等名贵滋补药材，使肉骨变得更加清香味美。除此之外，还有香喷喷的白米饭一碗，和一盘切成一寸长的油条。顾客可根据不同的口味加入胡椒粉、酱油、盐、醋等，在吃肉骨头的同时，必须饮茶，这样才显得别具风味。其中的茶也有讲究，大多数都是福建特产的铁观音、水仙等乌龙茶，而且茶具也都是一套精巧的陶瓷茶壶和小盅。

肉骨茶一直是新加坡人的传统饮料，现如今，它已经成为一种大众化的食品。在新加坡以外的地区，例如中国香港等地的一些超市内也有各种口味的肉骨茶配料，以供各类人群选购。

3. 土耳其薄荷茶

薄荷茶是土耳其人比较喜欢的一种饮料。由于薄荷的特殊气味，对茶的要求很高，否则薄荷会掩盖住茶的香味，喧宾夺主。因此，制作薄荷茶往往会选择中国出产的眉茶和珠茶两种。它们具有叶底嫩绿泛黄的特点，外形紧秀，色泽也浓得起霜，而且加入薄荷之后，茶本身的味道依旧不减。

薄荷具有祛风、发汗、利尿等功效，是夏天必不可少的清凉剂。茶与薄荷相得益彰，构成了炎炎夏日独特的风景。在绿茶中加入三两片新鲜薄荷叶，再配以冰糖，看着黄绿茶汤上漂浮着的叶片，相信不用品尝，你就会感受到凉爽的气息扑面而来。

4. 印度马萨拉茶

马萨拉茶又被当地人称为舔茶，这个名字是由饮茶方式得来的。当地人的喝茶方式颇为奇特，不是用嘴喝，也不是用吸管吸，而是斟到盘子里，用舌头舔着喝。马萨拉茶虽然喝法奇特，但制作方法却非常简单，只是在红茶中加入姜和小豆蔻而已。

5.印度尼西亚冰茶

冰茶，又称为凉茶。印度尼西亚人有个习惯，就是无论春夏秋冬，只要吃完中餐之后，就一定要喝一碗冰茶。冰茶的制作方法并不复杂，当地人常常在红茶中加入一些糖和作料，之后放入冰箱，以便降低温度。

6.也门嚼茶

嚼茶是也门人特别喜欢的一种茶。它是由当地的一种"卡特树"的叶子制成，并非普通茶叶。嚼茶，听名字就会联想起饮用方法，就是细嚼。而细嚼也并不像普通茶一样，泡好之后细嚼里面的茶叶，而是一开始就直接把茶叶放入嘴里，吸其汁水。但这种茶却不能长期食用，久服容易中毒。

7.马来西亚拉茶

拉茶的得名很有趣。当茶泡好之后，调茶人用两个杯子将茶倒过来又倒过去，由于两个杯子离得比较远，茶的用料又与奶茶相差不多，因此看上去像是一条白色的粗线被拉长了一样，因此被称为拉茶。据说，拉茶对人体有很多益处，喝下去又十分舒服，因此马来西亚人都特别喜欢喝这种茶。

8.越南玳玳花茶

越南人喜欢将玳玳花晒干之后和茶叶一起冲泡饮用，因而被称为玳玳花茶。这种茶冲泡之后，绿色的茶水上漂浮着洁白的小花，特别漂亮。玳玳花茶不仅喝起来芳香可口，同时还具有祛痰、解毒、止痛的作用，也成为当地的茶俗之一。

除了以上这些国家的特殊茶俗之外，还有许多亚洲国家都有独特的饮茶习俗。绿茶、红茶、乌龙茶、花茶，无论哪一种茶，在不同国家往往都有别具一格的饮用方法，同时也构成了茶文化的多姿多彩。

非洲茶俗

非洲包括许多国家，它们虽然所处同一洲，可各个国家有着不同的特色习俗，饮茶习俗就是其一。下面以这几个国家为例，简单介绍：

1.摩洛哥三道茶

摩洛哥人上至尊贵的国王，下至寻常的百姓，无一不喜欢饮茶。逢年过节，摩洛哥人均以甜茶招待外国宾客，其好客之意可见一斑。可以说，茶自从通过丝绸之路来到摩洛哥之后，已经慢慢地成为当地的文化之一。

摩洛哥人除了在生活中喜欢饮茶，在日常的酒会中还有一个特殊的茶俗，即三道茶。这与我国白族的三道茶十分不同，他们所说的三道茶是指敬三杯甜茶。当宾客吃过饭之后，主人就会用茶叶加白糖熬煮出味道甘美的三道茶，一般比例是1千克茶叶加10千克白糖和清水。当主人向宾客敬过这三道茶之后，礼数才算周全。三道茶品尝起来令人口齿甘醇，由于是在饭后饮用，不仅可以起到提神解酒的作用，还会令人十分舒服。除了甘美的三道茶之外，连喝茶时用的茶具也被奉为珍贵的艺术品，就连摩洛哥国王都以此作为赠送来访国宾的礼物。看起来，三道茶果然在摩洛哥占有极为重要的地位。

2. 埃及糖茶

有的地区喜欢在红茶中加牛奶，这样可以使红茶的味道甜美香醇，可埃及人却不喜欢这样。他们虽然也喜欢喝淳冽的红茶，却往往在里面加白糖，而且是大量的白糖。因而每每喝完茶以后，嘴里都是黏糊糊的感觉，一杯茶的热量甚至超过一碗米饭，这也是许多人连续喝上两三杯之后，甜腻得不想吃饭的理由了。

糖茶的制作过程很简单，首先将茶叶放入茶杯中，用沸水冲开。接着，再在杯子里加入白糖，大概占杯子的三分之二左右。等到白糖在茶中充分溶解之后，

茶典、茶人与茶事

法国人最爱饮的是红茶、绿茶、花茶和沱茶。饮红茶时，习惯于采用冲泡或烹煮法，类似英国人饮红茶习俗。通常取一小撮红茶或一小包袋泡红茶放入杯内，冲上沸水，再配以糖或牛奶；有的地方，也有在茶中拌以新鲜鸡蛋，再加糖冲饮的；还曾流行瓶装茶水加柠檬汁或橘子汁；还有的茶水中掺入杜松子酒或威士忌酒，制成清凉的鸡尾酒。

法国人在香榭丽舍大街边，细细品味加香红茶成为一种时尚。

法国的花茶，多供应于中餐馆和华人。饮花茶的方式，与中国北方人饮花茶的方式相同，用茶壶加沸水冲泡，推崇清饮。而沱茶产于中国西南地区，因有特殊的药理功能，深受一些法国养生者青睐。

便可以喝了。除了喝这种极其特殊的糖茶，埃及人泡茶的器具也十分讲究，他们一般不用普通的茶具，而是选用玻璃器皿。当晶莹透明的茶水注入玻璃杯时，那颜色简直比艺术品还漂亮。

埃及人喜欢喝茶，更喜欢喝糖茶，无论是待客，还是与朋友小聚，抑或是社交场合，都不会忘记沏一杯糖茶以表达他们的亲切与友爱。

3. 苏丹薄荷冰糖茶

苏丹人喜欢喝茶，而且特别喜欢在茶中放几片新鲜薄荷叶和一些冰糖。当地天气非常炎热而薄荷和茶恰好可以解暑，不仅如此，薄荷中还包含丰富的维生素，冰糖又可以看作是一种甘美的营养品，因此，茶、薄荷、冰糖三者合在一起，便组成了消暑解渴的保健饮料。

欧洲茶俗

17世纪初期，茶叶传到了欧洲。从那时起，欧洲的许多国家都将茶奉为美味的饮品。

1. 荷兰

人们一提到西方的茶，往往会想到茶叶的消费王国——英国。其实，最初将茶叶传到欧洲的，是荷兰商船。当时，荷兰商人将中国的绿茶带到爪哇，接着又辗转到了欧洲。最开始，那里的人都是从药材商那里买茶叶，药师会在茶叶中加上珍贵的药材或者糖、香料、姜等。之后，茶叶便成为食品杂货店中的商品，无论有钱没钱的人，都可以买得起、买得到。

饮茶之风迅速在荷兰开始流行，一些富裕的家庭，家里都设有专门的茶室。每当主人会客时，女主人总会打开精致漂亮的茶叶盒，从中取出各种各样的茶叶，以供每位客人选择。等他们挑好茶叶之后，又分别将茶叶放进同样精致的瓷质小茶壶中冲泡。这样不仅显得对客人尊重，还满足了每个人的口味。

随着时光变换，现代的荷兰人对茶的喜爱程度依旧不减。不但茶室、茶座应运而生，普通家庭也开始兴起饮早茶、午茶和晚茶的风气。他们不仅对

荷兰人多喜欢饮用加糖、加奶的红茶。

茶品质要求较高，同时对待茶礼仪也极为讲究，形成了一套极为严谨的礼节。当地人喜爱在茶中加入糖、牛奶或柠檬，有时也会加入薄荷。总之，在荷兰人的饮茶文化之中，既包含了东方的谦逊美德，又包含了西方的浪漫风情，将东西方的文化精神完美地融合在一起。

2. 英国

英国是极其喜爱饮茶的国家，也是喝茶最随意最自由的国家。他们常常把茶当作"锅底"，什么都往茶里面加，例如橘皮、玫瑰、冰糖等，有时也会加入牛奶。人们还美其名曰"什锦茶"。这种茶听起来有点儿难以接受，可对人体却很有益处。因为加入这些材料之后，茶中的茶碱就减少了许多，这样不会伤胃。

英国人一天要喝几次茶。早上起床之后，要空着肚子喝一杯，这时的茶叫"床茶"；早饭之后再喝一次茶，叫"早茶"；午饭之后的茶也必不可少，叫"午后茶"；而最有名的则是下午四点左右的"下午茶"；晚饭之后的茶，自然叫"晚茶"了。

茶可在一天中的任何时候饮用，特别是在晚餐后饮用可以帮助消化。早在19世纪初，还没有像今天的"下午茶"概念。下午茶这一真正意义上的英国习俗是由贝德福特公爵的第七位夫人安娜发明的。当时，由于午餐和晚餐之间相隔时间很长，在这段时间里她感觉到疲惫虚弱，为了消除由于饥饿引起的强烈不适感，她让仆人拿一壶茶和一些小点心到她房间里，结果她发现这种下午茶的安排非常惬意，很快她开始邀请她的朋友和她一起喝下午茶。不久，伦敦所有的上流人士都沉迷于这种活动：聚在一起喝茶，吃着美味的三明治和饼干，天南地北，高谈阔论。时至今日，下午茶依然是英国人的最爱，后来在其他国家也渐渐流行起来。

鉴茶不外行，选茶有绝招

鉴茶篇

不同的茶风格各异，滋味也大不相同，然而众多茶类唯有一点万变不离其宗、始终如一，就是茶的自然之味。

第一章

初识绿茶

绿茶品鉴

绿茶是指采取茶树新叶，未经发酵，经杀青、揉拧、干燥等典型工艺制成的茶叶。由于绿茶未经发酵，因此茶性新鲜自然，而且还最大程度地保留了茶叶中的有益成分。

绿茶在中国产量最大，位居六大初制茶之首，也是饮用最为广泛的一种茶。中国是世界主要的绿茶产地之一，其中以浙江、湖南、湖北、贵州等省份居多。名贵绿茶有：西湖龙井、洞庭碧螺春、六安瓜片、信阳毛尖、千岛玉叶、南京雨花茶等。

绿茶的分类

＊烘青绿茶

鲜叶经过杀青、揉捻而后烘干的绿茶称为烘青绿茶。烘青绿茶的条形完整，白毫显露，色泽多为绿润，冲泡后茶汤香气清新，滋味鲜醇，叶底嫩绿明亮。烘青绿茶根据原料的老嫩和制作工艺不同，又可分为普通烘青与细嫩烘青两类。

＊炒青绿茶

最终以炒干方式干燥制成的绿茶称为"炒青绿茶"。炒青绿茶是我国绿茶中的大宗产品，其中又有"长炒青""圆炒青"和"细嫩炒青"之别。

＊晒青绿茶

新鲜茶叶经过杀青、揉捻后利用日光晒干的绿茶统称为"晒青绿茶"。晒青绿茶的产地主要有云南、四川、贵州、广西、湖北、陕西等省。有云南的"滇青"、陕西的"陕青"等品种。

＊蒸青绿茶

以蒸汽杀青方式制成的绿茶统称为"蒸青绿茶"。蒸青绿茶是我国古代最早发明的一种茶类，它以蒸汽将茶鲜叶蒸软，而后揉捻、干燥而成。蒸青绿茶由于"色绿、汤绿、叶绿"的三绿特点，美观诱人。

营养成分

绿茶含有丰富的营养物质，其中包含叶绿素、维生素C、胡萝卜素、儿茶素等。

作用功效

（1）预防胆固醇：绿茶中的儿茶素能降低血液中的胆固醇，可以减少动脉硬化发生率，并且可以抑制血小板凝集。

（2）有助于抑制心血管疾病：绿茶中的黄酮醇类具有抗氧化作用，能减少血液系统发生病变，可以防止血液凝块、血小板成团，因此有助于抑制心血管疾病。

（3）排毒瘦身：绿茶中的茶碱和咖啡因能活化分解蛋白质激酶、三酰甘油等物质，可以有效减少人体内堆积的脂肪，达到排毒瘦身的效果。

（4）预防蛀牙：绿茶中的儿茶素具有杀菌功能，可以抑制细菌的生长，有效地预防蛀牙和牙周炎。此外，茶叶中的单宁酸成分则可以防止因食物残渣而导致的细菌滋生。

（5）延缓衰老：绿茶中含有大量抗氧化剂，常饮绿茶有助于增进肌肤抵抗力，有延缓衰老的作用。

> 绿茶在所有茶类中形状最多，且多呈细条状，茶形较美；绿茶是茶多酚氧化程度最轻的茶，冲泡后茶汤较多地保存了鲜茶叶的绿色主调，因此绿茶的茶汤色泽翠绿、黄绿明亮；香气鲜嫩、清雅，滋味鲜、嫩、爽。

选购窍门

一观外形：以外形明亮，茶叶大小、粗细均匀的新茶为佳。

二看色泽：以颜色翠碧、油润的绿茶为好。

三闻香气：新茶一般都有新茶香。好的新茶，茶香格外明显。

四品茶味：汤色碧绿明澄，茶叶先苦涩，后浓香甘醇者质优。

五捏干湿：新茶要耐贮存，必须要足干。用手指捏一捏茶叶，若捏不成粉末状，说明茶叶已受潮，或含水量较高，不宜购买。

保存方法

密封、干燥、低温、避光保存。

泡茶器具与水温

绿茶味道清淡，适合用瓷壶或瓷盖杯来冲泡，这样能使香味更容易挥发出来；适合冲泡的水温为70℃～85℃。

绿茶茶艺展示——西湖龙井的泡茶步骤

①备具：准备好玻璃杯、茶叶罐、茶荷、茶则、水盂等。

②温杯：玻璃杯中倒入适量开水，旋转使玻璃杯壁均匀受热，弃水不用（可倒入水盂中）。

③取茶：将茶叶罐打开，用茶则从茶叶罐中取出适量茶叶放在茶荷中。

④赏茶：泡茶之前先请客人观赏干茶的茶形、色泽，还可以闻闻茶香。

⑤投茶：将少许茶叶轻缓拨入杯中。

⑥冲泡：玻璃杯中倒入80℃～85℃的水至七分满。

⑦观茶：可以欣赏茶叶在水中慢慢漂落、浮沉的整个过程。

⑧闻香：品饮前，可闻香，西湖龙井香气清香优雅。

⑨品茶：西湖龙井滋味香郁味醇，令人回味无穷。

竹叶青

Zhuyeqing

茶叶介绍

　　峨眉竹叶青是在总结峨眉山万年寺僧人长期种茶制茶基础上发展而成的，于1964年由陈毅命名，此后开始批量生产。四川峨眉山产茶历史悠久，宋代苏东坡题诗赞曰："我今贫病长苦饥，盼无玉腕捧峨眉。"竹叶青茶采用的鲜叶十分细嫩，加工工艺十分精细。一般在清明前3～5天开采，标准为一芽一叶或一芽二叶初展，鲜叶嫩匀，大小一致。竹叶青茶扁平光滑色翠绿，是形质兼优的礼品茶。

选购要点

　　以外形扁平，条索紧直，肥厚带毫，两头尖细，形似竹叶；内质香气高鲜；茶汤黄绿明亮，香浓味爽；叶底嫩绿匀整者为佳。

贮藏提示

　　低温、干燥、避光、密闭存储。

茶汤 黄绿明亮

叶底 嫩绿匀整

保健功效

1 有助于排毒减肥：竹叶青茶中的咖啡因、肌醇、叶酸，能调节脂肪代谢。

2 有助于抑制癌细胞：据报道，竹叶青茶中的黄酮类物质有不同程度的体外抗癌作用。

茶叶特点

1 外形：形似竹叶

2 色泽：嫩绿油润

3 汤色：黄绿明亮

4 香气：高鲜馥郁

5 叶底：嫩绿匀整

6 滋味：香浓味爽

冲泡品饮

备具	冲泡	品茶
玻璃杯或盖碗1个，峨眉竹叶青茶3克。	冲入80℃左右的水至玻璃杯七分满即可。	3分钟后即可品饮。入口后鲜嫩醇爽，是解暑佳品。

黄山毛峰

Huangshan Maofeng

茶叶介绍

黄山毛峰，为中国历史名茶之一，中国十大名茶之一，1986年被外交部评为外事活动礼品茶。该茶属于徽茶，产于安徽省黄山，由清代光绪年间谢裕泰茶庄所创制。由于新制茶叶白毫披身，芽尖如锋芒，且鲜叶采自黄山高峰，遂将该茶取名为黄山毛峰。每年清明谷雨，选摘初展肥壮嫩芽，经手工炒制而成。

选购要点

以外形微卷，状似雀舌，绿中泛黄，银毫显露，且带有金黄色鱼叶（俗称黄金片），入杯冲泡雾气结顶，汤色清碧微黄，叶底黄绿有活力，滋味醇甘者为佳。

茶汤 清碧微黄

叶底 嫩匀成朵

贮藏提示

密封、干燥、低温、避光保存。

保健功效

黄山毛峰茶中的茶多酚和鞣酸作用于细菌，能凝固细菌的蛋白质，将细菌杀死。

茶叶特点

1 外形：状似雀舌
2 色泽：绿中泛黄
3 汤色：清碧微黄
4 香气：馥郁如兰
5 叶底：嫩匀成朵
6 滋味：浓郁醇和

冲泡品饮

备具	冲泡	品茶
玻璃杯1个，黄山毛峰茶6克。	用茶匙将茶叶从茶荷中，拨入玻璃杯中，冲入90℃左右的水至玻璃杯七分满即可。	只见茶叶徐徐伸展，汤色清碧微黄，香气如兰，叶底嫩匀成朵，入口后味道鲜浓醇和，回味甘甜。

洞庭碧螺春

Dongting Biluochun

茶叶介绍

碧螺春茶是中国十大名茶之一，属于绿茶。洞庭碧螺春产于江苏省苏州市洞庭山（今苏州吴中区），所以又称"洞庭碧螺春"。据记载，碧螺春茶叶早在隋唐时期即负盛名，有千余年历史。传说清康熙皇帝南巡苏州赐名为"碧螺春"。洞庭碧螺春条索紧结，卷曲似螺，边沿上有一层均匀的细白绒毛。"碧螺飞翠太湖美，新雨吟香云水闲"，喝一杯碧螺春，仿如品赏传说中的江南美女。

茶汤 碧绿清澈

叶底 嫩绿明亮

选购要点

以条索纤细，卷曲成螺，满身披毫，银白隐翠，清香淡雅，鲜醇甘厚，回味绵长，汤色碧绿清澈，叶底嫩绿明亮香者为佳。

贮藏提示

最好用铝箔袋密封，放于10℃冰箱里保存。

保健功效

1 利尿作用：碧螺春茶中的咖啡因和茶碱具有利尿作用。

2 有助于减肥：咖啡因能调节脂肪代谢，从而起消脂减肥作用。

茶叶特点

1 外形：卷曲成螺
2 色泽：翠绿油润
3 汤色：碧绿清澈
4 香气：清香淡雅
5 叶底：嫩绿明亮
6 滋味：鲜醇甘厚

冲泡品饮

备具	冲泡	品茶
玻璃杯或盖碗1个，碧螺春茶4克。	用茶匙将茶叶从茶荷中拨入玻璃杯中，冲入80℃~85℃的水至玻璃杯七分满即可。	只见茶叶徐徐伸展，汤色碧绿清澈，清香甘淡，茶汤入口后香浓甘厚。

茶典、茶人与茶事

洞庭碧螺春传说

碧螺春茶名之由来，还有一个动人的民间传说。古时候，在太湖的西洞庭山上住着一位勤劳、善良的孤女，名叫碧螺。碧螺生得美丽、聪慧，喜欢唱歌，且有一副圆润清亮的嗓子，她的歌声，如行云流水般的优美清脆，山乡里的人都喜欢听她唱歌。而隔水相望的东洞庭山上，有一位青年渔民，名为阿祥。阿祥为人勇敢、正直，又乐于助人，吴县洞庭东、西山一带方圆数十里的人们都很敬佩他。而碧螺姑娘那悠扬婉转的歌声，常常飘入正在太湖上打鱼的阿祥耳中，阿祥被碧螺的优美歌声所打动，于是默默地产生了倾慕之情，却无由相见。

在某年早春里的一天，太湖里突然跃出一条恶龙，蟠居湖山，强使人们在西洞庭山上为其立庙，且要每年选一少女为其做"太湖夫人"。太湖人民不应其强暴所求，恶龙于是扬言要荡平西山，劫走碧螺。阿祥闻讯怒火中烧，义愤填膺，为保卫洞庭乡邻与碧螺的安全，维护太湖的平静生活，阿祥趁更深夜静之时潜游至西洞庭，手执利器与恶龙交战，连续大战七个昼夜，阿祥与恶龙俱负重伤，倒卧在洞庭之滨。乡邻们赶到湖畔，斩除了恶龙；将已身负重伤，倒在血泊中的降龙英雄——阿祥救回了村里，碧螺为了报答救命之恩，要求把阿祥抬到自己家里，亲自护理，为他疗伤。阿祥因伤势太重，处于昏迷垂危之中。

一日，碧螺为寻觅草药，来到阿祥与恶龙交战的流血处，发现长出了一株小茶树，枝叶繁茂。为纪念阿祥大战恶龙的功绩，碧螺便将这株小茶树移植于洞庭山上并加以精心护理。清明刚过，那株茶树便吐出了鲜嫩的芽叶，而阿祥的身体却日渐衰弱，汤药不进。碧螺在万分焦虑之中，陡然想到山上那株以阿祥的鲜血育成的茶树，于是她跑上山去，以口衔茶芽，泡成了翠绿清香的茶汤，双手捧给阿祥饮尝，阿祥饮后，精神顿爽。碧螺从阿祥那苍白的脸上第一次看到了笑容，她的心里充满了喜悦和欣慰。当阿祥问及是从哪里采来的"仙茗"时，碧螺将实情告诉了阿祥。阿祥和碧螺的心里憧憬着未来美好的生活。于是碧螺每天清晨上山，将那饱含晶莹露珠的新茶芽以口衔回，揉搓焙干，泡成香茶，以饮阿祥。阿祥的身体渐渐复原了；可是碧螺却因天天衔茶，以至情相报阿祥，渐渐失去了元气，终于憔悴而死。

阿祥万没想到，自己得救了，却失去了美丽善良的碧螺，悲痛欲绝，遂与众乡邻将碧螺葬于洞庭山上的茶树之下，为告慰碧螺的芳魂，于是就把这株奇异的茶树称之为碧螺茶。

洞庭太湖虽历经沧桑，但那以阿祥的斑斑碧血和碧螺的一片丹心孕育而生的碧螺春茶，却仍独具幽香妙韵永惠人间。

大佛龙井

Dafo Longjing

茶叶介绍

所谓"南方有嘉木，新昌有好茶""高山云雾出名茶"，大佛龙井茶就出产于新昌天姥山的高山云雾中，采用西湖龙井茶种嫩芽精制而成，品质卓越。主要分为两种基本定型、具有两种不同风格的茶品，分别为绿版及黄版，区别在于成品茶的外形色泽和香气。新昌大佛龙井主要得益于得天独厚的自然环境，具备了茶叶典型的高山风味。

茶汤 黄绿明亮

叶底 细嫩成朵

选购要点

选购大佛龙井时可以通过叶片来鉴别。大佛龙井的叶片较小，比西湖龙井产的时间稍晚一些，但味道与西湖龙井并重。

贮藏提示

大佛龙井一般需要储藏在避潮湿和异味的地方。

保健功效

1 排毒养颜：大佛龙井茶属于绿茶中的珍品，常喝可以排毒养颜、抗衰老以及防辐射。

2 兴奋作用：茶叶中的咖啡因能够兴奋人的中枢神经系统，帮助人们振奋精神，缓解疲劳。

茶叶特点

1 外形：扁平光滑

2 色泽：绿翠匀润

3 汤色：黄绿明亮

4 香气：略带花香

5 叶底：细嫩成朵

6 滋味：鲜爽甘醇

冲泡品饮

备具
大佛龙井茶5克左右，玻璃杯1个。

冲泡
将绿茶小心翼翼置入玻璃杯内，倒入水温80℃的开水冲泡。

品茶
静待茶叶下沉，此刻就能够静心感受到大佛龙井茶略带花香、茶汤滋味鲜爽甘醇的特点。

松阳香茶

Songyang Xiangcha

茶叶介绍

松阳香茶，以香得名，以形诱人，整个生产过程中都以"精"为主。开发于 20 世纪 90 年代，主要以其条索细紧、色泽翠润、香高持久、滋味浓爽的独特风格为人们所喜爱。香茶的炒制工艺过程包括鲜叶的摊放、杀青、揉捻和干燥四道工序。每道工序都要求精确细致，以便它的原汁原味得到保留。

选购要点

要选择做工精细，而且口感上乘的松阳香茶。

贮藏提示

普遍的贮藏方式有塑料袋和锡箔纸，常温或者冷藏都可以。

保健功效

1 促消化：茶叶中含有单宁酸，可以缓解饮食后的油腻感，促进肠道消化。

茶汤 黄绿清亮

叶底 绿明匀整

2 提神作用：香茶的香气得到比较完整的保留，清香怡人而且持久，因此常饮香茶可以醒脑提神。

茶叶特点

1 外形：条索细紧
2 色泽：色泽翠润
3 汤色：黄绿清亮
4 香气：清高持久
5 叶底：绿明匀整
6 滋味：浓爽清醇

冲泡品饮

备具
冲泡香茶选用小型的紫砂壶为佳，能使茶叶的香气持久。

冲泡
冲泡水温在 90℃左右，洗涤茶叶后，再将水缓缓冲入壶中，等待 1 分钟左右。

品茶
此时品饮，将香气与香茶的爽口和回甘一起尽收心底。

信阳毛尖

Xinyang Maojian

茶叶介绍

信阳毛尖，亦称"豫毛峰"，是中国十大名茶之一，产于河南省信阳市。信阳毛尖素来以"细、圆、光、直、多白毫、香高、味浓、汤色绿"的独特风格而饮誉中外。

选购要点

选购时首先要看一下信阳毛尖的外形，不论档次高低茶叶外形都要匀整，不含非茶叶夹杂物；茶叶要干，拿到手里要唰唰作响，这样的茶叶含水量低。

贮藏提示

密闭冷藏，置于干燥无异味处（以冰箱冷藏）为佳，且不可挤压。

保健功效

强身健体作用：信阳毛尖含有丰富的蛋白质、氨基酸、生物碱、茶多酚、糖类、有机酸、芳香物

茶汤 黄绿明亮

叶底 细嫩匀整

质和维生素 A、维生素 B_1、维生素 B_2、维生素 C、维生素 K、维生素 P、维生素 B_3 等以及水溶性矿物质，具有生津解渴、清心明目、提神醒脑、去腻消食、抑制动脉粥样硬化以及防癌、防治坏血病和防御放射性元素侵害等多种功能。

茶叶特点

1 外形：细秀匀直
2 色泽：翠绿光润
3 汤色：黄绿明亮
4 香气：清香持久
5 叶底：细嫩匀整
6 滋味：鲜浓醇香

冲泡品饮

备具	冲泡	品茶
玻璃杯或盖碗1个，信阳毛尖茶4克。	将热水倒入玻璃杯中进行温杯，而后弃水不用，再冲入80℃左右的水至玻璃杯，七分满即可。	片刻后即可品饮。入口后鲜浓醇香。

鸠坑毛尖
Jiukeng Maojian

茶叶介绍

鸠坑毛尖产于浙江省淳安县鸠坑源。该县隋代为新安县，属睦州（今建德），故又称睦州鸠坑茶。茶树多分布于地势高峻的山地或山谷间缓坡地，称"高山茶"。历史上为贡茶，其气味芳香，饮之生津止渴，齿颊留香。鸠坑毛尖茶于1985年被农牧渔业部评为全国优质茶；1986年在浙江省优质名茶评比中获"优质名茶"称号。鸠坑毛尖除制绿茶外，亦为窨制花茶的上等原料，窨成的"鸠坑茉莉毛尖""茉莉雨前"均为茶中珍品。

茶汤 清澈明亮

叶底 黄绿嫩匀

选购要点

外形硕壮挺直，色泽嫩绿，白毫显露，香气清高，隽永持久，汤色嫩黄，清澈明亮，叶底黄绿，滋味浓厚，鲜爽耐泡者为最佳品。

贮藏提示

密封、干燥、低温冷藏最佳。

保健功效

鸠坑毛尖所含的抗氧化剂有助于抵抗老化。SOD（超氧化物歧化酶）是自由基清除剂。

茶叶特点

1 外形：硕壮挺直
2 色泽：色泽嫩绿
3 汤色：清澈明亮
4 香气：隽永清高
5 叶底：黄绿嫩匀
6 滋味：浓厚鲜爽

冲泡品饮

备具	冲泡	品茶
透明玻璃杯或盖碗1个，鸠坑毛尖茶3克。	将茶叶拨入玻璃杯中。在杯中冲入85℃左右的水，七分满即可。	入口后，茶味芬芳而带有熟栗子香，滋味鲜浓，一般五泡还有极佳的茶香味。

139

安吉白茶
Anji Baicha

茶叶介绍

安吉白茶，产于浙江省安吉县，用绿茶加工工艺制成，属绿茶，是一种珍稀的变异茶种，属于"低温敏感型"茶叶。其色白，是因为其加工原料采自一种嫩叶全为白色的茶树。茶树产"安吉白茶"的时间很短，通常仅一个月左右。正因为安吉白茶是在特定的白化期内采摘、加工和制作的，所以茶叶经冲泡后，其叶底也呈现玉白色。

选购要点

以外形挺直略扁，色泽翠绿，白毫显露，清香高扬且持久，叶底嫩绿明亮，滋味鲜爽者为最佳品。要选择一芽二叶初展，干茶翠绿鲜活略带金黄色，香气清高鲜爽，外形细秀、匀整的优质安吉白茶。

安吉白茶色、香、味、形俱佳，在冲泡过程中必须掌握一定的技巧才能充分领略到安吉白茶形似凤羽，叶片玉白，茎脉翠绿，鲜爽甘醇的视觉和味觉享受。

贮藏提示

密封以后储存在冰箱，且不可挤压。

茶汤 清澈明亮

叶底 嫩绿明亮

保健功效

1 抗菌消炎：安吉白茶具有抗菌、消炎和减少激素活动的作用，是治疗粉刺的上佳选择。

2 护眼明目：安吉白茶中的维生素 C 等成分，能降低眼睛晶体混浊度，经常饮茶，对减少眼疾、护眼明目均有积极的作用。

3 抗衰老：茶中维生素 E 是一种抗氧化剂，可以阻止人体中脂质的过氧化过程，因此具有抗衰老的功效。

4 护肝：茶叶中维生素 K 的含量每克成茶为 300 ~ 500 国际单位，维生素 K 可促进肝脏合成凝血素。

茶叶特点

1 外形：挺直略扁
2 色泽：色泽翠绿
3 汤色：清澈明亮
4 香气：清香高扬
5 叶底：嫩绿明亮
6 滋味：滋味鲜爽

◎ 冲泡品饮

备具 透明玻璃杯1个，安吉白茶4克。

▼

洗杯、投茶 将开水倒入玻璃杯中进行冲洗，弃水不用，将茶叶拨入玻璃杯中。

▼

冲泡 在杯中冲入85℃左右的水，七分满即可，冲泡2～3分钟。

▼

赏茶 冲泡后，茶叶玉白成朵，好似玉雪纷飞，叶底嫩绿明亮，芽叶朵朵可辨。

▼

出汤 片刻后即可品饮。

▼

品茶 小口品饮，茶味鲜爽，回味甘甜，口齿留香。

 茶典、茶人与茶事

安吉白茶的传说

传说，茶圣陆羽在写完《茶经》后，心中一直有一种说不出的感觉，虽已尝遍世上所有名茶，但总觉得还应该有更好的茶。于是他带了一个茶童携着茶具，四处游山玩水，寻仙访道，其实是为了再寻找茶中极品。

一日，他来到湖州府辖区的一座山上，只见山顶上一片平地，一眼望不到边，山顶平地上长满了一种陆羽从未见过的茶树，这种茶树的叶子跟普通茶树一样，唯独要采摘的芽尖是白色，晶莹如玉，非常好看。陆羽惊喜不已，立时命茶童采摘炒制，就地取溪水烧开了一杯，茶水清澈透明，清香扑鼻，令陆羽神清气爽，陆羽品了一口，仰天道："妙啊！我终于找到你了，我终于找到你了，此生不虚也！"话音未了，只见陆羽整个人轻飘飘向天上飞去，竟然因茶得道，羽化成仙了……陆羽成仙后来到天庭，玉帝知陆羽是人间茶圣，那时天上只有玉液琼浆，不知何为茶，命陆羽让众仙尝尝，陆羽拿出白茶献上，众仙一尝，齐声说道："妙哉！"玉帝大喜："妙哉！此乃仙品，不可留于人间。"遂命陆羽带天兵五百将此白茶移至天庭，陆羽不忍极品从此断绝人间，偷偷留下一粒白茶籽，成为人间唯一的白茶王，直到20世纪70年代末才被发现，真是人间有幸啊！

六安瓜片

Lù'ān Guapian

茶汤 翠绿明亮

叶底 绿嫩明亮

茶叶介绍

六安瓜片，是中国历史名茶，也是中国十大历史名茶之一，简称瓜片，具有悠久的历史底蕴和丰厚的文化内涵，唐称"庐州六安茶"，明始称"六安瓜片"，为上品、极品茶。清为朝廷贡茶。六安瓜片（又称片茶），为绿茶特种茶类。采自当地特有品种，是经扳片、剔去嫩芽及茶梗，通过独特的传统加工工艺制成的形似瓜子的片形茶叶。

选购要点

以叶缘向背面翻卷，呈瓜子形，翠绿有光，汤色翠绿明亮，香气清高，味甘鲜醇，叶底绿嫩明亮者为佳。

贮藏提示

储藏时不可挤压，要密封、干燥、低温、避光保存。

保健功效

1 抗菌：六安瓜片中的儿茶素对细菌有抑制作用，因此具有抗菌的功效。

2 防龋齿、清口臭：六安瓜片含有氟、儿茶素，有抑制细菌作用，可以减少牙菌斑及牙周炎的发生。

茶叶特点

1 外形：呈瓜子形

2 色泽：翠绿有光

3 汤色：翠绿明亮

4 香气：清香高爽

5 叶底：嫩绿明亮

6 滋味：味甘鲜醇

冲泡品饮

备具	冲泡	品茶
盖碗1个，六安瓜片茶4克。	用茶匙将茶叶拨入盖碗中，冲入80℃左右的水至玻璃杯七分满。	片刻后即可品饮。入口后幽香扑鼻，滋味鲜醇。

金山翠芽

Jinshan Cuiya

茶叶介绍

金山翠芽系中国名茶，原产于江苏省镇江市，因镇江金山旅游胜地而名扬海内外。金山翠芽绿茶以大毫、福云6号等无性系茶树品种的芽叶为原料，高度发挥制茶工艺研制而成。该茶外形扁平挺削，色翠香高，冲泡后翠芽徐徐下沉，挺立杯中，形似镇江金山塔倒映于扬子江中，饮之滋味鲜浓，令人回味无穷，给饮此茶者以较高的文化和精神享受，是馈赠亲朋的佳品。

选购要点

外形扁平挺削匀整，色翠显毫，嫩香，滋味鲜醇，汤色嫩绿明亮，叶底肥壮嫩绿明亮者为最佳品。

贮藏提示

干燥、低温、避光保存，存储于冰箱内更佳，且要远离异味，防止挤压。

茶汤 嫩绿明亮

叶底 肥壮嫩绿

保健功效

1 驻颜抗老化：金山翠芽中的茶多酚具有很强的抗氧化性和生理活性，是人体自由基的清除剂，有助于抗老化。

2 有助于抑制心血管疾病：茶多酚能抑制动脉粥样硬化；黄酮醇类能抗氧化，降低心血管的发病率。

茶叶特点

1 外形：扁平匀整
2 色泽：黄翠显毫
3 汤色：嫩绿明亮
4 香气：清高持久
5 叶底：肥壮嫩绿
6 滋味：鲜醇浓厚

冲泡品饮

备具	冲泡	品茶
紫砂壶1个，金山翠芽茶4克。	将茶叶拨入紫砂壶中。在杯中冲入85℃左右的水，七分满即可。	片刻后即可品饮。滋味浓郁回甘，香气馥郁，品饮后令人神清气爽，回味无穷。

143

双井绿

Shuangjinglü

茶叶介绍

双井绿产于江西省修水县杭口乡"十里秀水"的双井村。这里依山傍水，土质肥厚，温暖湿润，时有云雾，茶树芽叶肥壮，柔嫩多毫。欧阳修的《归田录》中还将它推崇为全国"草茶第一"。双井绿分为特级和一级两个品级。特级以一芽一叶初展，芽叶长度为2.5厘米左右的鲜叶制成；一级以一芽二叶初展的鲜叶制成。

茶汤 清澈明亮

叶底 嫩绿匀净

选购要点

选购时以外形圆紧略曲，形如凤爪，锋苗润秀，银毫显露；内质香气清高持久；滋味鲜醇爽厚；汤色清澈明亮，叶底嫩绿匀净者为佳。

贮藏提示

干燥、低温、避光保存，存储于冰箱内更佳，且要远离异味，防止挤压。

保健功效

茶叶内含的咖啡因和儿茶素能促使人体血管壁松弛，并能增大血管有效直径，使血管壁保持弹性。

茶叶特点

1 外形：圆紧略曲　　4 香气：清高持久
2 色泽：银毫显露　　5 叶底：嫩绿匀净
3 汤色：清澈明亮　　6 滋味：鲜醇爽厚

冲泡品饮

备具	冲泡	品茶
玻璃杯1个，双井绿茶4克。	冲入80℃左右的水至玻璃杯七分满即可，用茶匙将茶叶从茶荷中拨入玻璃杯中浸润。	汤色清澈明亮，香高持久，叶底绿嫩匀净，入口后滋味鲜醇爽厚，回味无穷。

南岳云雾茶

Nanyue Yunwucha

茶叶介绍

南岳云雾茶产于湖南省中部的南岳衡山。这里终年云雾缭绕，茶树生长茂盛。南岳云雾茶造型优美，香味浓郁甘醇，久享盛名，早在唐代，已被列为贡品。其形状独特，叶尖且长，状似剑，以开水泡之，尖朝上，叶瓣斜展如旗，颜色鲜绿，香气浓郁，纯而不淡，浓而不涩，经多次泡饮后，汤色仍然清澈，回味无穷。

选购要点

选购时以外形条索紧细，有浓郁的清香，叶底清澈明亮者为佳。

贮藏提示

密封、干燥储存于冰箱内，并远离异味，比如腌菜、咸鱼，以免破坏茶味。

对采下的鲜叶，必须及时集中，装入透气性好的竹筐或编织袋内，并防止挤压，尽快送入茶厂付制。

不同茶树品种的原料分开，晴天叶和雨天叶分开，正常叶和劣变叶分开，成年茶树叶和衰老茶树叶分开，上午采的叶和下午采的叶分开。这样做有利于提高茶叶品质。

茶汤 嫩绿明亮

叶底 清澈明亮

保健功效

1 有助于防癌和抗癌：茶多酚可以阻断亚硝酸盐等多种致癌物质在体内合成，并具有直接杀伤癌细胞和提高机体免疫能力的功效。

2 有助于预防辐射：茶多酚及其氧化产物具有吸收放射性物质锶 90 和钴 60 毒害的能力。

3 有助于抑制和抵抗病毒菌：茶多酚有较强的收敛作用，对病原菌、病毒有明显的抑制和杀灭作用，对消炎止泻有明显效果。

茶叶特点

1 外形：条索紧细
2 色泽：绿润光泽
3 汤色：嫩绿明亮
4 香气：清香浓郁
5 叶底：清澈明亮
6 滋味：甘醇爽口

冲泡品饮

备具　玻璃杯或盖碗1个，南岳云雾茶3克。

▼

洗杯、投茶　将热水倒入玻璃杯中进行温杯，而后弃水不用，再冲入80℃左右的水至玻璃杯七分满即可。

▼

冲泡　用茶匙将茶叶从茶荷中拨入玻璃杯中。

▼

赏茶　放入茶叶后，用开水冲泡，只见茶叶徐徐伸展，汤色嫩绿明亮，清香浓郁，叶底清澈明亮。

▼

出汤　片刻后即可品饮。

▼

品茶　入口后甘醇爽口。

 茶典、茶人与茶事

虎跑泉

　　虎跑泉，位于浙江省杭州市西南大慈山白鹤峰下慧禅寺的侧院中，距离市区大约有5公里，被称为"天下第三泉"。

　　关于虎跑泉的名字，有一个传说。相传，在唐元和十四年（819年）高僧寰中来到这里，看见这里风景优美秀丽，于是就居住了下来。但是这里却没有水源，这让他很苦恼。有一天夜里，他梦见神仙告诉他说："南岳有一个童子泉，会派遣二虎将其搬到这里来。"果然，在第二天有两只老虎刨地作穴，清澈的泉水即刻涌出，因此得名虎跑泉。

　　"龙井茶叶虎跑水"已经被誉为"西湖双绝"，甜美的虎跑泉水冲泡清香的龙井名茶，鲜爽清心，茶香宜人。宋代诗人苏轼曾赞美道："道人不惜阶前水，借与匏樽自在尝。"

紫阳毛尖
Ziyang Maojian

茶叶介绍

紫阳毛尖产于陕西汉江上游、大巴山麓的紫阳县近山峡谷地区，系历史名茶。紫阳毛尖所用的鲜叶，采自绿茶良种紫阳种和紫阳大叶泡，茶芽肥壮，茸毛特多。紫阳县汉江两岸的近山峡谷地区，层峦叠嶂，云雾缭绕，冬暖夏凉，气候适合茶树生长。紫阳毛尖不仅品质优异，而且近年又发现此茶富含人体必需的微量元素——硒，具有较高的保健和药用价值，越来越受到人们的喜爱和重视。加工工艺分为杀青、初揉、炒坯、复揉、初烘、理条、复烘、提毫、足干、焙香十道工序。

茶汤嫩绿清亮

叶底嫩绿明亮

选购要点

以外形条索圆紧、肥壮、匀整，色泽翠绿，白毫显露，内质嫩香持久，汤色嫩绿清亮，滋味鲜爽回甘，色香味俱全者为佳。

贮藏提示

密闭、低温、干燥存储在冰箱内，防止挤压。

保健功效

抗衰老：紫阳毛尖富含硒元素，可延缓衰老，降血脂。

茶叶特点

1 外形：条索圆紧
2 色泽：翠绿显毫
3 汤色：嫩绿清亮
4 香气：嫩香持久
5 叶底：嫩绿明亮
6 滋味：鲜爽回甘

冲泡品饮

备具	冲泡	品茶
玻璃杯或盖碗1个，紫阳毛尖茶5克。	置入茶叶后，冲入85℃左右的水至玻璃杯七分满即可。	片刻后即可品饮。入口后鲜爽回甘。

日照绿茶

Rizhao Lücha

茶汤 黄绿明亮

叶底 均匀明亮

茶叶介绍

日照绿茶被誉为"中国绿茶新贵"，集汤色黄丽、栗香浓郁、回味甘醇的优点于一身。日照绿茶具备了中国南方茶所不具备的北方特色，因地处北方，昼夜温差大，茶叶的生长十分缓慢，但香气高、滋味浓、叶片厚、耐冲泡，素称"北方第一茶"，属绿茶中的王者。

选购要点

日照绿茶按照产季不同被分为春夏秋三种茶。其中春茶为极品，茶叶嫩小叶片厚，但口感清新香甜，在冲泡后小嫩芽逐渐张开，汤色青中带黄，即使隔夜茶色也能保持不变。夏茶与秋茶则叶芽较大，冲泡后逐渐变黄铜色。

贮藏提示

正确而有效的贮藏方式包括炭贮法、石灰块保存法和冷藏法。切忌贮藏在潮湿、高温、有氧气和异味的环境下。

保健功效

1 保健作用：日照绿茶中富含对身体有益的维生素，常饮能够预防心脑血管疾病。

2 抗辐射作用：日照绿茶中富含茶多酚和脂多糖等成分，有利于电脑工作者抵御辐射。

茶叶特点

1 外形：条索细紧
2 色泽：翠绿墨绿
3 汤色：黄绿明亮
4 香气：清高馥郁
5 叶底：均匀明亮
6 滋味：味醇回甜

冲泡品饮

备具	冲泡	品茶
白瓷盖碗或玻璃杯1个，日照绿茶5克。	取茶入杯，倒入开水少许，来回摇动数次后过滤出来。冲入80℃左右的水。	约2分钟后，即可出汤。闻其香品其韵，日照绿茶的馥郁久久在舌尖上萦绕。

云南玉针

Yunnan Yuzhen

茶叶介绍

云南玉针，又名青针，为新创制茶，因条索纤细尖翘，形似玉针故得名玉针，又因产于云南，又叫云绿，具有色泽绿润，条索肥实，回味甘甜，饮后回味悠长的特点。因为有生津解热、止渴润喉的作用，所以特别适合夏季饮用，令人感觉凉爽舒适。

选购要点

挺直似针，紧结显毫，色泽黄绿相间，香气高爽者为佳。

茶汤 汤色清丽

叶底 匀整嫩绿

贮藏提示

云南玉针适合存放在清洁的环境中，要求能够通风，无异味。

保健功效

1 保健的作用：云南玉针是绿茶的一种，具有防辐射、防衰老的作用。

2 消暑止渴：云南玉针有生津解热、润喉止渴的作用，盛夏饮用倍感凉爽。

3 消食祛痰：云南玉针冲泡后，茶色碧绿而清澈，有消食利尿、治喘、祛痰、除烦去腻等功效。

茶叶特点

1 外形：挺秀光滑
2 色泽：显毫翠润
3 汤色：清丽
4 香气：高爽持久
5 叶底：匀整嫩绿
6 滋味：鲜爽回甘

冲泡品饮

备具	冲泡	品茶
透明玻璃杯及其他茶具各一，云南玉针茶4克，也可根据品茶习惯加减投量。	投入茶叶。玻璃杯水为八分满，静待1～2分钟。	捧起一杯清茶，想一段往事，让自己陶醉在云南玉针的芬芳馥郁里。

绿宝石

Lübaoshi

茶叶介绍

绿宝石茶是绿茶中的名品，主要产于贵州省黔中茶区的阿哈湖畔的高山上。这里生态环境良好，土壤为黄壤，深厚肥沃，林木茂盛，再加上湖水的调节使气候湿润，种植的茶树高产并且优质。此茶因条索紧结圆润，呈颗粒状，绿润光亮，饮用后品质独特，如同宝石一样高贵，所以取名"绿宝石"。除此之外，绿宝石的加工技术十分独特，为贵州十大名茶之一。

茶汤 清澈明亮

叶底 鲜活完整

选购要点

以颗粒紧结圆润，颜色绿润光亮，香气清香持久，汤色清澈明亮，叶底鲜活完整，滋味鲜醇回甘者为佳。

贮藏提示

密闭、干燥、低温储藏。

保健功效

1 有助于防癌抗癌：绿宝石中的茶多酚、儿茶素等成分具有非常好的杀菌作用，能抑制血管老化，可以降低癌症的发生率。

2 益思健脑：绿宝石所含的咖啡因会让人活力十足，工作起来头脑清醒、思维活跃。

茶叶特点

1 外形：紧结圆润
2 色泽：绿润光亮
3 汤色：清澈明亮
4 香气：清香持久
5 叶底：鲜活完整
6 滋味：鲜醇回甘

冲泡品饮

备具	冲泡	品茶
盖碗1个，绿宝石茶6克。	将茶叶拨入盖碗中，冲入80℃左右的水至七分满即可。	片刻后即可品饮。入口后鲜醇回甘，沁人心脾。

第二章

初识红茶

红茶品鉴

红茶的鼻祖在中国，世界上最早的红茶由中国福建武夷山茶区的茶农发明，名为正山小种。红茶属于全发酵茶类，是以茶树的芽叶为原料，经过萎凋、揉捻（切）、发酵、干燥等典型工艺精制而成。因其干茶色泽和冲泡的茶汤以红色为主调，故名红茶。

红茶的分类

＊工夫红茶

工夫红茶是我国特有的红茶品种，也是我国传统出口商品，因制造工艺讲究、技术性强而得名。加工中特别强调，发酵时一定要等到绿叶变成铜红色才能烘干，而且要烘出香甜浓郁的味道才算是恰到好处。

＊小种红茶

小种红茶起源于16世纪，是福建省的特产。小种红茶的产生众说纷纭。因产地和品质不同，分为正山小种和外山小种。

正山小种的外形条索肥厚重实，色泽乌润有光泽，冲泡后汤色鲜红，经久耐泡，滋味醇厚似桂圆汤，气味芬芳浓烈带松香味。

营养功效

红茶富含胡萝卜素、维生素A、钙、磷、镁、钾、咖啡因、异亮氨酸、亮氨酸、赖氨酸、谷氨酸、丙氨酸、天门冬氨酸等多种营养元素。

选购窍门

购买红茶时需注意保质期限，以免买到过期的红茶，最好买罐装红茶。

红茶干茶条索匀整或颗粒均匀；红茶茶汤汤色红亮；滋味浓厚鲜爽，甘醇厚甜，口感柔嫩滑顺；叶底整齐，呈褐色。

贮存方法

密封、干燥、低温、避光保存。

红茶茶艺展示——祁门工夫的泡茶步骤

①备具：盖碗、公道杯、品茗杯、茶叶罐、茶荷、茶则、茶巾等。

②温杯、温壶：将开水倒至盖碗中，再注至公道杯和品茗杯中。

③盛茶：将茶叶拨至茶荷中。

④赏茶：泡茶之前先请客人观赏干茶的茶形、色泽，还可以闻闻茶香。

⑤投茶：将祁门红茶拨入盖碗内。

⑥冲泡：向盖碗中倾入 90℃ ～ 100℃ 的开水，由外向内撇去浮沫，加盖静置 2 ～ 3 分钟。

⑦出汤：将茶汤斟入公道杯中。

⑧分茶：将公道杯中的茶汤一一分到各个品茗杯中。

⑨品茶：祁门红茶入口后，滋味醇厚。

正山小种

Zhengshan Xiaozhong

茶叶介绍

正山小种红茶，是世界红茶的鼻祖，又称拉普山小种，是中国生产的一种红茶，原产地在福建省武夷山市。茶叶用松针或松柴熏制而成，有着非常浓烈的香味。因为熏制的原因，茶叶呈黑色，但茶汤为深红色。正山小种红茶是最古老的一种红茶，后来在正山小种的基础上发展了工夫红茶。

选购要点

以外形紧结匀整，色泽铁青带褐，较油润，有天然花香，香不强烈，细而含蓄，滋味醇厚甘爽，喉韵明显，汤色橙黄清明，叶底肥软红亮者为佳。

贮藏提示

常温下密封、避光保存，存放1～2年后，茶味更加浓厚甘甜。

茶汤橙黄清明

叶底肥软红亮

茶叶特点

1 外形：紧结匀整
2 色泽：铁青带褐
3 汤色：橙黄清明
4 香气：细而含蓄
5 叶底：肥软红亮
6 滋味：醇厚甘爽

保健功效

1 解毒功效：据实验证明，正山小种红茶中的茶多碱能吸附重金属和生物碱，并沉淀分解，这对饮水和食品受到工业污染的现代人而言，不啻是一项福音。

2 有助于抗癌：关于茶叶具有抗癌作用的说法很流行，世界各地的研究人员也对此做过许多探索，但是一般认为只有绿茶有抗癌作用，最近有了新的进展。研究发现，正山小种红茶同绿茶一样，同样有很强的抗癌功效。

3 舒张血管：美国医学界一项研究与红茶有关。研究发现，心脏病患者每天喝4杯红茶，血管舒张度可以从6%增加到10%。而常人在受刺激后，舒张度才会增加13%。

4 养胃护胃：正山小种红茶是经过发酵烘制而成的，因而能够养胃。

冲泡品饮

备具　陶瓷茶壶1个，正山小种红茶3克。

▼

洗杯、投茶　将热水倒入茶壶中进行温杯，而后弃水不用，再冲入95℃左右的水即可。

▼

冲泡　用茶匙将茶叶从茶荷中拨入茶壶中。

▼

赏茶　放入茶叶后，用开水冲泡，只见茶叶徐徐伸展，汤色橙黄清明，香气细而含蓄，叶底肥软红亮。

▼

出汤　片刻后即可品饮。

▼

品茶　入口后味醇厚甘。

茶典、茶人与茶事

正山小种的传说

　　明隆庆二年，因时局动乱不安，且桐木是进入福建的咽喉要道，因而时常有军队入侵。有一次，一支军队从江西进入福建过境桐木，占驻茶厂，茶农为躲避战争逃至山中。躲避期间，待制的茶叶因无法及时用炭火烘干，过度发酵产生了红变。随后，茶农为挽回损失，采取易燃松木加温烘干，形成既有浓醇松香味，又有桂圆干味的茶叶品种，这就是历史上最早的红茶，又称为"正山小种红茶"。

越红工夫

Yuehong Gongfu

茶叶介绍

越红工夫系浙江省出产的工夫红茶，以条索紧结挺直、重实匀齐、锋苗显、净度高的优美外形称著。越红毫色呈银白或灰白。浦江一带所产红茶，茶索紧结壮实，香气较高，滋味亦较浓，镇海红茶较细嫩。总的来说，越红条索虽美观，但叶张较薄，香味较次。

选购要点

以条索紧细挺直，色泽乌润，外形优美，内质香味纯正，汤色红亮较浅，叶底稍暗者为佳。

茶汤 汤色红亮

叶底 叶底稍暗

贮藏提示

密封、干燥、常温长期储存。

保健功效

1 养胃护胃：越红工夫是全发酵性茶叶，茶多酚在氧化酶的作用下发生酶促氧化反应，含量减少，对胃部的刺激性就随之减小了。红茶不仅不会伤胃，反而能够养胃，经常饮用加糖、加牛奶的红茶，能消炎、保护胃黏膜。

2 有助于抑制动脉硬化：越红工夫茶叶中的茶多酚和维生素 C 都有活血化瘀、防止动脉硬化的作用。

茶叶特点

1 外形：紧细挺直
2 色泽：乌黑油润
3 汤色：红亮
4 香气：香味纯正
5 叶底：叶底稍暗
6 滋味：醇和浓爽

冲泡品饮

备具	冲泡	品茶
盖碗 1 个，越红工夫茶 3 克。	将热水倒入盖碗中进行温杯，而后弃水不用，再冲入 95℃左右的水冲泡即可。	片刻后即可品饮。入口后滋味浓爽，香气纯正，有淡香草味。

宜兴红茶

Yixing Hongcha

茶汤 红艳鲜亮

叶底 鲜嫩红匀

茶叶介绍

宜兴红茶，又称阳羡红茶，又因其兴盛于江南一带，故享有"国山茶"的美誉。在品种上，人们了解较多的一般都是祁红以及滇红，再细分则有宜昌的宜红和小种红茶。在制作上则有手工茶和机制茶之分。宜兴红茶历史源远流长，唐朝时已誉满天下，尤其是唐朝年间有"茶仙"之称的卢仝也曾有诗句云"天子未尝阳羡茶，百草不敢先开花"，则将宜兴红茶文化底蕴推向了极致。

选购要点

选购时，以外形紧细匀齐，色泽乌润，闻上去清鲜纯正，隐显玉兰花香，冲泡后汤色红艳鲜亮，尝起来鲜爽醇甜者为佳。

贮藏提示

避开阳光、高温及有异味的物品。首选的储藏器具为铁器，因能保证其新鲜感。无须冰箱冷藏。

保健功效

1 预防疾病：用红茶漱口能预防由于病毒引起的感冒。

2 增强抵抗力：红茶中的多酚类有抑制破坏骨细胞物质的活力。

茶叶特点

1 外形：紧结秀丽
2 色泽：乌润显毫
3 汤色：红艳鲜亮
4 香气：清鲜纯正
5 叶底：鲜嫩红匀
6 滋味：鲜爽醇甜

冲泡品饮

备具	冲泡	品茶
紫砂壶1个，宜兴红茶3克，茶杯3个。	将热水倒入壶中进行温杯，冲入95℃左右的水至七分满。将茶叶快速放进，加盖摇动。	倒入茶杯中，每次出汤都要倒尽，之后每次冲泡加5～10秒钟。入口后浓厚甜润。

信阳红茶
Xinyang Hongcha

茶叶介绍

信阳红茶，是以信阳毛尖绿茶为原料，选取其一芽二叶、一芽三叶优质嫩芽为茶坯，经过萎凋、揉捻、发酵、干燥等九道工序加工而成的一种茶叶新品。信阳红茶属于新派红茶，其滋味醇厚甘爽，发酵工艺苛刻，原料选用严格，具有"品类新、口味新、工艺新、原料新"的特点，其保健功效也逐渐受到人们的重视。

选购要点

选购信阳红茶时，以叶子呈现铜红色，外形紧细匀整，且伴有清新花果香的为佳品，其香味俗称为"蜜糖香"。

贮藏提示

要将茶叶贮藏在干燥、避光、低温、密封的环境下，且避免接触异味。

茶汤 红润透亮

叶底 嫩匀柔软

保健功效

1 提神作用：茶叶中含有的咖啡因可使神经中枢兴奋，达到提神醒脑、提高注意力的作用。

2 保护骨骼：茶叶中含有的多酚类能对破坏骨细胞物质活力的物质起到抑制作用，对骨质疏松症起到很好的辅助治疗作用。

茶叶特点

1 外形：紧细匀整
2 色泽：乌黑油润
3 汤色：红润透亮
4 香气：醇厚持久
5 叶底：嫩匀柔软
6 滋味：绵甜厚重

冲泡品饮

备具	冲泡	品茶
盖碗1个，信阳红茶5克，茶杯1个。	将热水倒入盖碗进行温杯，而后弃水不用，冲入95℃左右的水至八分满即可。	将盖碗中茶汤倾倒而出，置于茶杯中。入口后绵甜厚重。

遵义红茶
Zunyi Hongcha

茶叶介绍

遵义红茶产于贵州省遵义市，此地属低纬度高海拔的亚热带季风湿润气候，土壤中含有锌等对人体有益的大量微元素，是遵义红茶香高味浓的优良品质之源。由于红茶在加工过程中发生了以茶多酚促氧化为中心的化学反应，鲜叶中的化学成分发生了较大的变化，香气物质比鲜叶明显增加，所以红茶便具有了红茶、红叶、红汤和香甜味醇的特征。

茶汤 金黄清澈

叶底 呈金针状

选购要点

遵义红茶外形紧细，秀丽披毫，色泽褐黄；优质的遵义红茶香气纯正悠长。

贮藏提示

红茶制好后通过氧化，储藏期还会发酵，使茶汤更有滑感。一般应选择放置在干燥容器内密封，避光、避高温。

保健功效

1 暖胃抑菌：遵义红茶具备暖胃、抗感冒和抑菌的作用。

2 清理肠胃：遵义红茶能够刮油解腻，促进消化，对于消化积食，清理肠胃有着十分明显的效果。

茶叶特点

1 外形：紧实细长
2 色泽：金毫显露
3 汤色：金黄清澈
4 香气：鲜甜爽口
5 叶底：呈金针状
6 滋味：喉韵悠长

冲泡品饮

备具	冲泡	品茶
热水壶内倒入泉水加热，用初沸之水注入瓷壶以及杯中，为壶、杯升温。	将遵义红茶拨入壶中。高冲让茶叶在水的激荡下充分地浸润，以利于色、香、味的充分发挥。	缓啜一口遵义红茶，醇而不腻，爽滑润喉，回味隽永。

昭平红茶

Zhaoping Hongcha

茶叶介绍

昭平红茶是广西昭平县有名的红茶新品种，是经过不断完善红茶产品加工工艺研制而成的，为广西茶叶的发展开辟了一条新路子。

选购要点

外形上以颗粒匀整紧实、条索紧细者为优品，茶叶松散、色泽枯暗者为次品；冲泡后茶汤红匀透亮、杯边有金圈者为佳品，汤中有浮渣、汤色暗沉者为次品。

贮藏提示

密封、低温保存，防湿、防潮。

茶汤 红艳明亮

叶底 红匀明亮

茶叶特点

1 外形：条索紧细
2 色泽：乌润金灿
3 汤色：红艳明亮
4 香气：醇木清香
5 叶底：红匀明亮
6 滋味：醇香馥郁

保健功效

1 提神消疲：昭平红茶中的咖啡因可以刺激大脑皮质，兴奋神经中枢，达到提神、集中思考力的功效。

2 消炎杀菌：昭平红茶中的儿茶素能与单细胞的细菌结合，使蛋白质凝固沉淀，借此来抑制和消灭病原体。

3 解毒：昭平红茶中的茶多碱能吸附重金属和生物碱，并能沉淀分解，达到解毒的功效。

4 养胃护胃：昭平红茶是经过发酵烘制而成的，具有养胃功效。

冲泡品饮

备具	冲泡	品茶
玻璃杯1个，昭平红茶5克。	将热水倒入玻璃杯中进行温杯，而后冲入100℃的开水至玻璃杯八分满即可。	入口后醇香馥郁、甘纯爽滑，让茶汤在舌面上往返流动，品尝茶味和汤中香气后再咽下，回味无穷。

九曲红梅

Jiuqu Hongmei

茶叶介绍

九曲红梅简称"九曲红"，九曲红梅因其色红香清如红梅，故称九曲红梅，是杭州西湖区另一大传统拳头产品，是红茶中的珍品。九曲红梅茶产于西湖区周浦乡的湖埠、上堡、大岭、张余、下阳一带，尤以湖埠大坞山所产品质最佳。九曲红梅采摘标准要求一芽二叶初展；经杀青、发酵、烘焙而成，关键在发酵、烘焙。

选购要点

以外形条索细若发丝，弯曲细紧如银钩，抓起来互相勾挂呈环状，披满金色的绒毛；色泽乌润；滋味浓郁；香气芬馥；汤色鲜亮；叶底红艳成朵者为佳。

贮藏提示

密封、干燥、常温长期储存，亦可低温存储。

茶叶特点

1 外形：弯曲如钩
2 色泽：乌黑油润
3 汤色：红艳明亮
4 香气：香气芬馥
5 叶底：红艳成朵
6 滋味：浓郁回甘

茶汤 红艳明亮

叶底 红艳成朵

保健功效

1 提神消疲：经由医学实验发现，九曲红梅茶中的咖啡因借由刺激大脑神经中枢，促成提神、思考力集中，进而使思维反应更加敏锐，记忆力增强；它也对血管系统和心脏具有兴奋作用，强化心搏，从而加快血液循环以利新陈代谢，同时又促进发汗和利尿，由此双管齐下，加速排泄乳酸（使肌肉感觉疲劳的物质）及其他体内老废物质，达到消除疲劳的效果。

2 生津清热：夏天饮九曲红梅茶能止渴消暑，是因为茶中的多酚类、糖类等与唾液产生化学反应，且刺激唾液分泌，导致口腔滋润，能产生清凉感。

3 利尿：在九曲红梅茶中的咖啡因和芳香物质的联合作用下，能增加肾脏的血流量，提高肾小球过滤率，扩张肾微血管，并抑制肾小管对水的再吸收，于是促成尿量增加。如此有利于排出体内的乳酸、尿酸、过多的盐分（与高血压有关）、有害物等。

◉ 冲泡品饮

备具 盖碗1个,九曲红梅茶3克及其他的茶具或装饰茶具。

▼

洗杯、投茶 将热水倒入壶中进行温杯,弃水不用,再冲入95℃左右的热水冲泡即可。

▼

冲泡 用茶匙将茶叶从茶荷中拨入茶壶中。

▼

赏茶 放入茶叶后,用开水冲泡,只见茶叶徐徐伸展,汤色鲜亮,香气芬馥,叶底红艳成朵。

▼

出汤 3分钟之后即可出汤品饮。

▼

品茶 入口后滋味浓郁。

 茶典、茶人与茶事

九曲红梅的传说

相传,从前灵山脚下住着一对夫妻,家境贫寒,晚年意外得子,真像得了宝贝一样,给儿子取名阿龙。有一天,阿龙在溪边玩水,只见两只虾在水里争抢着一颗明亮的小珠子。他觉得新奇,就把珠子捞起来,含在嘴里,高兴地向家里跑去。路上一不小心,把珠子吞滑到了肚里。到家后,浑身发痒,要母亲给他洗澡。阿龙一进水盆,便变成了乌龙。这时,天昏地暗,雷电交加,风雨交作,乌龙张牙舞爪,腾空而起,飞出屋外,跃进溪里,穿山崖,破谷地,向远处游去。他的双亲在后面哭叫追赶,乌龙留恋双亲,也不忍离去,游一程,一回头,连游九程,九回头,这样,在乌龙停留过的地方便形成了一条九曲十八弯的溪道。传说中九曲十八弯的溪边非常适宜栽种茶树,历来这里栽种的茶叶经炒制后形状也弯曲如龙,故红梅茶就称作九曲红梅茶了。

163

峨眉山红茶
Emeishan Hongcha

茶叶介绍

红茶是在绿茶的基础上以适宜的茶树新芽叶为原材料，经过凋萎、揉捻、发酵、干燥等过程精制而成。峨眉山红茶外形细紧，锋苗秀丽，棕褐油润，金毫显露，韵味悠扬，极其珍罕。

选购要点

选购红茶时要留意茶叶的干度，看是否已经吸潮。

贮藏提示

密封储藏，避免阳光照射。

茶汤 红润油亮

叶底 红润明亮

茶叶特点

1 外形：金毫显露
2 色泽：棕褐油润
3 汤色：红润油亮
4 香气：甜香浓郁
5 叶底：红润明亮
6 滋味：甘甜爽滑

保健功效

1 温胃养胃：红茶具有温胃养胃作用，可去油腻，助消化，是老少咸宜的纯天然保健品。

2 强健骨骼：红茶品性温和，味道醇厚，富含微量元素钾，当冲泡后百分之七十的钾可溶于水内，而钾有增强心脏血液循环的作用，并能减少钙在体内的消耗，因此起到强健骨骼的作用。

3 保健作用：红茶能够改善人体的血管功能，对健康有益。

冲泡品饮

备具	冲泡	品茶
紫砂壶、茶碗各1个，峨眉山红茶5克左右。	用沸水冲入壶内，倒出，将茶叶浸泡在沸水中，茶水比例为1：50，冲泡3～5分钟。	峨眉山红茶入口后甘甜爽滑，口感甚佳。

滇红工夫

Dianhong Gongfu

茶叶介绍

滇红工夫茶创制于1939年，产于滇西南，属大叶种类型的工夫茶，是中国工夫红茶的新葩，以外形肥硕紧实、金毫显露和香高味浓的品质独树一帜，著称于世。尤以茶叶的多酚类化合物、生物碱等成分含量，居中国茶叶之首。其品质具有季节性变化，一般春茶比夏、秋茶好。

选购要点

以条索紧直肥壮，苗锋秀丽完整，金毫多而显露，色泽乌黑油润者为佳。

茶汤 红艳明亮

叶底 红匀明亮

贮藏提示

密封、干燥、常温长期储存。

保健功效

消炎杀菌功效：滇红工夫茶中的多酚类化合物具有消炎的效果。

茶叶特点

1 外形：条索肥壮
2 色泽：乌黑油润
3 汤色：红艳明亮
4 香气：浓郁芬芳
5 叶底：红匀明亮
6 滋味：醇厚甘爽

冲泡品饮

备具
盖碗、茶匙、茶荷各1个，滇红工夫茶3克及茶杯。

冲泡
将热水倒入茶壶中温杯，而后弃水不用，而后冲入100℃左右的水满即可。之后投入茶叶。

品茶
此茶色红浓透明，香气高醇持久，入口后浓厚鲜爽。

金骏眉

Jinjunmei

茶叶介绍

金骏眉是在正山小种红茶传统工艺的基础上，采用创新工艺研发的高端红茶。该茶茶青为野生茶芽尖，摘于武夷山国家级自然保护区内海拔 1200 ~ 1800 米高山的原生态野茶树，6 万 ~ 8 万颗芽尖方制成 500 克金骏眉，是可遇不可求的茶中珍品。

选购要点

以条索紧结纤细，圆而挺直，有锋苗，身骨重，匀整，香气特别，干茶有清香，热汤香气清爽纯正，温汤熟香细腻，冷汤清和幽雅，清高持久者为佳。

贮藏提示

用铁罐或锡罐、瓷罐、玻璃瓶装好茶叶密封，条件充足者可存放于冰箱。

茶汤 金黄清澈

叶底 呈金针状

茶叶特点

1 外形：圆而挺直
2 色泽：金黄油润
3 汤色：金黄清澈
4 香气：清香悠长
5 叶底：呈金针状
6 滋味：甘甜爽滑

保健功效

1 有助于抑制动脉硬化：金骏眉茶叶中的茶多酚和维生素 C 都有活血化瘀、防止动脉硬化的作用，所以经常饮茶的人当中，高血压和冠心病的发病率较低。

2 有助于减肥：金骏眉茶中的咖啡因、肌醇、叶酸、泛酸和芳香类物质等多种化合物，能调节脂肪代谢，特别是对蛋白质和脂肪有很好的分解作用。茶多酚和维生素 C 能降低胆固醇和血脂，所以饮茶有助于减肥。

3 有助于防癌抗癌：金骏眉中的黄酮类物质有不同程度的体外抗癌作用，作用较强的有牡荆碱、桑色素和儿茶素。

4 利尿：金骏眉中的咖啡因和芳香物质联合作用，能增加肾脏的血流量，扩张肾微血管，并抑制肾小管对水的再吸收，利于排尿。

⊙ 冲泡品饮

备具 陶瓷茶壶1个，金骏眉红茶3克。

▼

洗杯、投茶 将热水倒入茶壶进行温杯，而后弃水不用，再冲入95℃左右的水即可。

▼

冲泡 用茶匙将茶叶从茶荷中拨入茶壶中。

▼

赏茶 放入茶叶后，用开水冲泡，只见茶叶徐徐伸展，汤色金黄清澈，香气清高，叶底呈金针状。

▼

出汤 片刻后即可品饮。

▼

品茶 入口后甘甜爽滑。

⊙ 特别提醒

1 金骏眉为纯手工红茶，一般不用洗茶，在冲泡前用少量温水进行温润后，再注水冲泡，口味更佳。

2 建议选用红茶专用杯组或者高脚透明玻璃杯，这样在冲泡时既可以享受金骏眉茶冲泡时清香飘逸的茶香，又可以欣赏金骏眉芽尖在水中舒展的优美姿态。

🫖 茶典、茶人与茶事

金骏眉是由正山小种红茶第二十四代传人之一江元勋先生负责研发的。首创于2005年，2006年基本定型并有少量上市；2007年，又根据品鉴反馈意见，进一步完善，2008年正式投放市场并迅速走红，成为高档红茶中的极品。

政和工夫

Zhenghe Gongfu

茶叶介绍

政和工夫茶为福建省三大工夫茶之一，亦为福建红茶中最具高山品种特色的条形茶。原产于福建北部，以政和县为主产区。政和工夫以大茶为主体，扬其毫多味浓之优点，又适当拼以高香之小茶，因此高级政和工夫外形特别匀称，毫心显露，香味俱佳。

选购要点

以条索肥壮重实、匀齐，色泽乌黑油润，毫芽显露金黄色，颇为美观；香气浓郁芬芳，隐约之间颇似紫罗兰香气；汤色红艳，滋味醇厚者为佳。

贮藏提示

密封、干燥、常温长期储存。

茶汤 红艳明亮

叶底 红匀鲜亮

保健功效

1 利尿：政和工夫茶中的咖啡因和芳香物质联合作用，能抑制肾小管对水的再吸收，于是促成尿量增加。

2 扩张血管：研究发现，心脏病患者每天喝4杯红茶，可以扩张血管，防止动脉硬化。

茶叶特点

1 外形：条索肥壮
2 色泽：乌黑油润
3 汤色：红艳明亮
4 香气：浓郁芬芳
5 叶底：红匀鲜亮
6 滋味：醇厚甘爽

冲泡品饮

备具	冲泡	品茶
盖碗1个，政和工夫茶3克。	将热水倒入茶壶中进行温杯，而后弃水不用，再冲入95℃左右的水即可。	片刻后即可品饮。入口后醇厚回甘。

茶典、茶人与茶事

政和工夫的传说

　　在南宋以前，茶为何物，政和当地人并不知道。有一仙人路经此地，看到此处茶树生长茂盛，茶叶可制成茶中佳品，认为当地人家中定有好茶。因而化为乞丐入村讨茶水喝，一村妇拿出一碗白开水给他。仙人认为这村妇太过吝啬，连一杯茶水也不给。当他进一步询问后才得知，当地人竟连茶为何物都不知道，自家也是喝白开水。仙人就带村民至茶树前，教其辨认茶叶，并教他们采摘和初制。村民泡饮之后，感到芳香扑鼻，入口回甘，饮后神清气爽，于是茶叶的制法从此流传了下来。

黔红工夫

Qianhong Gongfu

茶叶介绍

黔红工夫是中国红茶的后起之秀，发源于贵州省湄潭县，于20世纪50年代兴盛。其原料来源于茶场的大叶型品种、中叶型品种和地方群体品种。虽然目前黔红茶中以红碎茶的市场份额最大，但是，黔红工夫依然占据着重要的地位，其上品茶的鲜爽度和香味甚至可与优质的锡兰红茶相媲美。

茶汤 红艳明亮

叶底 红艳明亮

选购要点

选购黔红工夫时，以条索紧结，肥壮匀整，闻起来带有浓厚的蜜糖香，尝起来甜醇鲜爽，茶叶的汤色红艳明亮，叶底匀嫩红亮者为佳。

贮藏提示

将茶叶置于通风、干燥的地方，并密封保存起来。

保健功效

1 抗衰老作用：茶叶中含有的抗氧化剂，能起到抵抗老化的作用，对保护皮肤、抚平细纹等都有很好的功效，因此常饮有益。

2 杀菌作用：茶叶中含有的儿茶素，能对引起疾病的部分细菌起到抑制作用。

茶叶特点

1 外形：肥壮匀整　　　4 香气：清高悠长

2 色泽：乌黑油润　　　5 叶底：红艳明亮

3 汤色：红艳明亮　　　6 滋味：甜醇鲜爽

冲泡品饮

备具	冲泡	品茶
盖碗1个，黔红工夫茶3克。	将热水倒入盖碗中进行温杯，而后弃水不用，再冲入95℃左右的水至七分满即可。	每次出汤都要倒尽，之后每次冲泡加5～10秒钟。入口甜醇鲜爽。

第三章

初识黄茶

黄茶品鉴

黄茶是轻度发酵茶，根据茶叶的嫩度和大小分为黄芽茶、黄大茶和黄小茶。主要产地有安徽、湖南、四川、浙江等地，较有名的黄茶品种有莫干黄芽、霍山黄芽、君山银针、北港毛尖等。

黄茶的分类

黄茶按鲜叶的嫩度和芽叶的大小，分为黄大茶、黄小茶和黄芽茶三类。

黄大茶中著名的品种有安徽黄大茶、广东的大叶青茶等。黄小茶中著名的品种有湖南岳阳的北港毛尖、宁乡的沩山白毛尖、浙江的平阳黄汤、湖北的远安鹿苑。黄芽茶中著名的品种有湖南岳阳的君山银针、安徽霍山黄芽等。

营养成分

黄茶中富含茶多酚、氨基酸、可溶性糖、维生素等营养物质。

营养功效

（1）祛除胃热：黄茶性微寒，适合胃热者饮用。黄茶是沤茶，在沤的过程中会产生大量的消化酶，对脾胃最有好处。

（2）消炎杀菌：黄茶鲜叶中的天然物质保留有85%以上，这些物质对杀菌、消炎均有特殊效果。

选购窍门

优质黄茶外形较肥硕挺直，叶片整齐，茶芽之间有金黄发亮之感；冲泡出来的汤色嫩黄而清澈，没有浑浊之感；茶味香醇鲜美。

贮存方法

密封、干燥、常温长期储存。

黄茶的制作工艺与绿茶相似，只是多了一道"闷黄"的工序。黄茶的"闷黄"工序是经过湿热作用使茶叶内含成分发生了变化，因此形成了黄茶干茶色泽金黄或黄绿、嫩黄，汤色黄绿明亮，叶底嫩黄匀齐，滋味鲜醇、甘爽、醇厚的特点。

黄茶茶艺展示——霍山黄芽的泡茶步骤

①**备具**：茶叶罐、玻璃杯、茶则、茶荷、茶巾、水盂等。

②**温杯**：温杯后，用茶巾轻轻擦去杯底的水渍，将水倒入其中。

③**取茶**：将茶叶拨至茶荷中供赏茶。

④**投茶**：将茶叶拨入玻璃杯内。

⑤**温茶**：冲入适量开水，旋转玻璃杯，温润茶叶使茶叶均匀受热。

⑥**冲泡**：冲水至七分满，静置1～2分钟。

⑦**奉茶**：沏泡完毕后，要向客人奉茶。

⑧**闻香**：饮用之前，先闻茶香。

⑨**品茶**：闻香完毕后，便可品尝霍山黄芽的滋味了。

莫干黄芽

Mogan Huangya

茶叶介绍

　　莫干黄芽茶，又名横岭1号。产于浙江省德清县的莫干山，为浙江省第一批省级名茶之一。这里常年云雾笼罩，空气湿润；土质多酸性灰、黄壤，腐殖质丰富，为茶叶的生长提供了优越的环境。莫干黄芽条紧纤秀，细似莲心，含嫩黄白毫芽尖，故名。此茶属莫干云雾茶的上品，其品质特点是"黄叶黄汤"，这种黄色是制茶过程中进行闷堆渥黄的结果。

茶汤橙黄明亮

叶底细嫩成朵

选购要点

　　从外形上看，品质优的莫干黄芽干茶芽叶肥壮显毫，细如雀舌，色泽油润、黄嫩。

贮藏提示

　　密封、干燥、常温长期储存。可用干燥箱贮存或茶叶罐存放。

保健功效

1 祛除胃热：黄茶性微寒，适合于胃热者饮用。莫干黄芽茶中的消化酶，有助于缓解消化不良。

2 消炎杀菌：莫干黄芽茶鲜叶中天然物质保留有85%以上，这些物质对杀菌、消炎均有特殊效果。

茶叶特点

1 外形：细如雀舌

2 色泽：黄嫩油润

3 汤色：橙黄明亮

4 香气：清鲜幽雅

5 叶底：细嫩成朵

6 滋味：鲜美醇爽

冲泡品饮

备具	冲泡	品茶
白瓷盖碗一个，莫干黄芽茶3克及其他茶具或装饰茶具。	将热水倒入盖碗进行温杯，而后弃水不用，将茶叶放入杯中，再冲入80℃左右的水冲泡即可。	汤色橙黄明亮，香气清鲜，入口后滋味醇爽。

北港毛尖

Beigang Maojian

茶叶介绍

北港毛尖是条形黄茶的一种，在唐代就有记载，清代乾隆年间已有名气。北港茶园有着得天独厚的自然环境，茶区气候温和，雨量充沛，湖面蒸气冉冉上升。北港毛尖鲜叶一般在清明后五六天开园采摘，要求一号毛尖原料为一芽一叶，二、三号毛尖为一芽二、三叶。于1964年被评为湖南省优质名茶。

选购要点

以外形芽壮叶肥，毫尖显露，呈金黄色，内质香气清高，汤色橙黄，滋味醇厚，叶底嫩黄似朵者为佳。

贮藏提示

将买回的茶叶，立即分成若干小包，装于茶叶罐或筒里，以纸罐较好，其他锡罐、马口铁罐等都可以。

茶汤 汤色橙黄

叶底 嫩黄似朵

保健功效

1 抗辐射：北港毛尖含有防辐射的有效成分，包括茶多酚类化合物、脂多糖、维生素等，能够达到抗辐射效果。

2 抗衰老：北港毛尖茶中含有维生素 C 和类黄酮，能有效抗氧化和抗衰老。

茶叶特点

1 外形：芽壮叶肥
2 色泽：呈金黄色
3 汤色：汤色橙黄
4 香气：香气清高
5 叶底：嫩黄似朵
6 滋味：甘甜醇厚

冲泡品饮

备具	冲泡	品茶
玻璃杯1个，北港毛尖茶5克。	用茶匙将茶叶从茶荷中拨入盖碗中，而后冲入85℃左右的水冲泡即可。	汤色橙黄，香气清高，叶底嫩黄似朵，入口后滋味醇厚。

沩山白毛尖

Weishan Baimaojian

茶叶介绍

沩山白毛尖产于湖南省宁乡县，历史悠久，传说远在唐朝就已流行。1941年《宁乡县志》载："沩山茶雨前采制，香嫩清醇，不让武夷、龙井。商品销甘肃、新疆等省，久获厚利，密印寺院内数株味尤佳。"沩山白毛尖制作分杀青、闷黄、轻揉、烘焙、拣剔、熏烟六道工序。烟气为一般茶叶所忌，更不必说是名优茶。而悦鼻的烟香，却是沩山白毛尖品质的特点。

茶汤 橙黄明亮

叶底 黄亮嫩匀

选购要点

以外形叶缘微卷成块状，色泽黄亮油润，白毫显露，汤色橙黄明亮，松烟香芬芳浓厚，滋味醇甜爽口，叶底黄亮嫩匀者为佳。

贮藏提示

密封、干燥、常温长期储存。在罐内底部放置双层棉纸，罐口放置二层棉布而后压上盖子。

保健功效

1 防辐射：沩山白毛尖含有茶多酚类化合物和脂多糖，能够起到抗氧化的作用。

2 护齿明目：此茶含氟量较高，可护齿明目。

茶叶特点

1 外形：叶缘微卷
2 色泽：黄亮油润
3 汤色：橙黄明亮
4 香气：芬芳浓厚
5 叶底：黄亮嫩匀
6 滋味：醇甜爽口

冲泡品饮

备具	冲泡	品茶
茶壶1个，沩山白毛尖茶3克。	用茶匙将茶叶从茶荷中拨入茶壶中，倒入开水冲泡。	冲泡后茶香芬芳，入口后醇甜爽口，令人回味无穷。

霍山黄芽

Huoshan Huangya

茶叶介绍

霍山黄芽主要产于安徽省霍山县大花坪金子山、漫水河金竹坪、上土市九宫山、单龙寺、磨子潭、胡家河等地。霍山黄芽源于唐朝之前。霍山黄芽为不发酵自然茶，保留了鲜叶中的天然物质，富含氨基酸、茶多酚、维生素、脂肪酸等多种有益成分。

选购要点

以外形条直微展、匀齐成朵、形似雀舌、嫩绿披毫，叶底嫩黄明亮者为佳。

茶汤 黄绿清澈

叶底 嫩黄明亮

贮藏提示

密封、干燥、常温长期储存。

保健功效

1 有助于降脂减肥：黄芽茶中的茶多酚可以清除血管壁上胆固醇的蓄积，同时抑制细胞对低密度脂蛋白胆固醇的摄取，从而达到降低血脂的作用。
2 增强免疫力：此茶可以提高人体中的白细胞和淋巴细胞的数量和活性以及促进脾脏细胞中白细胞介素的形成，从而增强人体免疫力。

茶叶特点

1 外形：形似雀舌
2 色泽：嫩绿披毫
3 汤色：黄绿清澈
4 香气：清香持久
5 叶底：嫩黄明亮
6 滋味：鲜醇浓厚

冲泡品饮

备具	冲泡	品茶
玻璃杯1个，霍山黄芽茶4克。	将茶叶拨入玻璃杯中，冲入80℃左右的水冲泡即可。	只见茶叶徐徐伸展，汤色黄绿清澈，香气清香持久，叶底嫩黄明亮，片刻后即可品饮。

茶典、茶人与茶事

霍山黄芽的传说

唐太宗的御妹玉真公主李翠莲出生在帝王之家，自幼淡泊名利，敬佛修善，经常出没于京城大小寺庙之中。虽贵为公主，但千经万典，无所不通；佛号仙音，无般不会。在唐太宗为玄奘法师西域取经饯行的法会上，李翠莲巧遇一位霍山南岳庙的游方高僧。高僧见李翠莲面相慈悲，便对李翠莲说道："公主出身豪门，心怀慈悲，幼时即结佛缘，甚是难得，如能在东南方出家修行，他日必成正果。"李翠莲听了高僧一席话后，更坚定了她出家修行的决心。于是，在一个秋阳高照的日子，她悄然离开京城，千里迢迢地来到霍山，在霍山县令和南岳高僧的帮助下，到了挂龙尖上的一座庵庙削发为尼，当上了住持。

李翠莲在京城时虽不食荤，却酷爱饮茶。霍山是著名的黄芽茶之乡，李翠莲在诵经弘法之余，也带领众尼随当地茶农一起采茶制茶，乐此不疲。李翠莲在采茶制茶之初，遍访当地茶农，虚心请教采茶制茶的经验。晚上，李翠莲在灯下细心研读陆羽的《茶经》。几年后，李翠莲终于悟出茶叶制作的精髓，总结了一套完整的采茶制茶方法和加工工艺。她制作的茶叶有一种独特的清香之气，得到当地茶农的赞赏，他们经常向她请教制茶中遇到的疑难问题。一天，一位农妇捧着一包自制的生茶，请李翠莲品尝指导。李翠莲品尝之后甚是惊讶。此茶虽然制作粗糙，但茶质甚好。急问农妇此茶产于何处。农妇答道，此茶产于抱儿峰（今霍山太阳乡金竹坪附近）。

李翠莲听完农妇介绍之后，感叹不已。从此以后，每到春季谷雨前，她就带领众尼跋山涉水，到抱儿峰一带采摘茶叶。回来后用她独特的制作工艺，精心烘制。此茶经诸多茶农茶商品尝后，被称为黄茶之冠，乃茶中极品。

后送与太宗李世民品尝，太宗当即降旨，将此茶纳为朝廷贡茶，岁贡三百斤。太宗皇帝为霍山黄芽茶赐名并亲笔题写"抱儿钟秀"茶名，一时在民间传为佳话。

广东大叶青

Guangdong Dayeqing

茶叶介绍

大叶青茶是广东的特产，是黄大茶的代表品种之一。制法是先萎凋后杀青，再揉捻闷堆，这与其他黄茶不同。杀青前的萎凋和揉捻后闷黄的主要目的是消除青气涩味，促进香味醇和纯正。大叶青以云南大叶种茶树的鲜叶为原料，采摘标准为一芽二三叶。大叶青制造分萎凋、杀青、揉捻、闷黄、干燥五道工序。

选购要点

以外形条索肥壮、紧结重实、老嫩均匀，叶张完整、显毫，色泽青润显黄，香气纯正，滋味浓醇回甘，汤色橙黄明亮，叶底淡黄者为佳。

贮藏提示

密封、干燥、常温长期储存。而且要避免光线直射茶叶，以防止茶叶变软。

茶汤 橙黄明亮

叶底 淡黄

保健功效

1 有助于防癌：大叶青黄茶中所含的茶多酚、氨基酸、可溶糖等，具有防癌功效。

2 提高免疫力：常饮大叶青可以提高人体中的白细胞和淋巴细胞的数量，促进脾脏细胞中白细胞介素的形成，从而提高人体的免疫功能。

茶叶特点

1 外形：条索肥壮
2 色泽：青润显黄
3 汤色：橙黄明亮
4 香气：纯正浓郁
5 叶底：淡黄
6 滋味：浓醇回甘

冲泡品饮

备具	冲泡	品茶
透明玻璃杯1个，茶匙1个，大叶青茶3克。	用茶匙将茶叶拨入玻璃杯中，再冲入85℃左右的水冲泡即可。	只见茶叶徐徐伸展，汤色橙黄明亮，香气纯正。3分钟后即可品饮，入口后浓醇回甘。

蒙顶黄芽

Mengding Huangya

茶叶介绍

　　蒙顶黄芽，为黄茶中极品。20 世纪 50 年代，蒙顶茶以黄芽为主，近来多产甘露，黄芽仍有生产。采摘于春分时节，茶树上有 10% 的芽头鳞片展开，即可开园采摘。选圆肥单芽和一芽一叶初展的芽头，经过复杂的制作工艺，使成茶芽条匀整，扁平挺直，色泽黄润，金毫显露；汤色黄中透碧，甜香鲜嫩，甘醇鲜爽。

选购要点

　　以外形扁直，色泽微黄，芽毫毕露，甘甜浓郁，汤色黄亮，滋味鲜醇回甘，叶底全芽，嫩黄匀齐者为佳。

贮藏提示

　　密封、干燥、常温长期储存。可用有双层盖子的罐子贮存，以纸罐较好，锡罐、马口铁罐等也可以。罐内须先放一层棉纸，再盖紧盖子。

茶汤 黄中透碧

叶底 全芽嫩黄

保健功效

1 护齿明目：黄芽茶叶含氟量较高，常饮此茶对护牙坚齿、防龋齿等有明显作用。

2 抗衰老：蒙顶黄芽中含有丰富的维生素 C 和类黄酮，能有效抗氧化、抗衰老。

3 增强免疫力：饮茶可以提高人体中的白细胞和淋巴细胞的数量、活性，增强人体免疫功能。

茶叶特点

1 外形：扁平挺直	4 香气：甜香鲜嫩
2 色泽：色泽黄润	5 叶底：全芽嫩黄
3 汤色：黄中透碧	6 滋味：甘醇鲜爽

冲泡品饮

备具	冲泡	品茶
透明玻璃杯 1 个，茶匙 1 个，蒙顶黄芽茶 3 克。	用茶匙将茶叶拨入玻璃杯中，冲入 85℃ 左右的水冲泡即可。	汤色黄中透碧，香气甜香鲜嫩，叶底全芽嫩黄，片刻后即可品饮。

第四章

初识白茶

白茶品鉴

白茶因没有揉捻工序，所以茶汤冲泡的速度比其他茶类要慢一些，因此白茶的冲泡时间比较长。白茶的色泽灰绿、银毫披身、银白，汤色黄绿清澈，滋味清醇甘爽。夏天适合喝白茶，因为白茶性寒味甘，具有清热、降暑、祛火的功效。

白茶的分类

白茶分为白叶茶和白芽茶两种。

营养成分

白茶中富含茶多酚、氨基酸、可溶性糖、活性酶、维生素等营养物质。

营养功效

（1）促进血糖平衡：白茶含有人体所必需的活性酶，长期饮用白茶可以显著提高体内脂酶活性，促进脂肪分解代谢，有效控制胰岛素分泌量，分解体内血液多余的糖分，促进血糖平衡。

（2）保肝护肝：白茶片富含的二氢杨梅素等黄酮类天然物质，可以保护肝脏，加速乙醇代谢产物乙醛迅速分解，变成无毒物质，降低对肝细胞的损害。

选购窍门

以外形条索粗松带卷，色泽褐绿为上，无芽，色棕褐为次；汤色橙黄明亮或浅杏黄色为好，红、暗、浊为劣；香气以毫香浓郁、清鲜纯正为上，淡薄、生青气为差。

保存方法

将茶叶用袋子或者茶叶罐密封好，将其放在冰箱内储藏，温度最好为5℃。

白茶茶艺展示——白毫银针的泡茶步骤

①**备具**：盖碗、公道杯、品茗杯、茶叶罐、茶荷、茶匙等。

②**温杯**：将热水冲入盖碗中，并用温盖碗的水依次温公道杯、品茗杯。

③**取茶**：取茶3克左右，将茶叶轻轻拨入茶荷中。

④**投茶**：将茶荷中的干茶轻轻拨入盖碗中。

⑤**冲泡**：将开水倒入盖碗中，静置1分钟左右。

⑥**出汤**：将茶汤倒入公道杯中使茶汤均匀。

⑦**奉茶**：将公道杯中的茶汤分于品茗杯中，向客人奉茶。

⑧**闻香**：饮用之前，要先闻白毫银针茶汤的香。

⑨**品茶**：闻香之后再品尝其滋味，入口后甘醇清鲜。

贡眉

● Gongmei

● 茶叶介绍

贡眉，也称作寿眉，产于福建建阳市。用茶芽叶制成的毛茶称为"小白"，以区别于福鼎大白茶、政和大白茶茶树芽叶制成的"大白"毛茶。茶芽曾用以制造白毫银针，其后改用大白制白毫银针和白牡丹，而小白则用以制造贡眉。一般以贡眉为上品，质量优于寿眉，近年则一般只称贡眉，而不再以寿眉的商品名出口。

茶汤绿而清澈

叶底嫩匀明亮

● 选购要点

以紧圆略扁、匀整，形似扁眉，披毫，色泽翠绿，香高清鲜，滋味醇厚爽口，汤色绿而清澈，叶底嫩匀明亮者为佳。

● 保健功效

1 明目：贡眉茶中的维生素 A 原能转化为维生素 A，能预防夜盲症、干眼病。

2 防辐射：贡眉茶不仅能帮助人体抵抗辐射，还能减少电视及电脑辐射对人体的危害。

● 贮藏提示

将茶叶用袋子或者茶叶罐密封好，将其放在冰箱内储藏，温度最好为 5℃。

● 茶叶特点

1 外形：形似扁眉
2 色泽：色泽翠绿
3 汤色：绿而清澈
4 香气：香高清鲜
5 叶底：嫩匀明亮
6 滋味：醇厚爽口

● 冲泡品饮

备具	冲泡	品茶
透明玻璃杯 1 个，贡眉茶 3 克及其他茶具或装饰茶具。	冲入 90℃ 左右的水冲泡即可。	只见茶叶徐徐伸展，汤色绿而清澈，香气香高清鲜，叶底嫩匀明亮，片刻后即可品饮。

福鼎白茶

Fuding Baicha

茶叶介绍

　　福建是白茶之乡，以福鼎白茶品质最佳、最优。福鼎白茶是通过采摘最优质的茶芽，再经过萎凋、干燥和烘焙等一系列精制工艺而制成的。福鼎白茶有一特殊功效，即可以缓解部分人群因为饮用红酒引起的上火。因此，福鼎白茶也成了成功人士社交应酬的忠实伴侣。

选购要点

　　整体感觉黑褐暗淡；注意闻茶香，一般福鼎白茶都是幽香阵阵，香气清而纯正。

茶汤 杏黄清透

叶底 浅灰薄嫩

茶叶特点

1 外形：分枝浓密
2 色泽：叶色黄绿
3 汤色：杏黄清透
4 香气：香味醇正
5 叶底：浅灰薄嫩
6 滋味：回味甘甜

贮藏提示

　　适宜在低温下贮藏。

保健功效

1 清热降火作用：白茶性凉，能够有效消暑解热，降火祛火。

2 美容养颜功效：白茶中的自由基含量较低，多饮此茶或者与此茶相关的提取物，可以起到延缓衰老、美容养颜的作用。

3 抑制细菌作用：福鼎白茶对葡萄球菌感染、肺部感染、肺炎、链球菌感染具有一定的预防作用。

冲泡品饮

备具
准备200毫升透明玻璃杯1个，福鼎白茶5克。

冲泡
在玻璃杯内倒入沸水，等候5分钟。

品茶
白茶每一口都让人有清新的口感，适合小口品饮，夏季可选择冰镇后饮用。

白毫银针

Baihao Yinzhen

茶叶介绍

白毫银针，简称银针，又叫白毫，产于福建省福鼎、政和等地。由于鲜叶原料全部是茶芽，白毫银针制成成品茶后，形状似针，白毫密披，色白如银，因此命名为白毫银针。冲泡后，香气清鲜，滋味醇和，杯中的景观也令人情趣横生。茶在杯中冲泡，即出现白云凝光闪，满盏浮花乳，芽芽挺立，蔚为奇观。

选购要点

以茶芽肥壮，色泽鲜白，闪烁如银，条长挺直，如棱如针，汤色清澈晶亮，呈浅杏黄色，入口毫香显露，甘醇清鲜者为佳。

贮藏提示

将茶叶用袋子或者茶叶罐密封好，将其放在冰箱内储藏，温度最好为5℃。

茶汤 清澈晶亮

叶底 肥嫩全芽

茶叶特点

1 外形：茶芽肥壮
2 色泽：鲜白如银
3 汤色：清澈晶亮
4 香气：毫香浓郁
5 叶底：肥嫩全芽
6 滋味：甘醇清鲜

保健功效

1 退热解毒：白毫银针可防暑、解毒、治牙痛，尤其是陈年茶其退烧效果比抗生素更好。

2 促进血糖平衡：白毫银针茶除了含有其他茶叶固有的营养成分外，还含有人体所必需的活性酶，国内外医学研究证明长期饮用白茶可以显著提高体内脂酶活性，促进脂肪分解代谢，有效控制胰岛素分泌量，延缓葡萄糖的肠吸收，分解体内血液中多余的糖分，促进血糖平衡。

3 明目：白毫银针中含有丰富的维生素A原，它被人体吸收后，能迅速转化为维生素A，维生素A能合成视紫红质，可帮助人体预防夜盲症与干眼病。

❸ 冲泡品饮

备具 透明玻璃杯1个，白毫银针茶3克及其他茶具或装饰茶具。

▼

洗杯、投茶 将热水倒入玻璃杯中进行温杯，而后弃水不用，再冲入90℃左右的水冲泡即可。

▼

冲泡 用茶匙将茶叶从茶荷中拨入玻璃杯中。

▼

赏茶 放入茶叶后，用开水冲泡，只见茶叶徐徐伸展，汤色清澈晶亮，香气毫香浓郁，叶底肥嫩全芽。

▼

出汤 片刻后即可品饮。

▼

品茶 入口后甘醇清鲜。

 茶典、茶人与茶事

白毫银针的传说

很早以前，政和一带干旱无雨，瘟疫四起，传说在洞宫山上的一口龙井旁有几株仙草，草汁能治百病。许多勇敢的小伙子纷纷去寻找仙草，但都有去无回。有一户人家，家中兄妹三人志刚、志诚和志玉。三人商定轮流去找仙草。

这一天，志刚来到洞宫山下，这时走来一位老爷爷告诉他说仙草就在山上龙井旁，上山时只能向前不能回头，否则采不到仙草。志刚一口气爬到半山腰，只见满山乱石，阴沉恐怖。忽听一声大喝："你敢往上闯！"志刚一掠，回头一看，马上变成了这乱石岗上的一块新石头。志诚接着去找仙草。在爬到半山腰时因为回头也变成了一块巨石。

找仙草的重任终于落到了志玉的头上。她出发后，途中也碰见那位爷爷，同样告诉她万万不能回头看，且送她一块烤糍粑。志玉用糍粑塞住耳朵，果断不回头，终于爬上山顶来到龙井旁。她采下仙草上的芽叶，并带回了村里。志玉用采来的芽叶熬成药汁，分给村民们喝，没几日就遏制了瘟疫，治好了生病的人。这种仙草即是茶树，这即是白毫银针名茶的来历。

白牡丹

Baimudan

茶叶介绍

　　白牡丹产于福建政和、松溪等县，是中国福建历史名茶，采用福鼎大白茶、福鼎大毫茶为原料，经传统工艺加工而成。因其绿叶夹银白色毫心，形似花朵，冲泡后绿叶托着嫩芽，宛如蓓蕾初放，故得美名白牡丹茶。白牡丹具有祛暑、通血管、明目、抗辐射、解毒之功效。

选购要点

　　以其叶张肥嫩，叶态伸展，毫心肥壮，色泽灰绿，毫色银白，毫香浓显，清鲜纯正，滋味醇厚清甜，汤色杏黄明净者为佳。

贮藏提示

　　将茶叶用袋子或者茶叶罐密封好，将其放在冰箱内储藏，温度最好为5℃。

茶汤 杏黄明净

叶底 浅灰成朵

保健功效

1 防辐射：白牡丹茶中有防辐射物质，对人体的造血机能能起到显著的保护作用，还能减少辐射的危害。

2 保肝护肝：白牡丹茶富含的二氢杨梅素等黄酮类天然物质能起到保护肝脏的作用，因为它能加速乙醇代谢产物乙醛分解，变成无毒物质，从而降低对肝细胞的损害。

3 润肺清热：白牡丹茶中富含人体所需的茶多酚、维生素、矿物质以及多种微量元素，具有生津止渴、清肝明目、提神醒脑等诸多功效。

🍵 茶叶特点

1 外形：叶张肥嫩

2 色泽：灰绿显毫

3 汤色：杏黄明净

4 香气：毫香浓显

5 叶底：浅灰成朵

6 滋味：鲜爽清甜

◎ 冲泡品饮

备具 透明玻璃杯1个，白牡丹茶3克及其他茶具或装饰茶具。

▼

洗杯、投茶 将热水倒入玻璃杯中进行温杯，而后弃水不用，再冲入90℃左右的水冲泡即可。

▼

冲泡 用茶匙将茶叶从茶荷中拨入玻璃杯中。

▼

赏茶 放入茶叶后，用开水冲泡，只见茶叶徐徐伸展，汤色杏黄明净，香气毫香浓显，叶底浅灰。

▼

出汤 片刻后即可品饮。

▼

品茶 入口后醇厚清甜。

 ## 茶典、茶人与茶事

白牡丹茶的传说

在西汉时期，有位名叫毛义的太守，清廉刚正，因看不惯贪官当道，于是弃官随母去深山老林归隐。母子俩骑白马来到一座青山前，只觉得异香扑鼻，于是便向路旁一位鹤发童颜、银须垂胸的老者探问香味来自何处。老人指着莲花池畔的十八棵白牡丹说，香味就来源于它们。母子俩见此处似仙境一般，便留了下来，建庙修道，护花栽茶。

一天，母亲因年老加之劳累，口吐鲜血病倒了。毛义四处寻药，这天因为非常疲劳睡倒在路旁，梦中又遇见了那位白发银须的老翁，老翁问清缘由后告诉他："治你母亲的病须用鲤鱼配新茶，缺一不可。"毛义醒来回到家中，母亲对他说："刚才梦见一位老翁说我须吃鲤鱼配新茶，病才能治好。"母子二人同做一梦，认为定是仙人的指点。这时正值寒冬季节，毛义到池塘里破冰捉到了鲤鱼，但冬天到哪里去采新茶呢？正在为难之时，忽听得一声巨响，那十八棵牡丹竟变成了十八棵仙茶树，树上长满嫩绿的新芽叶。毛义立即采下晒干，说也奇怪，白毛茸茸的茶叶竟像是朵朵白牡丹花，且香气扑鼻。毛义立即用新茶煮鲤鱼给母亲吃，母亲的病果然好了。她嘱咐儿子好生看管这十八棵茶树，说罢跨出门便飘然飞去，变成了掌管这一带青山的茶仙，帮助百姓种茶。后来为了纪念毛义弃官种茶，造福百姓的功绩，百姓建起了白牡丹庙，把这一带产的名茶叫作"白牡丹茶"。

月光白

Yueguangbai

茶叶介绍

月光白，又名月光美人，它的形状奇异，一芽一叶，表面绒白，底面黝黑，叶芽显毫白亮，看上去犹如月光照在茶芽上，故此得名。月光白采用普洱古茶树的芽叶制作，是普洱茶中的特色茶，因其采摘手法独特，且制作的工艺流程秘而不宣，因此更增添了几分神秘色彩。

选购要点

用古树制作的月光白，以一芽一叶为主，夹杂黄叶较少，且持久耐泡（可泡二十泡左右），稳定性强，品尝起来醇厚饱满，香醇温润，闻起来有强烈的花果香。

贮藏提示

贮藏在阴凉、透风的遮光处。最好贮存在专门贮存茶叶的冰箱中，温度设定在 –5℃以下。

茶汤 金黄透亮

叶底 红褐匀整

保健功效

1 护肤：茶叶中的醇酸能去除死皮，促使新细胞更快到达皮肤表层，防止皱纹产生。

2 有助于降低胆固醇：茶叶中含有咖啡因、氨基酸、茶多酚类化合物等，能减少体内的胆固醇和三酸甘油酯，帮助恢复人体健康。

茶叶特点

1 外形：茶绒纤纤 4 香气：馥郁缠绵

2 色泽：面白底黑 5 叶底：红褐匀整

3 汤色：金黄透亮 6 滋味：醇厚饱满

冲泡品饮

备具	冲泡	品茶
紫砂壶或盖碗1个，月光白茶3克及其他茶具或装饰茶具。	往壶中快速倒入90℃左右的水至七分满即可。	只见茶叶徐徐伸展，汤色金黄透亮，香气馥郁缠绵，叶底红褐匀整，入口醇厚饱满。

第五章

初识黑茶

黑茶品鉴

黑茶是后发酵茶，茶汤一般为深红、暗红或者亮红色，不同种类的黑茶有一定的差别。普洱生茶茶汤浅黄，普洱熟茶茶汤深红明亮。优质黑茶茶汤顺滑，入口后茶汤与口腔、喉咙接触不会有刺激、干涩的感觉。茶汤滋味醇厚，有回甘。

黑茶的分类

黑茶共分为湖南黑茶、四川藏茶、云南普洱茶、广西六堡茶等几类。其中以湖南黑茶的历史文化最悠久，消费量最大。

营养成分

黑茶中含有丰富的营养物质，其中包括维生素、矿物质、蛋白质、氨基酸、糖类等。

营养功效

1. 消食：黑茶中的咖啡因、维生素、氨基酸、磷脂等有助于人体消化，调节脂肪代谢，咖啡因的刺激作用更能提高胃液的分泌量，从而增进食欲，帮助消化。

2. 降脂减肥：黑茶具有良好的降解脂肪、抗血凝、促纤维蛋白原溶解作用，以及显著抑制血小板聚集，达到降压、软化血管，预防心血管疾病的作用。

选购窍门

观外形：看干茶色泽、条索、含梗量，闻干茶香。黑茶新茶有发酵香，老茶有陈香；紧压茶砖面完整，模纹清晰，棱角分明，侧面无裂缝；散茶条索匀齐、油润则品质佳；茶汤色红亮如琥珀，茶味醇厚，陈茶润滑、回甘。

贮存方法

黑茶需要保存在通风、干燥、无异味的环境中。

黑茶茶艺展示——普洱砖茶的泡茶步骤

①备具：盖碗、茶壶、公道杯、品茗杯、茶罐、茶荷、茶则、杯垫等。

②温杯：将热水冲入茶壶中，并用温茶壶的水依次温公道杯、品茗杯。

③取茶：将茶罐中准备好的普洱砖茶拨入茶荷中。

④赏茶：此时可以向客人展示普洱茶。

⑤投茶：将普洱茶仔细拨入茶壶中。

⑥洗茶：将沸水冲入盖碗中泡茶，第一泡应迅速从杯中倒掉，避免茶味被过度洗走。

⑦冲泡：再次倒入沸水冲泡，冲泡后即可出汤。

⑧出汤：将茶汤倒入公道杯，匀好茶汤后，倒入品茗杯中。

⑨品茶：入口后滋味醇厚，回甘十分明显。

湖南千两茶

Hunan Qianliangcha

茶叶介绍

千两茶是传统工艺茶品，产于湖南省安化县。千两茶是安化的一种传统名茶，以每卷的茶叶净含量合老秤一千两而得名，又因其外表的篾篓包装成花格状，故又名"花卷茶"。吸天地之灵气，收日月之精华，日晒夜露是"千两茶"品质形成的关键工艺，也因此该茶被权威的台湾茶书誉为"茶文化的经典，茶叶历史的浓缩，茶中的极品"。

茶汤 金黄明亮

叶底 黑褐嫩匀

选购要点

应挑选完整的茶胎，且通体乌黑有光泽，紧细密致。成饼时锯面应平整光滑无毛糙处，结实如铁。

贮藏提示

放在通风、避光、干燥无异味处。

保健功效

1 有助于降血糖：千两茶中的茶多糖能通过抗氧化作用和增强葡萄糖激酶的活性来有效降低血糖。

2 有助于消脂减肥：茶中的多酚类及其氧化产物能溶解脂肪，促进脂类物质排出；还可活化蛋白质激酶，加速脂肪分解，降低体内脂肪的含量。

茶叶特点

1 外形：呈圆柱形

2 色泽：黄褐油亮

3 汤色：金黄明亮

4 香气：高香持久

5 叶底：黑褐嫩匀

6 滋味：甜润醇厚

冲泡品饮

备具	冲泡	品茶
紫砂壶、公道杯、品茗杯等各1个，千两茶5克左右。	用茶匙将茶叶从茶荷中拨入紫砂壶中，冲入100℃左右的沸水，冲泡2～3分钟。	香气纯正，带有松烟香，汤色橙黄。匀好茶汤后倒入品茗杯，入口滋味醇浓回甘。

茶砖茶

Fuzhuancha

茶叶介绍

茯砖茶是黑茶中一个最具特色的产品，约在1368年问世，以湖南、陕南、四川等地的茶为原料，手工筑制。因原料送到泾阳筑制，称"泾阳砖"，因在伏天加工，故称"伏茶"。茯砖茶分特制和普通两个品种，主要区别在于原料的拼配不同。特制茯砖全部用三级黑毛茶做原料，而压制普通茯砖的原料中包含多种等级的黑毛茶。

茶汤 橙黄明亮

叶底 黑褐粗老

选购要点

挑选时可根据茯砖茶的外包装进行简单的辨别，包括纸张的材质、标签字样、商标等。

贮藏提示

放置于阴凉、通风、无异味的地方。

茶叶特点

1 外形：长方砖形
2 色泽：黑褐油润
3 汤色：橙黄明亮
4 香气：纯正清高
5 叶底：黑褐粗老
6 滋味：醇和浓厚

保健功效

1 有助于降血糖：茯砖茶中含有茶多糖成分，茶多糖能通过抗氧化作用和增强葡萄糖激酶的活性来有效降低血糖。肾上腺素、甲状腺素和胰高血糖素等都可使血糖升高，并加速肝糖原的分解，而能使血糖下降的只有胰岛素，所以茶多糖的降血糖作用与其保护和刺激胰岛素细胞的分泌活动有关，常饮有益。

2 有助于降血脂：高脂血是导致人类心脑血管疾病的主要原因。茶多糖能与脂蛋白酶结合，促进动脉壁脂蛋白酶而起到抗动脉粥样硬化的作用。

3 对抗血凝、抗血栓有辅助作用：茯砖茶中含有茶多糖，茶多糖在体内、体外均有显著的抗血凝作用，并减少血小板数，延长血凝从而影响血栓的形成。另外，茶多糖还能提高纤维蛋白溶解的活力。

冲泡品饮

备具 紫砂壶、公道杯、品茗杯各 1 个，茯砖茶 5 克。

▼

洗杯、投茶 将热水倒入紫砂壶中进行温壶、温杯，而后弃水不用。

▼

冲泡 用茶匙将茶叶从茶荷中拨入紫砂壶中，冲入 100℃沸水，冲泡 8 ~ 10 分钟。

▼

赏茶 沏泡后，茶香纯正，有金银花的清香，茶汤橙黄明亮，煞是可爱。

▼

出汤 冲泡结束后，将茶汤从紫砂壶中倒入公道杯中，充分均匀茶汤后，倒入品茗杯中。

▼

品茶 入口后滋味醇和无涩味，回甘十分明显。

 茶典、茶人与茶事

茯茶的传说

东汉永元年间，班超带领布商和茶商赶着数十辆马车，在军队的护送下，浩浩荡荡沿着前朝张骞开辟的丝绸之路向西进发。商队西出帝都洛阳半月以后的一天中午，在荒山野岭之中，遇到了一场暴雨，所载货物都淋透了。雨后天晴，丝绸布匹被风一吹就干了，可是茶叶要晒干没有两三天是不行的，茶商怕耽误了赶路的日期，只吹干了茶叶表面的水分，重新包装就跟着队伍前进了。

进入河西走廊，队伍遇到得了一种怪病的两个牧民，有人建议用茶来治疗。班超一听，认为茶叶反正也不会损伤身体，于是命令郎中不妨一试。

郎中奉命去取茶叶，打开篓子一看，只见茶叶上密密麻麻长出了许多黄色的小斑点。他犹豫了，这长黄斑的茶叶能吃吗？但试总比不试好。于是郎中抓了两把长斑的茶叶放到锅里煮成了茶汤，给患病的牧民喝了。过了片刻，患者各放了几个响屁，觉得舒服多了。两个牧民又接着喝了两碗，肚子里几个鼓胀的硬块渐渐消失了。他们两人站了起来，向班超与郎中磕头致谢。

道完谢后，两位牧民立即跳上马，连夜把汉族商人用茶叶救他们性命的事情向部落首领做了禀告。第二天一大早，班超的队伍还未启程，部落首领就带了厚礼来酬谢，并用重金买下了这批茶叶。茶叶能治病的消息慢慢在边关一带流传开来，之后丝路商队每年都会带上长斑的茯茶来此地，渐渐地这种茶叶成了草原牧民的喜爱之物。

普洱茶砖

Pu'er Chazhuan

茶叶介绍

普洱茶砖产于云南省普洱市，精选云南乔木型古茶树的鲜嫩芽叶为原料，以传统工艺制作而成。所有的砖茶都是经蒸压成型的，但成型方式有所不同。如黑砖、花砖、茯砖、青砖是用机压成型；康砖茶则是用棍锤筑造成型。汽蒸沤堆是茯砖压制中特有的工序，同时它还有一个特殊的过程，即让黄霉菌在其上面生长，俗称"发金花"。

选购要点

选购普洱茶时，应注意外包装一定要尽量完整，无残损，茶香陈香浓郁，轻轻摇晃包装，以无散茶者为佳。

贮藏提示

存放时应避免阳光直射，阴凉通风，远离气味浓厚的物品即可长期保存。

茶汤 红浓清澈

叶底 肥软红褐

茶叶特点

1 外形：端正均匀
2 色泽：黑褐油润
3 汤色：红浓清澈
4 香气：陈香浓郁
5 叶底：肥软红褐
6 滋味：醇厚浓香

保健功效

1 有助于降压降脂：普洱茶叶中含有的茶碱等物质，能起到降低血压、防治动脉硬化的作用，对老年人调理身体有益。

2 有助于防癌抗癌：普洱茶砖中含有锗元素，锗可以抗癌，是有增强白细胞作用的物质。它可以使身体里的氧气供应增加，从而使白细胞的辨认灵敏度提高，从而提高机体抵抗白细胞的能力。

3 健牙护齿、消炎灭菌：普洱茶砖中含有许多生理活性成分，具有杀菌消毒的作用，因此能祛除口腔异味，保护牙齿。

4 延年益寿、抗衰老：普洱茶砖中含有维生素C、维生素E、茶多酚、氨基酸和微量元素等多种营养成分，能起到抗衰、益寿延年的作用，常饮有益。

⊙ 冲泡品饮

备具 盖碗、茶荷、茶匙、品茗杯等各1个，普洱茶砖3克左右。

▼

洗杯、投茶 将热水倒入盖碗中进行温杯，而后弃水不用。

▼

冲泡 用茶匙将茶叶从茶荷中拨入盖碗中，水温90℃～100℃，冲泡时间约为1分钟。

▼

赏茶 普洱茶沥泡后，茶色红浓清澈。

▼

出汤 冲泡结束后，将茶汤从盖碗中倒入公道杯中，充分均匀茶汤后，倒入品茗杯中。

▼

品茶 入口后滋味醇厚，回甘十分明显。

 茶典、茶人与茶事

　　普洱茶砖出现于光绪年间，很多产茶地开始制作砖茶。由于从前茶农交给晋商的散装品，体积大，重量轻，运输不便，且需将茶叶装入竹篓，踩压结实后，再行载运，颇有耗损。为了适应茶商的要求，而出现了砖茶。最早出现的茶砖，始自光绪初年，其压制法极为简单，一般都是人工压制。从光绪四年（1878年）以后，晋商们在砖茶的制作中逐渐采用了水压机和蒸汽机加工。这种砖茶制造方法简单有效便于操作。可以说西方的先进工业技术，最早在我国出现，就是因为茶叶贸易带来的。作为一段历史的记录，茶砖真实地反映了清代我国对外贸易的历史面貌，以及近代科技在我国的发展演变过程。

天尖茶
Tianjiancha

茶叶介绍

历史上湖南安化黑茶系列产品有"三尖"之说，即"天尖、生尖、贡尖"。天尖黑茶地位最高，茶等级也最高，明清时就被定为皇家贡品，故名"天尖"，为众多湖南安化黑茶之首。天尖茶既可以泡饮，也可煮饮；既适合清饮，亦适合制作奶茶，特别适合在南方各茶馆煮泡壶茶，家庭煎泡冷饮茶。

茶汤 橙黄明亮

叶底 黄褐尚嫩

选购要点

选购时，以外形条索紧结，呈乌黑色，汤色橙黄者为佳。

茶叶特点

1 外形：条索紧结
2 色泽：乌黑油润
3 汤色：橙黄明亮
4 香气：醇和带松烟香
5 叶底：黄褐尚嫩
6 滋味：醇厚爽口

贮藏提示

保持阴凉通风，防日晒。

保健功效

1 杀菌消炎：黑茶汤色的主要组成成分是茶黄素和茶红素，有明显的抗菌作用。

2 利尿解毒：天尖茶中的咖啡因利尿，又有助于醒酒，还有很强的吸附作用，可缓解重金属的毒害作用。

冲泡品饮

备具	冲泡	品茶
陶壶或厚壁紫砂壶1个，公道杯1个，天尖茶3克左右。	用茶匙将茶叶从茶荷中拨入紫砂壶中，水温100℃左右，冲泡时间为1~2分钟。	茶水醇和带松烟香，色泽乌黑油润。入口后口感醇和，不苦不涩，口齿生津。

黑砖茶

Heizhuancha

茶叶介绍

黑砖茶，是以黑毛茶作为原料制成的半发酵茶，创制于1939年，多半选用三级、四级的黑毛茶搭配其他茶种进行混合，再经过筛分、风选、拼堆、蒸压、烘焙、包装等一系列工序制成。黑砖茶的外形通常为长方砖形，规格为35厘米×18厘米×3.5厘米，因砖面压有"湖南省砖茶厂压制"八个字，因此又称"八字砖"。

茶汤 黄红稍褐

叶底 黑褐均匀

选购要点

选购时，以外形匀整光滑，色泽黑褐，闻上去香气纯正，冲泡后的汤色黄红稍褐，尝起来浓醇微涩者为佳品。

贮藏提示

将茶叶贮藏在通风、阴凉、干燥、无异味的避光处。

保健功效

1 抗菌作用：黑砖茶茶汤中的茶黄素能清除自由基，还能起到明显的抗菌作用。

2 消食作用：黑砖茶茶叶中含有的咖啡因具有刺激作用，能帮助提高胃液的分泌量，从而增进食欲，并促进消化。

茶叶特点

1 外形：平整光滑

2 色泽：黑褐油润

3 汤色：黄红稍褐

4 香气：清香纯正

5 叶底：黑褐均匀

6 滋味：浓醇微涩

冲泡品饮

备具	冲泡	品茶
紫砂壶或盖碗1个，黑砖茶3克及其他茶具或装饰茶具若干。	冲入100℃左右的水至七分满即可。	待茶汤稍凉，先抿一口，入口后浓醇微涩，回味无穷。

黄金砖

Huangjinzhuan

茶叶介绍

黄金砖，因具有黄叶黄汤的特点而且外形似砖，故得其名，属于湖南君山黄茶系列的新品之一，自推出以后丰富了君山黄茶的发展空间。湖南君山黄茶是盛唐时期名茶，后有宋人形容它——"色满、香韵、味绝、形佳"。

选购要点

金黄色的包装锡纸内，若是乌黑油润的茶砖，浓郁的香气沁人心脾，便是优质的黄金砖茶。冲泡后色泽明亮，清香纯正者质优。

茶汤 橙红明亮

叶底 黄褐柔软

茶叶特点

1 外形：棱角分明
2 色泽：色泽黄明
3 汤色：橙红明亮
4 香气：高爽纯正
5 叶底：黄褐柔软
6 滋味：甘爽香醇

贮藏提示

密封贮藏在避光、阴凉、干燥处。

保健功效

1 养肝养胃：黄金砖中含有茶黄素，有养肝养胃之效。
2 消食解腻：黑茶中所包含的维生素、咖啡因和氨基酸等都有助于促进人的消化，调节脂肪的代谢，促进食欲。

冲泡品饮

备具	冲泡	品茶
盖碗1个，黄金砖茶3克以及其他茶具或装饰茶具若干。	冲入100℃左右的水至七分满即可。	只见茶叶徐徐伸展，汤色红艳明亮，香气鲜纯浓郁，叶底柔软红亮。入口后浓厚甜润。

下关沱茶

Xiaguan Tuocha

茶叶介绍

下关沱茶是一种圆锥窝头状的紧压普洱茶。"下关"是产地，"沱茶"是形状，由普洱市景谷县的"姑娘茶"演变而成。现代的沱茶形状如团如碗，以区别于饼茶和砖茶等形状的普洱茶。下关沱茶选用云南省30多个县出产的名茶为原料，经过人工揉制、机器压紧等数道工序精制而成。

选购要点

外形上，以芽毫显露、茶芽肥厚、紧压适中、墨绿色者为优。如果茶叶色泽过于杂沓、叶底过多碎末、茶汤出现异常红色则为质劣者。

贮藏提示

常温保存在通风干燥、无异味处。但需要注意的是，如果贮存环境过于干燥，还要在包装袋上戳几个小洞以利于转化，又不失茶气。

茶汤 红浓透亮

叶底 红褐均匀

保健功效

1 养胃护胃：下关沱茶温和厚重，茶汤进入肠胃后自然形成的膜会附着在胃的内表层，对胃黏膜起保护作用。

2 有助于延缓衰老：下关沱茶中含有儿茶素类化合物，具有抗衰老的作用。

茶叶特点

1 外形：形如碗状
2 色泽：乌润显毫
3 汤色：红浓透亮
4 香气：清纯馥郁
5 叶底：红褐均匀
6 滋味：纯爽回甘

冲泡品饮

备具	冲泡	品茶
紫砂壶或盖碗1个，下关沱茶3克及其他茶具或装饰茶具若干。	用茶匙将茶叶从茶荷中拨入壶中。倒入沸水，第一次去掉浮沫，第二次至七分满即可。	只见茶叶徐徐伸展，汤色红浓透亮，香气清纯馥郁，入口纯爽回甘，令人齿颊生香。

老班章寨古树茶

Laobanzhangzhai Gushucha

茶叶介绍

老班章寨古树茶专指用云南省西双版纳州勐海县布朗山乡老班章寨老班章茶区的古茶树大叶种乔木晒青毛茶压制的云南紧压茶，有"茶王"之称。此茶按产品形式可分为沱茶、砖茶、饼茶和散茶，按加工工艺可分为生茶和熟茶。老班章寨是云南少有的不使用化肥、农药等无机物，纯天然、无污染、原生态古树茶产地，其古树茶以质重、气强著称。

选购要点

选购时应注意观察其干茶茶色及形状，优质的老班章条索粗壮、显毫，色泽油亮。

贮藏提示

应存放在干燥、通风、常温的环境中才不会变质。

茶汤 清亮稠厚

叶底 柔韧显毫

保健功效

1 护齿：普洱茶中含有许多生理活性成分，具有杀菌消毒的作用，因此能祛除口腔异味，保护牙齿。

2 有助于防癌抗癌：普洱茶中含有多种丰富的抗癌微量元素，老班章寨古树普洱茶杀癌细胞的作用更是明显，常饮对防癌抗癌有一定的积极作用。

茶叶特点

1 外形：条索细长

2 色泽：墨绿油亮

3 汤色：清亮稠厚

4 香气：厚重醇香

5 叶底：柔韧显毫

6 滋味：厚重醇甘

冲泡品饮

备具	冲泡	品茶
盖碗、茶荷、茶匙、品茗杯等各1个，老班章寨古树茶3~4克。	用茶匙将茶叶从茶荷中拨入盖碗中，水温90℃~100℃，冲泡时间为1~3分钟。	入口即能明显感觉到茶汤的劲度和力度，口感甘甜、鲜香。

六堡散茶

Liubaosancha

茶叶介绍

六堡散茶已有200多年的历史，因原产于广西苍梧县大堡乡而得名。现在六堡散茶产区相对扩大，分布在浔江、郁江、贺江、柳江和红水河两岸，主产区是梧州地区。六堡茶素以"红、浓、陈、醇"四绝著称，品质优异，风味独特，尤其是在海外侨胞中享有较高的声誉，被视为养生保健的珍品。民间流传有耐于久藏、越陈越香的说法。

选购要点

选购时，以外形条索长整，色泽黑褐光润，闻上去纯正醇厚，冲泡后的汤色红浓明亮，尝起来甘醇爽口者为佳。

贮藏提示

储藏六堡散茶时需保持干燥、通风、避光的环境，常温保存。

茶汤 红浓明亮

叶底 呈铜褐色

茶叶特点

1 外形：条索长整

2 色泽：黑褐光润

3 汤色：红浓明亮

4 香气：纯正醇厚

5 叶底：呈铜褐色

6 滋味：甘醇爽口

保健功效

1 有助于降血压、防止动脉硬化：六堡散茶中含有其特有的氨基酸——茶氨酸。茶氨酸能通过活化多巴胺能神经元，起到抑制血压升高的作用。此外，六堡散茶的茶叶中含有的咖啡因和儿茶素类，能使血管壁松弛，增加血管的有效直径，通过血管舒张而使血压下降。

2 有助于减肥：长期饮用六堡散茶能使体内的胆固醇及甘油酯减少，能起到减肥的功用。

3 延年益寿：六堡散茶中含有的维生素C、维生素E、茶多酚、氨基酸和微量元素等多种有效成分，有延缓衰老、益寿延年的作用。

冲泡品饮

备具 盖碗、茶荷、茶匙、品茗杯等各1个，六堡散茶3～4克。

▼

洗杯、投茶 将热水倒入盖碗中进行温杯，而后弃水不用。

▼

冲泡 用茶匙将茶叶从茶荷中拨入盖碗中，水温90℃～100℃，冲泡时间为1～3分钟。

▼

赏茶 冲泡后，茶色红亮通透。

▼

出汤 冲泡结束后，将茶汤从盖碗中倒入公道杯中，充分均匀茶汤后，倒入品茗杯中。

▼

品茶 入口后香气高扬浓郁，有强烈的回甘，且滋味持久。

茶典、茶人与茶事

　　六堡茶是广西梧州最具有浓郁地方特色的名茶，是一种很古老的茶。据南北朝时期的《桐君录》记载："南方有瓜芦木，亦似茗，至苦涩，取为屑茶饮，亦可通夜不眠。煮盐人但资此饮，而交广最重，客来先设，乃加以笔香辈。"说明早在五六世纪时，两广地区的人们已有普遍饮茶的习惯。到了魏晋朝期间，茶叶已经开始被制饼烘干，并有紧压茶出现。

　　乾隆二十二年（1757年），清廷见西方在中国沿海地区非法贸易活动猖獗，便封闭了福建、浙江、江苏三处海关，只留广州一介口岸通商，于是"十三行"便独占中国对外贸易，六堡茶也随之名声大噪。

　　苍梧县志（同治版本）则有"六堡味厚，隔宿不变"的评价。而茶中有"发金花"的，即生长有金色菌孢子的最受欢迎。因金花菌能够分泌出多种酶，促使茶叶内含物质朝特定的化学反应方向转化，形成具有良好滋味和气味的物质，其保健功效也不错。

普洱小沱茶

Pu'er Xiaotuocha

茶叶介绍

普洱小沱茶属云南黑茶中的紧压茶，又称"云南沱茶"。一开始是由于一般的散装茶叶不便保存和运输，制作人便将茶叶经过一般的制茶程序后，再蒸透置入碗状容器，用手加压让它紧结成型，定型后再慢慢中温烘制。这样不仅茶品身形小巧，更易于携带及长途运输，自然保存时间也能更久一些。独特的制造过程使小沱茶品尝起来甜味增厚，苦涩减少。

茶汤 黄色鲜明

叶底 粗老均匀

选购要点

条索较紧且结实，内窝呈圆形且较深的小沱茶为佳。

贮藏提示

选取有色玻璃瓶、瓷坛或锡瓶保存，注意清洁，因为小沱茶内含有不安定因素，容易诱发茶变。

保健功效

1 防辐射作用：研究表明，普洱小沱茶具有防辐射作用，能降低电脑辐射等对人体引起的伤害。

2 有助于防癌：普洱茶中含有丰富的抗癌元素，常饮普洱茶能够有效地杀死癌细胞，从而达到抗癌作用。

茶叶特点

1 外形：紧致结实
2 色泽：褐红油润
3 汤色：黄色鲜明
4 香气：陈香醇厚
5 叶底：粗老均匀
6 滋味：回味甘甜

冲泡品饮

备具	冲泡	品茶
盖碗1个，普洱小沱茶3克及其他茶具或装饰茶具若干。	将准备好的茶叶快速放进盖碗中，加盖摇动茶碗。	待茶汤稍凉，先抿一口，口感厚实饱满，浓醇甜润。

橘普茶

Jupucha

茶叶介绍

橘普茶，又称陈皮普洱茶、柑普茶，乃五邑特产之一，是选取了具有"千年人参，百年陈皮"之美誉的新会柑皮与云南陈年熟普洱，经过一系列复杂的制作工序加工而成的特型紧压茶。

选购要点

选购时，以陈皮薄而无焦味者为佳品，除果皮盖处破口外，其他地方应完整无残缺，色泽均匀，无发霉、受潮现象，其存放的时间越久，口感愈佳。

茶汤 深红褐色

叶底 黑褐均匀

茶叶特点

1 外形：果圆完整
2 色泽：红褐光润
3 汤色：深红褐色
4 香气：陈香浓郁
5 叶底：黑褐均匀
6 滋味：醇厚滑爽

贮藏提示

置于阴凉、干燥、通风的地方贮藏，时间越久，茶效越好。

保健功效

1 养胃作用：橘普茶进入肠胃后会形成保护膜附着在胃表层，对胃部起保护作用，常饮有益。
2 解酒作用：茶叶中含有的茶碱具有利尿作用，能促使酒精快速排出体外，因此能减少酒醉后的不良反应。

冲泡品饮

备具
紫砂壶或盖碗1个，橘普茶3克及其他茶具或装饰茶具若干。

冲泡
用茶匙将茶叶拨入玻璃杯中，再放入少许陈皮，往壶中冲入沸水至七分满即可。

品茶
只见茶叶徐徐伸展，汤色呈现深红褐色，香气陈香浓郁，叶底黑褐均匀，入口醇厚滑爽。

金瓜贡茶

Jingua Gongcha

茶叶介绍

金瓜贡茶也称团茶、人头贡茶，是普洱茶独有的一种特殊紧压茶形式，因其形似南瓜，茶芽长年陈放后色泽金黄，得名金瓜。早年的金瓜茶是专为上贡朝廷而制，故名"金瓜贡茶"。此茶茶香浓郁，隐隐有竹香、兰香、檀香和陶土的香气，清新自然，润如三秋皓月，香于九畹之兰，是普洱茶家族中，当之无愧的茶王。

茶汤 黑褐明亮

叶底 肥软匀亮

选购要点

选购时应首选形状匀整端正，棱角整齐，不缺边少角且厚薄一致，松紧适度的金瓜贡茶。

贮藏提示

储藏时应保存在通风干燥、避光的环境。

保健功效

1 有助于降脂消炎：金瓜贡茶有降血脂、减肥、预防糖尿病及前列腺肥大、抗菌消炎等健康功效。

2 抗菌作用：金瓜贡茶中含有黄酮醇类、儿茶素、茶多酚等，具有很强的抗菌、抗氧化能力。

茶叶特点

1 外形：匀整端正　　4 香气：纯正浓郁

2 色泽：黑褐光润　　5 叶底：肥软匀亮

3 汤色：黑褐明亮　　6 滋味：醇香浓郁

冲泡品饮

备具	冲泡	品茶
盖碗、茶荷、茶匙、公道杯、品茗杯各1个，金瓜贡茶3克左右。	用茶匙将茶叶从茶荷中拨入盖碗中，水温90℃左右，冲泡时间约为1分钟。	茶水丝滑柔顺，醇香浓郁，色泽金黄润泽，其香沁人心脾，入口后口感醇和，不苦不涩。

第六章

初识乌龙茶

乌龙茶品鉴

乌龙茶是介于绿茶（不发酵茶）与红茶（全发酵茶）之间的半发酵茶，因发酵程度不同，不同的乌龙茶滋味和香气有所不同，但都具有浓郁花香、香气高长的显著特点。乌龙茶因产地和品种不同，茶汤或浅黄明亮，或橙黄、橙红。入口后香气高长，回味悠长，它既有红茶的浓鲜，又有绿茶的清香。

乌龙茶的分类

我国乌龙茶主要产于广东、台湾和福建。广东以凤凰水仙为代表，外形条索状。台湾以冻顶乌龙和包种茶为代表，外形呈球形和半球形。福建乌龙茶又分闽南乌龙和闽北乌龙。闽南乌龙以铁观音为代表，外形大多紧接，呈半球状；闽北乌龙以大红袍为代表，外形条索肥壮，色泽乌褐，发酵程度较高。

营养成分

乌龙茶中含有机化学成分达450多种，如茶多酚类、植物碱、蛋白质、氨基酸、维生素。无机矿物元素达40多种，如钾、钙、镁、钴、铁等。

营养功效

抗衰老：饮用乌龙茶可以使血中维生素C含量保持较高水平，尿中维生素C排出量减少，因此可以增强人体抗衰老能力。

选购窍门

优质乌龙茶外形条索结实、肥厚卷曲的；色泽油亮、砂绿、鲜亮；茶汤金黄清澈。

贮存方法

需放在干燥、避光、密封、不通风、没有异味的容器（如瓷罐、铁罐、竹盒、瓦坛子）中，加盖密封后置于电冰箱内冷藏。

乌龙茶茶艺展示——安溪铁观音的泡茶步骤

①备具：准备好紫砂壶、公道杯、品茗杯、茶叶罐、茶荷、茶则等。

②温具：将热水冲入紫砂壶中，进行淋壶。用温壶的水温公道杯和品茗杯。

③取茶：将铁观音拨入茶荷中，然后再拨入紫砂壶中。

④冲泡：采用悬壶高冲法用水的力量使茶在紫砂壶中翻滚。

⑤淋壶：冲泡后要进行淋壶以保持壶温。

⑥出汤：将茶汤从紫砂壶中倒入公道杯中，使茶汤均匀，然后将茶汤倒入各个品茗杯中。

⑦斟茶：将品茗杯置于杯垫上，先向客人奉茶。

⑧闻香：安溪铁观音香高持久。

⑨品茶：味道醇厚甘鲜。

水金龟

Shuijingui

茶叶介绍

水金龟是武夷岩茶"四大名丛"之一，产于武夷山区牛栏坑社葛寨峰下的半崖上，因茶叶浓密且闪光模样宛如金色之龟而得名。水金龟属半发酵茶，有铁观音之甘醇，又有绿茶之清香，具有鲜活、甘醇、清雅与芳香等特色，是茶中珍品。每年5月中旬采摘，以二叶或三叶为主，色泽绿中透红，滋味甘甜，香气高扬。浓饮也不见苦涩，色泽青褐润亮呈"宝光"。

茶汤 汤色金黄

叶底 软亮匀整

选购要点

要选购条索肥壮，自然松散，色泽绿褐油润呈宝光的水金龟。

贮藏提示

铝箔袋包装好存放在密封的铁盒或者木盒中，冷藏在冰箱内，避光、干燥。

保健功效

1 有助于延缓衰老：水金龟多酚具有很强的抗氧化性和生理活性，能阻断脂质过氧化反应。

2 有助于抑制心血管疾病：水金龟多酚，有助于使形成血凝黏度增强的纤维蛋白原降低，凝血变清，从而抑制动脉粥样硬化。

茶叶特点

1 外形：条索紧结
2 色泽：墨绿带润
3 汤色：茶汤金黄
4 香气：清细幽远
5 叶底：软亮匀整
6 滋味：甘醇浓厚

冲泡品饮

备具	冲泡	品茶
盖碗、茶匙、茶荷、品茗杯各1个，水金龟茶3～5克。	将开水倒入盖碗中进行冲洗，弃水后将茶叶拨入碗中。冲入开水，加盖冲泡2～3分钟。	冲泡结束后，即可将茶汤从盖碗中倒入品茗杯中进行品饮。入口后，滋味甘醇浓厚。

安溪铁观音

Anxi Tieguanyin

茶叶介绍

铁观音，又称红心观音、红样观音，主产地是福建安溪。安溪铁观音闻名海内外，以其香高韵长、醇厚甘鲜而驰名中外。安溪铁观音天性娇弱，抗逆性较差，产量较低，萌芽期在春分前后，停止生长期在霜降前后，"红芽歪尾桃"是纯种铁观音的特征之一，是制作乌龙茶的特优品种。

选购要点

茶条卷曲，肥壮圆结，沉重匀整，色泽砂绿，冲泡后汤色金黄浓艳似琥珀，有天然馥郁的兰花香，滋味醇厚甘鲜，回甘悠久者为最佳品。

贮藏提示

用铝箔袋包装好存放在密封的铁盒或者木盒中，冷藏在冰箱内，避光、干燥。

茶汤 金黄浓艳

叶底 沉重匀整

保健功效

1 解毒、消食、去油腻：茶叶中有一种叫黄酮的混合物，有杀菌解毒的作用。

2 美容、减肥、抗衰老：医学研究表明，铁观音的粗儿茶素组合，具有较强抗化活性，可消除细胞中的活性氧分子，从而减缓人体衰老速度。

3 有助于防癌、增智：安溪铁观音含硒量很高，在六大茶类中居前列，而硒能刺激免疫蛋白及抗体抵御疾病，抑制癌细胞发生和发展。

茶叶特点

1 外形：肥壮圆结
2 色泽：色泽砂绿
3 汤色：金黄浓艳
4 香气：香高持久
5 叶底：沉重匀整
6 滋味：醇厚甘鲜

特别提醒

品饮铁观音不仅对人体健康有益，还可增添无穷乐趣。但有三"不"需注意：

1 空腹不饮，否则会感到饥肠辘辘，头晕欲吐。

2 睡前不饮，否则难以入睡。

3 冷茶不饮，对胃不利。

冲泡品饮

备具 盖碗、茶匙、茶荷、品茗杯各1个，铁观音3～4克。

▼

洗杯、投茶 将开水倒入盖碗中进行冲洗，弃水不用，将茶叶拨入盖碗中。

▼

冲泡 冲入100℃左右的水，加盖冲泡1～3分钟。

▼

赏茶 冲泡后，闻茶香香高持久，观茶汤金黄浓艳，看叶底沉重匀整。

▼

出汤 冲泡结束后，即可将茶汤从盖碗中倒入品茗杯中进行品饮。

▼

品茶 入口后，滋味醇厚甘鲜，醇爽回甘，微带蜂蜜味。

 茶典、茶人与茶事

安溪铁观音的传说

相传，1720年前后，安溪尧阳松岩村（又名松林头村）有个老茶农叫魏荫，勤于种茶，又笃信佛教，敬奉观音。每天早晚他一定在观音佛前敬奉一杯清茶，几十年如一日，从未间断。有一天晚上，他睡熟了，朦胧中梦见自己扛着锄头走出家门，来到一条溪涧旁边。忽然发现在石缝中有一株茶树，枝壮叶茂，芳香诱人，跟自己所见过的茶树不同……第二天早晨，他顺着昨夜梦中的道路寻找，果然在观音打坐的石隙间，找到梦中的茶树。仔细观看，只见茶叶椭圆，叶肉肥厚，嫩芽紫红，青翠欲滴。魏荫十分高兴，将这株茶树挖回，种在一口铁鼎里，悉心培育。因这茶是观音托梦得到又种在了铁鼎里，故取名"铁观音"。

武夷大红袍

Wuyi Dahongpao

茶叶介绍

　　武夷大红袍，因早春茶芽萌发时，远望通树艳红似火，若红袍披挂得名。此茶产于福建省武夷山市，各道工序全部由手工操作，以精湛的工艺特制而成。成品茶香气浓郁，滋味醇厚，有明显"岩韵"特征，饮后齿颊留香，经久不退，冲泡九次犹存原茶的桂花香味，被誉为"武夷茶王"。

选购要点

　　外形条索紧结，色泽绿褐鲜润，冲泡后汤色橙黄明亮，叶片红绿相间，典型的叶片有绿叶红镶边者为最佳品。

贮藏提示

　　用铝箔袋包装好存放在密封的铁盒或者木盒中，冷藏在冰箱内，要求避光、干燥。

茶汤 橙黄明亮

叶底 沉重匀整

保健功效

1 抗衰老：饮用武夷大红袍可以使血中维生素 C 含量维持较高水平，而维生素 C 有延缓衰老的作用，常饮可延年益寿。

2 提神益思，消除疲劳：武夷大红袍所含的咖啡因较多，咖啡因能促使人体中枢神经兴奋，增强大脑皮质的兴奋过程，起到提神益思、清心的效果。

3 预防疾病：茶中的儿茶素能降低血液中的胆固醇，抑制血小板凝集，可以减少动脉硬化发生率。

茶叶特点

1 外形：条索紧结
2 色泽：绿褐鲜润
3 汤色：橙黄明亮
4 香气：香高持久
5 叶底：沉重匀整
6 滋味：醇厚甘鲜

特别提醒

1 忌喝新茶：因为新茶中含有未经氧化的多酚类、醛类及醇类等，对人的胃肠黏膜有较强的刺激作用，所以忌喝新茶。

2 品茶时可以把茶叶咀嚼后咽下去，因为茶叶中含有胡萝卜素和粗纤维，对人体有益。

冲泡品饮

备具　紫砂壶、茶匙、茶荷、品茗杯各 1 个，武夷大红袍 5 克左右。

▼

洗杯、投茶　将开水倒入盖碗中进行温杯，弃水不用，将茶叶拨入盖碗中。

▼

冲泡　冲入 100℃左右的水，加盖冲泡 2 ～ 3 分钟。

▼

赏茶　冲泡后，香高持久并有兰花香，"岩韵"明显，茶汤橙黄明亮，叶底红绿相间。

▼

出汤　冲泡结束后，即可将茶汤从紫砂壶中倒入品茗杯中。

▼

品茶　入口后，滋味醇厚甘鲜，冲泡 7 ～ 8 次后，仍然有原茶的真味。

 茶典、茶人与茶事

武夷大红袍的传说

　　传说古时，有一穷秀才上京赶考，路过武夷山时，病倒了，幸被天心庙老方丈看见，泡了一碗茶给他喝，病就好了，后来秀才金榜题名，中了状元，还被招为东床驸马。

　　一个春日，状元来到武夷山谢恩，在老方丈的陪同下，前呼后拥，到了九龙窠。但见峭壁上长着三株高大的茶树，枝叶繁茂，吐着一簇簇嫩芽，在阳光下闪着紫红色的光泽，煞是可爱。老方丈说："去年你犯鼓胀病，就是用这种茶叶泡茶治好的。很早以前，每逢春日茶树发芽时，茶农就鸣鼓召集群猴，穿上红衣裤，爬上绝壁采下茶叶，炒制后收藏，可以治百病。"状元听了要求采制一盒进贡皇上。

　　第二天，庙内烧香点烛、击鼓鸣钟，招来大小和尚，向九龙窠进发。众人来到茶树下焚香礼拜，齐声高喊"茶发芽！"然后采下芽叶，精工制作，装入锡盒。状元带了茶进京后，正遇皇后肚疼鼓胀，卧床不起。状元立即献茶让皇后服下，果然茶到病除。皇上大喜，将一件大红袍交给状元，让他代表自己去武夷山封赏。一路上礼炮轰响，到了九龙窠，状元命一樵夫爬上半山腰，将皇上赐的大红袍披在茶树上，以示皇恩。说也奇怪，等掀开大红袍时，三株茶树的芽叶在阳光下闪出红光，众人说这是大红袍染红的。

　　后来，人们就把这三株茶树叫作"大红袍"了。有人还在石壁上刻了"大红袍"三个大字。从此大红袍就成了年年岁岁的贡茶。

本山茶

Benshancha

茶叶介绍

　　本山茶原产于安溪西尧阳，是安溪四大名茶之一，制乌龙茶品质优良，质量好的与铁观音相近似，制红茶、绿茶品质中等。本山茶系据1937年庄灿彰的《安溪茶业调查》介绍："中叶类，中芽种。树姿开张，枝条斜生，分枝细密；叶形椭圆，叶薄质脆，叶面稍内卷，叶缘波浪明显，叶齿大小不匀，芽密且梗细长，花果颇多。"

茶汤 金黄明亮

叶底 肥壮匀整

选购要点

　　要选购叶色泽砂绿，油光闪亮，条索紧结，肥壮结实，香气高长的本山茶叶。

贮藏提示

　　铝箔袋包装好，存放在密封的铁盒或者木盒中，冷藏在冰箱内。

保健功效

1 有助于减肥：本山茶中的咖啡因、肌醇等，能调节脂肪代谢，所以饮用此茶有助于减肥。

2 防龋齿作用：茶中含有氟，氟离子与牙齿的钙质有很大的亲和力，有助于提高牙齿防酸抗龋能力，起防龋齿的作用。

茶叶特点

1 外形：条索紧结
2 色泽：油润砂绿
3 汤色：金黄明亮
4 香气：香气高长
5 叶底：肥壮匀整
6 滋味：醇厚鲜爽

冲泡品饮

备具	冲泡	品茶
盖碗、茶匙、茶荷、品茗杯各1个，本山茶3~4克。	冲入100℃左右的水，加盖冲泡1~5分钟。	香气高长，茶汤金黄明亮，入口后，滋味醇厚鲜爽，是公认的铁观音替代品。

武夷水仙

Wuyi Shuixian

茶叶介绍

武夷水仙，又称闽北水仙，干茶是经萎凋（晒青或室内萎凋）、摇青、杀青、揉捻、初烘（俗称走水焙）、包揉、足火精制而成。它是闽北乌龙茶中两个品种之一，水仙是武夷山茶树品种的一个名称。武夷山茶区素有"醇不过水仙，香不过肉桂"的说法。采摘武夷水仙时采用"开面采"，即当茶树顶芽开展时，只采三四叶，而保留一叶。正常情况下，分四季采摘茶叶，每季相隔约50天。

选购要点

要选购外形紧结沉重，叶端扭曲，色泽乌褐油润，呈"蜻蜓头、青蛙腿"状的武夷水仙。

贮藏提示

将茶叶置于通风、干燥的地方，并密封保存起来。

茶汤 清澈橙黄

叶底 厚软黄亮

保健功效

1 杀菌作用：茶叶中含有的茶多酚和鞣酸，能破坏和杀死细菌的蛋白质，起到消炎除菌的作用。

2 有助于抗癌：茶叶中含有的黄酮类物质，能起到一定程度的抗癌作用。

3 有助于减肥：茶叶中含有的茶碱和咖啡因，能帮助减少脂肪细胞堆积，达到减肥效果。

茶叶特点

1 外形：紧结沉重
2 色泽：乌褐油润
3 汤色：清澈橙黄
4 香气：清香浓郁
5 叶底：厚软黄亮
6 滋味：醇厚回甘

冲泡品饮

备具	冲泡	品茶
茶壶或盖碗1个，武夷水仙茶数克及其他茶具或装饰茶具若干。	用茶匙将茶叶从茶荷中拨入壶中，冲入开水。	只见茶叶徐徐伸展，汤色清澈橙黄，入口后满口茶香，喉底回甘。

武夷肉桂

Wuyi Rougui

茶汤 橙黄清澈

叶底 匀亮齐整

茶叶介绍

武夷肉桂，又名玉桂，属乌龙茶类，产于福建武夷山。由于品质优异，性状稳定，是乌龙茶中的一枝奇葩。武夷肉桂除了具有岩茶的滋味特色外，更以其香气辛锐持久的高品种香备受人们的喜爱。20世纪90年代后武夷肉桂跻身于中国十大名茶之列，主要就是因它的奇香异质。

选购要点

质优的武夷肉桂，一般外形条索匀整卷曲，肥壮紧结，茶叶色泽褐禄，油润而显得有光泽，冲泡之后，茶香辛锐而持久，桂皮香气十分明显。

贮藏提示

将茶叶用铝箔袋包装好存放在密封的铁盒或者木盒中，冷藏在冰箱内，避光、干燥。

茶叶特点

1 外形：匀整卷曲
2 色泽：乌润褐禄
3 汤色：橙黄清澈
4 香气：桂皮香味
5 叶底：匀亮齐整
6 滋味：醇厚回甘

保健功效

1 有助于降血脂：饮用武夷肉桂可以降低血液黏稠度，防止红细胞集聚，改善血液高凝状态，增加血液流动性，改善微循环。

2 健胃作用：桂皮油刺激嗅觉，能反射地促进胃机能，也能直接对胃黏膜有缓和的刺激作用，使胃液分泌增加，胃蠕动增强，起健胃作用。

3 有助于抗癌：武夷肉桂中含有茶多酚，茶多酚是一种重要而且颇有成效的抗癌物质，常饮武夷肉桂茶对抑制细胞突变以及防治癌症有一定的益处。

4 护齿作用：武夷肉桂茶汤中含有氟离子，当氟离子与牙齿中的钙质结合以后，会形成一种不易溶于酸的物质，因而能够保护牙齿，使牙齿不被酸性物质损伤。

武夷肉桂茶树为大灌木型，树势半披张，梢直立。叶色淡绿，叶肉厚质尚软，叶面内折成瓦筒状，叶缘略具波状，叶呈椭圆形，整株叶片差异较大。

在武夷山的生态环境中，每年四月中旬茶芽萌发，五月中旬开采岩茶，通常每年可采四次，而且夏秋茶产量尚高。在晴天采茶，于新梢顶叶中采摘二三叶，俗称"开面采"。

武夷肉桂干茶嗅之有甜香，冲泡后的茶汤，有奶油、花果、桂皮般的香气；入口醇厚回甘，咽后齿颊留香，茶汤橙黄清澈，叶底匀亮，呈淡绿底红镶边，冲泡六七次仍有肉桂香。

◎ 冲泡品饮

备具 紫砂壶、茶匙、茶荷、品茗杯各1个，武夷肉桂3～5克。

洗杯、投茶 将开水倒入盖碗中进行温杯，弃水不用，将茶叶拨入盖碗中。

冲泡 冲入100℃左右的水，加盖冲泡2～3分钟。

赏茶 冲泡后，茶香辛锐持久，有桂皮香味，茶汤橙黄清澈，叶底匀亮齐整。

出汤 冲泡结束后，即可将茶汤从紫砂壶中倒入品茗杯中进行品饮。

品茶 品质优良的武夷肉桂入口后还带有乳香味，饮后唇齿留香。

◎ 特别提醒

1 空腹不饮，否则会感到饥肠辘辘，头晕欲吐，人们称其为"茶醉"。
2 睡前不饮，否则难以入睡。
3 冷茶不饮，茶冷后性寒，对胃不利。

冻顶乌龙茶

Dongding Wulongcha

茶叶介绍

冻顶乌龙茶俗称冻顶茶，是台湾知名度极高的茶，也是台湾包种茶的一种。台湾包种茶属轻度或中度发酵茶，亦称"清香乌龙茶"。包种茶按外形不同可分为两类，一类是条形包种茶，以"文山包种茶"为代表；另一类是半球形包种茶，以"冻顶乌龙茶"为代表。冻顶乌龙茶原产地在台湾南投县的鹿谷乡，主要是以青心乌龙为原料制成的半发酵茶。

选购要点

以条索紧结弯曲，色泽墨绿鲜艳，有灰白点状的斑，干茶有强劲的芳香；底边缘有红边，中央部分呈淡绿色；冲泡后汤色橙黄，有像桂花香一样的香气，滋味醇厚，回甘强者为最佳品。

茶汤黄绿明亮

叶底肥厚匀整

贮藏提示

防晒、防潮、防异味，低温冷藏。

保健功效

1 有助于防癌抗癌：科学家用亚硝酸钠和甲基卡胶做致癌前体物，结果发现，饮茶组的大白鼠无一发生食道癌，未饮茶组发生率为100%。这一结果证明，茶叶可全部阻断亚硝胺的体内内源性的形成。

2 有助于降血脂：冻顶乌龙茶有防止和减轻血中脂质在主动脉的粥样硬化作用。饮用冻顶乌龙茶还可以降低血液黏稠度，防止红细胞集聚，改善血液高凝状态，增加血液流动性，改善微循环。这对于防止血管病变、血管内血栓形成均有积极意义。此外，体外血栓形成试验，也表明乌龙茶有抑制血栓形成的作用。

茶叶特点

1 外形：紧结卷曲

2 色泽：墨绿油润

3 汤色：黄绿明亮

4 香气：持久高远

5 叶底：肥厚匀整

6 滋味：甘醇浓厚

冲泡品饮

备具 陶瓷茶壶、茶匙、茶荷、品茗杯各 1 个，冻顶乌龙茶 3 克左右。

▼

洗杯、投茶 将开水倒入盖碗中进行温杯，弃水不用，将茶叶拨入盖碗中。

▼

冲泡 冲入 100℃左右的水，加盖冲泡 1 ~ 3 分钟。

▼

赏茶 冲泡后，茶汤黄绿明亮，叶底肥厚匀整。

▼

出汤 冲泡结束后，即可将茶汤从陶瓷茶壶中倒入品茗杯中进行品饮。

▼

品茶 入口后，滋味甘醇爽滑，喉韵强，饮后唇齿带有花香或成熟果香。

 茶典、茶人与茶事

冻顶乌龙茶的传说

台湾冻顶茶是一位叫林凤池的台湾人从福建武夷山把茶苗带到台湾种植而发展起来的。

林凤池祖籍福建。一年，他听说福建要举行科举考试，决定去参加，可是家穷没路费。乡亲们纷纷捐款助他参加科举。临行时，乡亲们对他说："你到了福建，可要向咱祖家的乡亲们问好呀，说咱们台湾乡亲十分怀念他们。"林凤池考中了举人，几年后他回台湾探亲时，顺便带了 36 棵茶苗回台湾，种在了南投鹿谷乡的冻顶山上。经过精心培育繁殖，建成了一片茶园，所采制之茶清香可口。后来林凤池奉旨进京，就把其所种的茶献给了道光皇帝，皇帝饮后称赞好茶。因这茶是台湾冻顶山采制的，就叫作冻顶茶。从此台湾乌龙茶也叫"冻顶乌龙茶"。

凤凰单丛

Fenghuang Dancong

茶叶介绍

凤凰单丛，属乌龙茶类，产于广东省潮州市凤凰镇乌岽山茶区。因产区濒临东海，气候温暖，雨水充足，土壤肥沃，含丰富的有机物质和微量元素，有利于茶树的发育与形成茶多酚和芳香物质。凤凰单丛实行分株单采，清明前后，新茶芽萌发至小开面（即出现驻芽），即按一芽二、三叶（中开面）标准，用骑马采茶手法采摘。

选购要点

选购时，以条索紧细，色泽润亮，滋味醇厚鲜爽，回甘力强，汤色橙黄明亮的凤凰单丛为最佳品。

贮藏提示

将茶叶用铝箔袋包装好存放在密封的铁盒或者木盒中，冷藏在冰箱内，避光、干燥。

茶汤 橙黄明亮

叶底 匀亮齐整

茶叶特点

1 外形：条索紧细
2 色泽：乌润油亮
3 汤色：橙黄明亮
4 香气：香高持久
5 叶底：匀亮齐整
6 滋味：醇厚鲜爽

保健功效

1 **延缓衰老**：凤凰单丛多酚具有很强的抗氧化性和生理活性，是人体自由基的清除剂，能阻断脂质过氧化反应，清除活性酶。

2 **有助于抑制心血管疾病**：凤凰单丛含有茶多酚，有助于使形成血凝黏度增强的纤维蛋白原降低，凝血变清，从而抑制动脉粥样硬化。

3 **有助于防癌抗癌**：凤凰单丛多酚可以阻断亚硝酸盐等多种致癌物质在体内合成，并具有直接杀死癌细胞和提高机体免疫力的功效。

制作工序

凤凰单丛黄枝香是凤凰单丛十大花蜜香型珍贵名丛之一，因香气独特，有明显黄栀子花香得名。该茶有多个株系，单丛茶是按照单株株系采摘，单独制作而成，具有天然的花香。优质的凤凰单丛是以适时的采摘作为基础的，一般晴天的下午是采摘凤凰单丛茶叶的最佳时机。另一重要的制作工序是晒青，晒青的作用是利用光能使茶叶叶片水分蒸发，它能够诱导茶叶香气的产生。其次就是晾青，这是为晒青所做的补充，起到为茶叶调节水分的作用。紧接着就是凉青，是指将晒青后的茶叶，移置阴凉处静置，然后是碰青，使茶叶中的各种有效成分得以充分发挥，最后再经过一般的炒青、揉捻以及烘焙就完成了。

> 凤凰单丛茶属乌龙茶类，始创于明代，以产自潮安县凤凰镇乌岽山，并经单株（丛）采收、单株（丛）加工而得名。潮安凤凰茶为历代贡品，清代已入中国名茶之列。明朝嘉靖年间的《广东通志初稿》记载："茶，潮之出桑浦者佳。"当时潮安已成为广东产茶区之一。

🍵 冲泡品饮

备具 盖碗、茶匙、茶荷、品茗杯各1个，凤凰单丛3～5克。

▼

洗杯、投茶 将开水倒入盖碗中进行温杯，弃水不用，将茶叶拨入盖碗中。

▼

冲泡 冲入100℃左右的水，加盖冲泡1～3分钟。

▼

赏茶 冲泡后，茶汤橙黄明亮，叶底完整，有明显的红边。

▼

出汤 冲泡结束后，即可将茶汤从盖碗中倒入品茗杯中进行品饮。

▼

品茶 入口后，滋味浓厚甘爽，有栀子花香。

🍵 特别提醒

1 茶叶一旦受潮，可用干净、没有油腻的锅慢慢烘干。

2 霉变的茶叶不能喝，以免对身体造成不必要的影响。

白鸡冠

● Baijiguan

● 茶叶介绍

白鸡冠是武夷山四大名丛之一。生长在慧苑岩火焰峰下外鬼洞和武夷山公祠后山的茶树，叶色淡绿，绿中带白，芽儿弯弯又毛茸茸的，形态就像白锦鸡头上的鸡冠，故名白鸡冠。白鸡冠多次冲泡仍有余香，适制武夷岩茶（乌龙茶），抗性中等，适宜在武夷乌龙茶区种植，用该鲜叶制成的乌龙茶，是武夷岩茶中的精品。其采制特点与大红袍相似。

● 选购要点

色泽米黄呈乳白，汤色橙黄明亮，入口齿颊留香者为最佳品。

● 贮藏提示

将茶叶用铝箔袋包装好存放在密封的铁盒或者木盒中，冷藏在冰箱内，避光、干燥。

茶汤 橙黄明亮

叶底 沉重匀整

● 保健功效

1 有助于抑制和抵抗病毒菌：茶多酚有较强的收敛作用，对病原菌、病毒有明显的抑制和杀灭作用，对消炎止泻有明显效果。

2 美容与健康的活性氧：白鸡冠对皮肤具有一定的保健作用。

3 行气通脉：所含咖啡因能刺激肾脏，促使尿液加速排出体外，提高肾脏的滤出率，减少有害物质的滞留时间。

● 特别提醒

1 胃寒的人过多饮用会引起肠胃不适。

2 忌用茶水服药，因为茶中的鞣酸会与药物结合产生沉淀，阻碍吸收，影响药效。

● 茶叶特点

1 外形：条索紧结
2 色泽：米黄带白
3 汤色：橙黄明亮
4 香气：香高持久
5 叶底：沉重匀整
6 滋味：醇厚甘鲜

白鸡冠的采摘时间一般是在 5 月中旬，标准是以驻芽二、三叶，驻芽三、四叶为主。茶叶采摘要求是 15:00 以后的嫩叶，采摘标准为小开面至中开面，且匀整、新鲜。

其制作时还要经过驻青，具体做法是把茶青及时、均匀地摊在竹席或水筛上，鲜叶摊放厚度小于 15 厘米，并使鲜叶保持疏松。每隔 1 ~ 2 小时翻动一次。接下来是晒青，注意晒青应避免强阳光曝晒，严格控制在 17:00 ~ 19:00 之间。凉青的时候则要防止风吹、日光直接照射。紧接着是做青。做青完成以后就是杀青，杀青时以"高温杀青，先高后低"为原则。揉捻是要使杀青叶扭曲成条。再经过初烘、初包揉、复烘、复包揉、烘干等工序，该茶的制作就完成了。优质的白鸡冠毛茶应当是色泽墨绿中带米黄色，香气悠长，滋味醇厚较甘爽。

◎ 冲泡品饮

备具　紫砂壶、茶匙、茶荷、品茗杯各 1 个，白鸡冠 3 ~ 5 克左右。

▼

洗杯、投茶　将开水倒入碗中温杯，将茶叶拨入盖碗中。

▼

冲泡　冲入 100℃ 左右的水，加盖冲泡 2 ~ 3 分钟。

▼

赏茶　冲泡后，茶香清鲜浓长，有百合花的香味。茶汤橙黄明亮。

▼

出汤　冲泡结束后，即可将茶汤倒入品茗杯中进行品饮。

▼

品茶　入口后，滋味醇厚甘鲜，唇齿留香，具有活、甘、清、香的特色，让人神清目朗，回味无穷。

永春佛手

Yongchun Foshou

茶叶介绍

　　永春佛手又名香橼、雪梨，是乌龙茶类中风味独特的名贵品种之一。产于闽南著名侨乡永春县，地处戴云山南麓，全年雨量充沛，昼夜温差大，适合茶树的生长。佛手茶树品种有红芽佛手与绿芽佛手两种（以春芽颜色区分），以红芽为佳。鲜叶大的如掌，椭圆形，叶肉肥厚，3月下旬萌芽，4月中旬开采，分四季采摘，春茶占40%。

选购要点

　　要选购茶条紧结肥壮，卷曲，色泽砂绿乌润的永春佛手。

贮藏提示

　　将茶叶用铝箔袋包装好存放在密封的铁盒或者木盒中，冷藏在冰箱内，避光、干燥。

茶汤橙黄清澈

叶底匀整红亮

保健功效

1 提神益思，消除疲劳：永春佛手所含的咖啡因较多，咖啡因能促使人体中枢神经兴奋，增强大脑皮质的兴奋过程，起到提神醒脑的作用。

2 排毒，利尿：茶叶中的咖啡因可起到帮助肾脏排毒和消除人体疲劳的作用。

茶叶特点

1 外形：紧结肥壮　　　4 香气：浓锐悠长
2 色泽：砂绿乌润　　　5 叶底：匀整红亮
3 汤色：橙黄清澈　　　6 滋味：甘厚芳醇

冲泡品饮

备具	冲泡	品茶
盖碗、茶匙、茶荷、品茗杯各1个，永春佛手茶3～5克。	将茶叶拨入盖碗中。冲入100℃左右的水，加盖冲泡1～3分钟。	冲泡后，茶香浓锐持久，茶汤橙黄清澈，入口后，滋味甘厚鲜醇，回味绵长。

第七章

初识花茶

花茶品鉴

窖制花茶的茶汤取决于茶坯的种类。茉莉花茶的茶汤就是绿茶的茶汤，桂花乌龙的茶汤是乌龙茶的茶汤，茉莉红茶的茶汤就是红茶的茶汤；花草茶的茶汤颜色是干花本身的颜色；工艺花茶的茶汤一般是绿茶的茶汤，茶香与花香完美融合，滋味醇和。

花茶的分类

*窖制花茶

用茶叶和香花进行拼和窖制，使茶叶吸收花香而制成的香茶，亦称熏花茶。花茶的主要产区有福建的福州、浙江的金华、江苏的苏州等地。花茶因窖制的香花不同分为茉莉花茶、珠兰花茶等。各种花茶独具特色，但总的品质皆香气鲜灵浓郁，滋味浓醇鲜爽，汤色明亮。茶美花香，珠联璧合，相得益彰，韵味芬芳。

*花草茶

一般我们所谓的花草茶，特指那些不含茶叶成分的香草类饮品，所以花草茶其实是不含"茶叶"的成分。准确地说，花草茶指的是将植物的根、茎、叶、花或皮等部分加以煎煮或冲泡，而产生芳香味道的草本饮料。花草茶有玫瑰花、洛神花、金银花茶等。

*工艺花茶

工艺花茶是最近几年刚兴起的一种再加工茶。这种茶极大地改变了传统的花茶用的鲜花窖制茶叶，最后去花留茶的做法，而是将干花包藏于茶叶之中。冲泡时茶叶渐渐舒展，干花吸水慢慢开放，极大地提高了其观赏性，增加了茶的趣味性。

营养成分

花茶的维生素含量较多且种类丰富，富含维生素 A、维生素 C 及多种矿物质，如镁、钙、铁等，还含有类黄酮、苦味素、单宁酸等。

营养功效

（1）养颜护肤、排毒瘦身：花茶含丰富的维生素 C，能够促进身体的新陈代谢，调节内分泌，紧致和美白肌肤，同时有很好的排毒作用，对保持身材纤瘦非常有益。

（2）舒缓压力、助消化：花茶具有松弛神经、安抚心神、消除噩梦以及舒缓头痛等主要功效。饭后喝一杯花茶可以帮助消化，而睡前喝则可促进睡眠。

（3）增强免疫力：花茶可调节神经，促进新陈代谢，提高机体免疫力。

选购窍门

窨制花茶：窨制花茶一般选用鲜嫩的新茶来窨制，选购花茶时，应挑选外形完整、条索紧结匀整，汤色浅黄明亮，叶底细嫩匀亮，不存在其他碎茶或杂质的优质花茶。

花草茶：选购花草茶时，应挑选不散碎、干净无杂质、香气清新自然的优质花草茶。

工艺花茶：工艺花茶不仅供人们饮用，还可以用于观赏，冲泡的是茶，观赏的是花。因此挑选工艺花茶时应查看造型是否完整、有无虫蛀，优质工艺花茶泡开后造型完整，香气淡雅。

保存方法

存放在密封罐内，避免接触强光，远离高温、异味。

泡茶器具与水温

玻璃茶具最佳，透明的玻璃能展示花草的美；冲泡花茶的水温不宜过高，90℃～95℃就好，否则会破坏花茶中的一些营养成分。

花茶茶艺展示——菊花茶的泡茶步骤

①**备具**：准备好茶壶、品茗杯、杯垫等。

②**温杯、温壶**：将开水倒入茶壶中进行温杯，再对品茗杯进行温杯，弃水不用。

③**盛茶**：将菊花茶拨入壶中。

④**赏茶**：冲入90℃～100℃的水，加盖冲泡3～5分钟。

⑤**投茶**：3～5分钟后即可出汤。

⑥**冲泡**：可看到菊花在水中已慢慢舒展开来。

⑦**出汤**：将茶壶中的茶汤斟入品茗杯中。

⑧**分茶**：菊花的茶汤香气怡人。

⑨**品茶**：待茶汤稍凉时，小口品饮，可感茶味清幽。

碧潭飘雪

Bitan Piaoxue

茶叶介绍

碧潭飘雪是一种花茶，是20世纪90年代由知名茶人徐金华创制而成的。碧潭飘雪具有雅、迷、绝三大特点，是以早春的嫩芽为茶坯，再加上含苞待放的茉莉花制成，并保留干花瓣于茶中。其形如秀柳，汤呈青绿，水面点缀片片白雪，淡雅适度，不仅品起来醇香可口，还具有相当的观赏价值。

选购要点

选购碧潭飘雪时，以一芽一叶者为上品。首先茶叶的外观要大小均匀，不掺杂碎茶，其次茉莉花瓣要完整，闻起来其香味浓厚，带着花香，且不含异味。

贮藏提示

于常温干燥处密封保存。贮存罐底部放置双层棉纸，罐口放二层棉布后压上盖子。

茶汤 黄绿清澈

叶底 成朵匀齐

保健功效

1 止痛作用：掺杂其中的茉莉花瓣，含有的挥发油性物质，能起到理气止痛、解郁散结的作用，是止痛的食疗佳品。

2 安神作用：茶叶能起到调节身心、舒缓压力的作用，效果甚佳。

茶叶特点

1 外形：紧系挺秀

2 色泽：绿中带黄

3 汤色：黄绿清澈

4 香气：鲜香醇正

5 叶底：成朵匀齐

6 滋味：醇爽回甘

冲泡品饮

备具	冲泡	品茶
盖碗1个，碧潭飘雪茶3克。	将碧潭飘雪茶放入盖碗中，冲入95℃左右开水至杯容量的三分之一，摇曳润茶，稍停1分钟。	待茶汤稍凉时，小口品饮，入口后醇爽回甘。

茉莉红茶

Moli Hongcha

茶叶介绍

茉莉红茶是采用茉莉花茶窨制工艺与红茶工艺精制而成的花茶。此茶既有发酵红茶的秀丽外形，又有茉莉花的浓郁芬芳，集花茶和红茶的精华于一身。目前市面上销售较多的是福建的九峰茉莉红茶。

选购要点

外观上以一芽一叶、二叶或嫩芽多、芽毫显露者为特级品；茶芽嫩度好，条形细紧，芽毫微显者为一级品；茶芽嫩度较差，条形松大，茎梗较多者为低档品。

茶汤 金黄明亮

叶底 匀嫩晶绿

茶叶特点

1 外形：匀齐毫多
2 色泽：黑褐油润
3 汤色：金黄明亮
4 香气：浓郁芬芳
5 叶底：匀嫩晶绿
6 滋味：醇厚甘爽

贮藏提示

将茶置于通风、干燥、避光处保存。

保健功效

1 防辐射：茉莉红茶中含有的茶多酚和维生素C能防辐射，尤其适合经常对着电脑的人饮用。

2 抗压解疲：茉莉红茶中的茶碱能振奋精神、消除疲劳。

3 养胃护胃：红茶是一种全发酵茶，其性温和，无刺激性，肠胃较弱的人饮用有暖胃和增加能量的作用。

冲泡品饮

备具	冲泡	品茶
茶壶、茶匙、茶荷、茶杯各1个，茉莉红茶5克。	用茶匙将茉莉红茶从茶荷中拨入壶中，倒入95℃左右的热开水冲泡即可。	3分钟后即可倒入茶杯中品饮，入口后醇厚甘爽，香气浓郁。

桂花茶

Guihuacha

茶叶介绍

桂花茶是用鲜桂花窨制，既不失茶的香味，又带浓郁桂花香气，很适合胃功能较弱的人饮用的茶品。广西桂林的桂花烘青以桂花的馥郁芬芳衬托茶的醇厚滋味而别具一格，成为茶中珍品，深受国内外消费者的青睐。尤其是桂花乌龙和桂花红茶研制成功，即乌龙、红碎茶，增添了出口外销的新品种。

选购要点

外形条索紧细匀整，花如叶里藏金，色泽金黄，香气浓郁持久，汤色绿黄明亮，滋味醇香适口，叶底嫩黄明亮者为最佳品。

贮藏提示

密封、干燥、低温、避光贮藏。

茶汤 绿黄明亮

叶底 嫩黄明亮

保健功效

1 保护嗓子：桂花有排毒养颜、止咳化痰的作用，因上火而导致声音沙哑时，在绿茶或乌龙茶中加点儿桂花，可起到缓解作用。

2 保健作用：桂花茶对口臭、视觉不明、荨麻疹、溃疡、胃寒胃疼等症有预防作用。

茶叶特点

1 外形：紧细匀整
2 色泽：呈金黄色
3 汤色：绿黄明亮
4 香气：浓郁持久
5 叶底：嫩黄明亮
6 滋味：醇香适口

冲泡品饮

备具	冲泡	品茶
带盖玻璃杯1个，桂花茶3～4克。	将桂花茶放入玻璃杯中，冲入95℃左右的水，盖上盖，冲泡3～5分钟。	小口品饮，茶香浓厚而持久，滋味醇香适口，饮后口齿留香。

菊花茶

Juhuacha

茶叶介绍

菊花茶除了极具观赏性，用途也很广泛，在家庭聚会、下午茶、饭后消食解腻的时候均可用到。菊花产地分布各地，自然品种繁多，比较引人注目的则有黄菊、白菊、杭白菊、贡菊、德菊、川菊、滁菊等，大都具备较高的药用价值。

选购要点

选购菊花茶时注意区别产地，不同产地所产菊花茶色泽不同，品种各异。

茶汤 汤色黄色

叶底 叶子细嫩

茶叶特点

1 外形：花朵外形

2 色泽：色泽明黄

3 汤色：汤色黄色

4 香气：清香怡人

5 叶底：叶子细嫩

6 滋味：滋味甘甜

贮藏提示

密封储藏，避免高温直射。

保健功效

1 明目作用：长期对着电脑易导致眼睛疲劳，常饮菊花茶对保护眼睛起到一定作用。

2 疏肝解郁作用：菊花茶配上枸杞或者蜂蜜饮用，能够帮助人体疏肝解郁、清热解毒，有效抵抗细菌。

冲泡品饮

备具
透明玻璃茶壶1个，菊花茶适量。

冲泡
冲泡菊花茶可以加入山楂、枸杞等，不同选择有不同功效。

品茶
品用菊花茶时可以按照个人喜好加入冰糖或者蜂蜜。脾胃不和者慎加或勿加。

玫瑰花茶

Meigui Huacha

茶叶介绍

玫瑰花是一种珍贵的药材，能调和肝脾，理气和胃。玫瑰花茶是用鲜玫瑰花和茶叶的芽尖按比例混合，利用现代高科技工艺窨制而成的高档茶，其香气有浓、轻之别，和而不猛。我国现今生产的玫瑰花茶主要有玫瑰红茶、玫瑰绿茶、墨红红茶、玫瑰九曲红梅等花色品种。玫瑰花采下后，经适当摊放、折瓣，拣去花蒂、花蕊，以净花瓣付窨。

茶汤 淡红清澈

叶底 嫩匀柔软

选购要点

以外形饱满、色泽均匀，香气冲鼻，汤色通红者为宜。

茶叶特点

1 外形：紧细匀直
2 色泽：色泽均匀
3 汤色：淡红清澈
4 香气：浓郁悠长
5 叶底：嫩匀柔软
6 滋味：浓醇甘爽

贮藏提示

密封、干燥、低温、避光贮藏。

保健功效

1 缓解疲劳：玫瑰花能改善内分泌失调，对消除疲劳和伤口愈合有帮助，还能调理女性生理问题。
2 保肝降火：玫瑰花能降火气，还能保护肝脏胃肠功能，长期饮用亦有助于促进新陈代谢。

冲泡品饮

备具	冲泡	品茶
透明玻璃杯或盖碗1个，玫瑰花茶3克。	冲入95℃左右的水，盖上盖，冲泡1~3分钟。	玫瑰花茶宜热饮，香味浓郁，沁人心脾。

玉兰花茶

Yulan Huacha

茶叶介绍

玉兰花属木兰科植物，原产于长江流域。玉兰花采收以傍晚时分最宜，用剪刀将成花一朵朵剪下，浸泡在8℃~10℃的冷水中1~2分钟，再沥干，经严格的气流式窨制工艺，即分拆枝、摊花、晾制、窨花、通花、续窨复火、匀堆装箱等工序，再经照射灭菌制成花茶。

选购要点

外形条索紧结匀整，色泽黄绿尚润；内质香气鲜灵浓郁，有花香气者为最佳品。

茶汤 浅黄明亮

叶底 细嫩匀亮

茶叶特点

1 外形：紧结匀整
2 色泽：黄绿尚润
3 汤色：浅黄明亮
4 香气：鲜灵浓郁
5 叶底：细嫩匀亮
6 滋味：醇厚鲜爽

贮藏提示

大包装用纸箱或麻袋，内衬铝箔或塑料袋，小包装用纸盒、瓷罐等低温保存在通风、避光处。

保健功效

1 消炎止痛：玉兰花能入药治头痛、鼻窦炎等，有降压和气、消痰益肺、利尿化浊之功效。
2 强身健体：玉兰花富含类黄酮及精油成分，能增强免疫功能，消除异味，抑制细菌生长。
3 润肤：玉兰花有保湿、抗氧化的功效。

冲泡品饮

备具	冲泡	品茶
瓷壶或盖碗1个，玉兰花茶3克左右。	将玉兰花茶拨入瓷壶或盖碗中。冲入90℃~100℃左右的水，加盖冲泡3~5分钟。	待茶汤稍凉时，小口品饮，茶香芬芳，沁人心脾。

茉莉龙珠

Moli Longzhu

茶叶介绍

　　茉莉龙珠，又称茉莉龙团珠、茉莉花团，因其从外形上看紧结成圆珠形而得名，属于花茶的一种。茉莉龙珠是选用优质绿茶嫩芽作为茶坯，经过加工干燥以后，与含苞待放的茉莉花瓣混合窨制而成的再加工茶。通过这种加工方式，将茶叶本身的营养成分保留了下来，还增加了花的功效。

选购要点

　　选购时，以外形紧结成圆珠形，且重实匀整，色泽褐绿油润的为佳品，冲泡后，汤色黄亮清澈，闻起来香气鲜浓纯正者为优。

贮藏提示

　　将茉莉花茶放在干燥通风的地方，最好冷藏起来。

茶汤 黄亮清澈

叶底 柔软肥厚

保健功效

1 止咳作用：茶叶中含有多种微量元素，能润肺止咳、保护嗓子，缓解咽喉不适，常饮有益。

2 止痛作用：茉莉花含有的挥发油性物质，能行气止痛、解郁散结、缓解胸腹胀痛。

3 安神作用：茶叶能调节身心，舒缓压力。

茶叶特点

1 外形：紧细匀整	4 香气：鲜浓纯正
2 色泽：褐绿油润	5 叶底：柔软肥厚
3 汤色：黄亮清澈	6 滋味：醇厚回甘

冲泡品饮

备具	冲泡	品茶
玻璃杯1个，茉莉龙珠茶3克及其他茶具或装饰茶具若干。	将茉莉龙珠茶放入玻璃杯中，冲入95℃左右的水至玻璃杯八分满。	入口后醇厚回甘，让茶汤在舌面上往返流动，品尝茶味和汤中香气后再咽下。

婺源皇菊

Wuyuan Huangju

茶叶介绍

婺源皇菊是花茶中同时具备食用价值、药用价值、饮用价值和观赏价值的一类，焖、蒸、煮、炒皆宜。婺源皇菊的饮用价值极高，常饮能够起到降脂降压的作用，且外形美观，花色动人，具备欣赏价值。

选购要点

香、清、甘、活是皇菊的四大特点，选购时要牢牢记住。

贮藏提示

密封、避光、防潮、防异味，置放于冰箱。

茶汤 金黄透亮

叶底 呈黄厚实

保健功效

1 解毒止痛：婺源皇菊性味甘凉，能够起到明目解毒、祛风解表的作用，还能发挥消炎的作用，对于一般性的抽风，寒、湿引起的肢体疼痛和麻木皆有缓解作用。

2 增强体质：若长期饮用婺源皇菊，可以调节心肌功能，降血压、降胆固醇，增加人体钙质，抑制细菌。

茶叶特点

1 外形：呈圆球状

2 色泽：金蕊艳黄

3 汤色：金黄透亮

4 香气：浓香扑鼻

5 叶底：呈黄厚实

6 滋味：入口甘甜

冲泡品饮

备具	冲泡	品茶
选用透明玻璃杯1个，婺源皇菊1朵。	向玻璃杯内倒入沸水。	静待几分钟后品饮此茶，可以加入白糖或蜂蜜调味。

七彩菊

Qicaiju

茶叶介绍

　　七彩菊，又名洋菊花，产于西藏高山之中，有散风清热、平肝明目的作用，还有独特的美容奇效，长期饮用对女性面部美容有很好的效果。七彩菊长在高山云雾中，吸山水之灵秀，收日月之精华，无污染，集观赏及饮用为一体，无论单饮还是配茶叶共饮，均清香四溢。花朵在杯中经水一泡，成为含苞欲放的状态，或悬或浮，令饮者心境舒展。

茶汤　清澈亮黄

叶底　花朵匀整

选购要点

　　花朵饱满，色泽橘黄渐变，汤色清澈亮黄，香气淡淡微苦，冲泡后花朵匀整，滋味清爽者为最佳。

茶叶特点

1 外形：花朵饱满
2 色泽：橘黄渐变
3 汤色：清澈亮黄
4 香气：淡淡微苦
5 叶底：花朵匀整
6 滋味：滋味清爽

贮藏提示

　　密封、干燥、低温、避光贮藏。

保健功效

1 理气止痛：七彩菊具理气解郁、活血散瘀之功效。

2 安神宁心：七彩菊特别具有安定神经与助消化的作用，最适合餐后和睡前饮用，是失眠患者的最佳茶饮。

冲泡品饮

备具	冲泡	品茶
带盖玻璃杯1个，七彩菊5克左右。	冲入95℃左右的水，加盖冲泡。	待茶汤稍凉时，小口品饮，入口微苦而顺口。

茉莉花茶

Moli Huacha

茶叶介绍

茉莉花茶是将茶叶和茉莉鲜花进行拼和、窨制，使茶叶吸收花香而成，因茶中加入茉莉花朵熏制而成，故名茉莉花茶。茉莉花茶经久耐泡，根据品种和产地、形状的不同，茉莉花茶又有着不同的名称。

选购要点

以香气持久无异味，口感柔和、无异味者为最佳。

贮藏提示

密封、干燥、低温、避光贮藏。

茶汤 黄绿明亮

叶底 嫩匀柔软

茶叶特点

1 外形：紧细匀整
2 色泽：黑褐油润
3 汤色：黄绿明亮
4 香气：鲜灵持久
5 叶底：嫩匀柔软
6 滋味：醇厚鲜爽

保健功效

1 行气开郁：茉莉花含有的挥发油性物质有行气止痛、解郁散结的作用，可缓解胸腹胀痛、下痢、里急后重等病症，为止痛之食疗佳品。

2 抗菌消炎：茉莉花能抑制多种细菌，内服外用皆可，适用于目赤、疮疡、皮肤溃烂等炎性病症。

3 美容养颜：茉莉花茶是很好的美容茶，适当饮用，有消脂瘦身、美白护肤的作用，能预防痤疮、青春痘、黑斑等。

冲泡品饮

备具	冲泡	品茶
茶壶或盖碗1个，茉莉花茶5克左右。	冲入95℃～100℃的水，盖上盖，冲泡3～5分钟。	小口品饮，以口吸气、鼻呼气，使茶汤在舌头上往返流动片刻，可感茶味清幽、芬芳怡人。

239

选好水，
择佳器，
泡好茶

泡茶篇

茶叶品种繁多、千姿百态。这些林中起舞的精灵，不仅有着外在视觉、味觉交织的瑰丽与奇妙，更有着深邃与浓郁的文化内涵。

第一章

选好茶叶泡好茶

不同的茶叶有着不同的选择标准，而如何甄选茶叶，鉴别茶叶的优劣好坏，也可以算作一门学问。这需要我们从茶的不同方面考虑，例如烘焙火候、茶青老嫩、茶叶外形、枝叶连理等。只要熟知好茶在这些方面的特点，相信大家一定可以轻而易举地甄选出好的茶叶来，并从泡茶中获得极大的收获与乐趣。

好茶的五要素

市场上的茶叶品种繁多，可谓五花八门，因此，如何选购茶叶成了人们首先要了解的。一般说来，选茶主要从视觉、嗅觉、味觉和触觉等方面来鉴别甄选。好茶在这几方面比普通茶叶要突出许多。总体来看，选购茶叶可从以下五个要素入手：

一. 外形

选购茶叶，首先要看其外形如何。外形匀整的茶往往较好，而那些断碎的茶则差一些。可以将茶叶放在盘中，使茶叶在旋转力的作用下，依形状大小、轻重、粗细、整碎形成有次序的分层。其中粗壮的在最上层，紧细重实的集中于中层，断碎细小的沉积在最下层。各茶类都以中层茶多为好。上层一般是粗老叶子多，滋味较淡，水色较浅；下层碎茶多，冲泡后往往滋味过浓，汤色较深。

除了外形的整碎，还需要注意茶叶的条索如何，一般长条形茶，看松紧、弯直、壮瘦、圆扁、轻重；圆形茶看颗粒的松紧、匀正、轻重、空实；扁形茶看平整光滑程度等。一般来说，条索紧、身骨重，说明原料嫩，做工精良，品质也好；如果条索松散，颗粒松散，叶表粗糙，身骨轻飘，就算不上好茶了，

茶饼

这样的茶也尽量不要选购。

各种茶叶都有特定的外形特征，有的像银针，有的像瓜子片，有的像圆珠，有的像雀舌，有的叶片松泡，有的叶片紧结。名优茶有各自独特的形状，如午子仙毫的外形特点是微扁、条直等等。

根据外形判断茶叶不是很难，只要取适量的干茶叶置于手掌中，通过肉眼观察以及感受就可以判断其好坏了。

除了以上两种方法，还可以通过净度判断茶的好次。净度好的茶，不含任何夹杂物，例如茶片、茶梗、茶末、茶籽和制作过程中混入的竹屑、木片、石灰、泥沙等物。

二.香气

香气是茶叶的灵魂，无论哪类茶叶，都有其各自独特的香味。例如绿茶清香，红茶略带焦糖香，乌龙茶独有熟果香，花茶则有花香和茶香混合的强烈香气。

我们选购茶叶时，可以根据干茶的香气强弱、是否纯正以及持久程度判断。例如，手捧茶叶，靠近鼻子轻轻嗅一嗅，一般来说，以那些浓烈、鲜爽、纯正、持久并且无异味的茶叶为佳；如果茶叶有霉气、烟焦味和熟闷味均为品质低劣的茶。

——汤色澄清鲜亮带油光

茶汤以没有浑浊或沉淀物产生者为佳。

三.颜色

各种茶都有着不同的色泽，但无论如何，好茶均有着光泽明亮、油润鲜活的特点，因此，我们可以根据颜色识别茶的品质。总体来说，绿茶翠绿鲜活，红茶乌黑油润，乌龙茶呈现青褐色，黑茶呈黑油色等，呈现以上这些色泽的各类茶往往都是优品。而那些色泽不一、深浅不同或暗而无光的茶，说明原料老嫩不一、做工粗糙，品质低劣。

茶叶的色泽与许多方面有关，例如原料嫩度、茶树品种、茶园条件、加工技术等。如高山绿茶，色泽绿而略带黄，鲜活明亮；低山茶或平地茶色泽深绿有光；如果杀青不匀，也会造成茶叶光泽不匀、不整齐；而制作工艺粗劣，即使鲜嫩的茶芽也会变得粗老枯暗。

除了干茶的色泽之外，我们还可以根据汤色的不同辨别茶叶好坏。好茶的茶汤一定是鲜亮清澈的，并带有一定的亮度，而劣茶的茶汤常有沉淀物，汤色也浑浊。只要我们谨记不同类好茶的色泽特点，相信选好优质茶叶也不是难事。

四.味道

茶叶种类不同，各自的口感也不同，因而甄别的标准也往往不同，例如：绿茶茶汤鲜爽醇厚，初尝略涩，后转为甘甜；红茶茶汤甜味更浓，回味无穷；花茶茶汤滋味清爽甘甜，鲜花香气明显。茶的种类虽然较多，但均以少苦涩、带甘滑醇厚、能口齿留香的为好茶，以苦涩味重、陈旧味或火味重者为次品。

轻啜一口茶，闭目凝神，细品茶中的味道，让茶香融化在唇齿之间。或香醇、或甘甜、或润滑，抑或是细腻，所有好茶的共同特点，都是令人回味无穷的。

五.韵味

所谓韵味，不仅仅是茶叶的味道这么简单，而是一种丰富的内涵以及含蓄的情趣。从古至今，名人墨客，王侯百姓，无一不对茶的韵味大加赞美。无论是雅致的茶诗茶话，还是通俗的茶联茶俗，都包含着人们对茶的浓浓深情。品一口茶，顿时舌根香甜，再尝一口，觉得心旷神怡。直到饮尽杯中茶之后，其中韵味却如余音绕梁一般，久久不去，令人飘然若仙，仿佛人生皆化为馥郁清香的茶汁，苦尽甘来，实在美哉悠哉。

无论是哪类茶，都可以用以上五种方法甄别出优劣。只要常常与茶打交道，在外形、香气、颜色、味道、韵味上多下功夫，相信大家一定会选出好茶来。

新茶和陈茶的甄别

所谓新茶，是指当年从茶树上采摘的头几批新鲜叶片加工制成的茶；所谓陈茶，是指上了年份的茶，一般超过五年的都算陈茶。市场上，有些不法商家常常以陈茶代替新茶，欺骗消费者。而人们购买到这类茶叶之后，往往懊悔不已。在此，我们提供一些判断新茶和陈茶的方法，以供大家参考，这样也可以确保今后可以正确地选购到需要的茶叶。

1. 根据茶叶的外形甄别新茶和陈茶

一般来说，新茶条索明亮，大小、粗细、长短均匀；条索枯暗、外形不整，甚至有茶梗、茶籽者为陈茶。细实、芽头多、锋苗锐利的嫩度高；粗松、老叶多、叶脉隆起的嫩度低。扁形茶以平扁光滑者为新，粗、枯、短者为陈；条形茶以条索紧细、圆直、匀齐者为新，粗糙、扭曲、短碎者为陈；颗粒茶以圆满结实者为新，松散块者为陈。

2. 根据茶叶的色泽甄别新茶和陈茶

茶叶在贮存过程中，由于受空气中氧气和光的作用，使构成茶叶色泽的一些色素物质发生缓慢的自动分解，因此，我们可以从色泽上甄别出新茶和陈茶。一般情况下，新茶色泽都清新悦目，绿意分明，呈嫩绿或墨绿色，冲泡后色泽碧绿，而后慢慢转微黄，汤色明净，叶底亮泽。而陈茶由于不饱和成分已被氧化，通常色泽发暗，无润泽感，呈暗绿或者暗褐色，茶梗断处截面呈暗黑色，汤色也变深变暗，茶黄素被进一步氧化聚合，偏枯黄，透明度低。

新茶 陈茶

绿茶中，色泽枯灰无光、茶汤色变得黄褐不清等都是陈茶的表现；红茶中，色泽变得灰暗、汤色变得混浊不清、失去红茶的鲜活感，这些也是贮存时间过长的表现；花茶中，颜色重，甚至发红的往往都是陈茶。

3. 根据茶叶的香气甄别新茶和陈茶

茶叶中含有带香气成分的物质几百种，而这些物质经过长时间贮藏，往往会不断挥发出来，也会缓慢氧化。因而，时间久了，茶中的香气开始转淡转浅，香型也会由新茶时的清香馥郁而变得低闷混浊。

陈茶会产生一种令人不快的老化味，即人们常说的"陈味"，甚至有粗老气或焦涩气。有的陈茶会经过人工熏香之后出售，但这种茶香味道极为不纯。因此，我们可以通过香气对新茶与陈茶进行甄别判断。

4. 根据茶叶的味道甄别新茶和陈茶

再好的茶叶，只有细细品尝、对比之后才能判断出品质的好坏。因此，我们可以在购买茶叶之前，让卖家泡一壶茶，自己坐下来仔细品饮，通过茶叶的味道来甄别。茶叶在贮藏过程中，其中的酚类化合物、氨基酸、维生素等构成滋味的物质，有的分解挥发，有的缩合成不溶于水的物质，从而使可溶于茶汤中的滋味物质减少。可以说，不管哪种茶类，新茶的滋味往往都醇厚鲜爽，而陈茶却味道寡淡，鲜爽味也自然减弱。

有很多人认为，"茶叶越新越好"，其实这种观点是对茶叶的一种误解。多数茶是新比陈好，但也有许多茶叶是越陈越好，例如普洱茶。因此，大部分人买回了普洱茶之后都会存储起来，放置五六年或更长时间，等到再开封的时候，这些茶泡完之后香气更加浓郁香醇，可称得上优品。即便是追求新鲜的绿茶，也并非需要新鲜到现采现喝，例如一些新炒制的名茶如西湖龙井、洞庭碧螺春、黄山毛峰等，在经过高温烘炒后，立即饮用容易上火。如果能贮存 1 ~ 2 个月，不仅汤色清澈晶莹，而且滋味鲜醇可口，叶底青翠润绿，而未经贮存的闻起来略带青草气，经短期贮放的却有清香纯洁之感。又如盛产于福建的武夷岩茶，隔年陈茶反而香气馥郁、滋味醇厚。

总之，新茶和陈茶之间有许多不同点，如果我们掌握了这些，在购买茶叶时再用心地品味一番，相信一定能对新茶和陈茶做出准确的判断，买到自己喜欢的种类。

春茶、夏茶和秋茶的甄别

许多茶友购买到茶之后总会觉得，自己每次买完相同茶叶，其味道总是不同的。这并不完全是指买到了陈年的茶或劣质茶，有时候，也可能是由于我们买到了不同季节的茶。

　　根据采摘季节的不同，一般茶叶可分为春茶、夏茶和秋茶三种，但季节茶的划分标准是不一致的。有的以节气分：例如清明至小满采摘的茶为春茶，小满至小暑采摘的茶为夏茶，小暑至寒露采摘的茶为秋茶；有的以时间分：在5月底以前采制的为春茶，6月初至7月上旬采制的为夏茶；7月中旬以后采制的为秋茶。不同季节的茶叶因光照时间不同，生长期长短的不同，气温的高低以及降水量多寡的差异，品质和口感差异也非常之大。那么，如何判断春茶、夏茶和秋茶呢？下面就简单介绍一下几种茶的甄别方法：

1. 观看干茶

　　我们可以从茶叶的外形、色泽等方面大体判断该茶是在哪个季节采摘的。

　　由外形上看，春茶的特点往往是叶片肥厚，条索紧结。春茶中的绿茶色泽绿润，红茶色泽乌润，珠茶则颗粒圆紧；夏茶的特点是叶片轻飘松宽，梗茎瘦长，色泽发暗，绿茶与红茶均条索松散，珠茶颗粒饱满；秋茶的特点是叶轻薄瘦小，茶叶大小不一，绿茶色泽黄绿，红茶色泽较为暗红。

　　除了这两种方法辨别三类茶，有时还可根据夹杂在茶叶中的茶花、茶果来判断是哪种季节的茶。由于从7月下旬至8月为茶的花蕾期，而9至11月为茶树开花期，因此，若发现茶叶中包含花蕾或花朵，那么就可以判断该茶为秋茶。我们也可根据其中的果实进行判别。例如，茶叶中夹杂的茶树幼果大小如绿豆一样时，可以判断此茶为春茶；如果幼果较大，如豌豆那么大时，可判断此茶为夏茶；如果茶果更大时，则可以判断此茶为秋茶了。不过，一般茶叶加工时都会进行筛选和拣除，很少会有茶花、茶果夹杂在其中，在此只是为了方便大家多一种鉴别方法而已。

2. 品饮闻香

　　判断茶最好的方法还是坐下来品尝一番。春茶、夏茶、秋茶因采摘的季节不同，其冲泡后的颜色与口感也大为不同。

茶香挥发慢

保湿效果好

品饮闻香的用具是闻香杯，其杯外形较品茗杯略微细长，很少单独使用，多与品茗杯搭配使用。

247

春茶　　　　　　　　　夏茶　　　　　　　　　秋茶

＊春茶

冲泡春茶时，我们会发现叶片下沉较快，香气浓烈且持久，滋味也较其他茶更醇厚。绿茶茶汤往往绿中略显黄色；红茶茶汤红艳显金圈。且茶叶叶底柔软厚实，叶张脉络细密，正常芽叶较多，叶片边缘锯齿不明显。

＊夏茶

冲泡夏茶时，我们会发现叶片下沉较慢，香气略低一些。绿茶茶汤汤色青绿，滋味苦涩，叶底中夹杂着铜绿色的茶芽；而红茶茶汤较为红亮，略带涩感，滋味欠厚，叶底也较为红亮。夏茶的叶底较薄而略硬，夹叶较多，叶脉较粗，叶边缘锯齿明显。

＊秋茶

冲泡秋茶时，我们能感觉到其香气不高，滋味也平淡，如果是铁观音或红茶，味道中还夹杂着一点儿酸。叶底夹杂着铜绿色的茶芽，夹叶较多，叶边缘锯齿明显。

通常来说，春茶的品质与口感较其他两种茶好，比如购买龙井时一定要买春茶，尤其是明前的龙井，不仅颜色鲜艳，香气也馥郁鲜爽，且能够存储较长的时间。但茶叶有时候因采摘季节不同而呈现出不同的特色与口感，不一定都以春茶为最佳。例如，秋季的铁观音和乌龙茶的滋味比较厚，回甘也较好，因而，喜欢味道醇厚的茶友们可以选择购买这两种茶的秋茶。

通过简单的对比，我们可以看出几种茶还是有很大差别的，如果下次再选购茶叶的时候，一定要根据自己的爱好以及茶叶的品质购买才好。

绿茶的甄别

绿茶是指采摘茶树的新叶之后，未经过发酵，经杀青、揉捻、干燥等工序制成的茶类。其茶汤较多地保存了鲜茶叶的绿色主调，色泽也多为翠绿色。我们甄别绿茶的好坏可以从以下几个方面入手：

1. 外形

绿茶种类有很多，外形自然也相差很多。一般来说，优质眉茶呈绿色且带银灰光泽，条索均匀，重实有锋苗，整洁光滑；珠茶深绿而带乌黑光泽，颗粒紧结，以滚圆如珠的为上品；烘青呈绿带嫩黄色，瓜片翠绿；毛峰茶条索紧结、白毫多为上品；炒青碧绿青翠；而蒸青绿茶中外形紧缩重实，大小匀整，芽尖完整，色泽调匀，浓绿发青有光彩者为上品。

假如绿茶是低劣产品，例如次品眉茶，它的条索常常松扁，弯曲、轻飘、色泽发黄或是很暗淡；如果毛峰茶条索粗松，质地松散，毫少，也属于次品。

2. 香气

高级绿茶都有嫩香持久的特点。例如，珠茶芳香持久；蒸青绿茶香气清鲜，又带有特殊的紫菜香；屯绿有持久的板栗香；舒绿有浓烈的花香；湿绿有高锐的嫩香，不同的绿茶都有其不同的特点。

而那些带有烟味、酸味、发酵气味、青草味或其他异味的茶则属于次品。

3. 汤色

高级绿茶的汤色较为清澈明亮，例如眉茶、珠茶的汤色清澈黄绿、透明；蒸青绿茶淡黄泛绿、清澈明亮。

而那些汤色呈现出深黄色，或是浑浊、泛红的绿茶，往往都是次品。

4. 滋味

高级绿茶经过冲泡之后，其滋味都浓厚鲜爽。例如眉茶浓纯鲜爽；珠茶浓厚，回味中带着甘甜；蒸青绿茶的滋味也新鲜爽口。

那些滋味淡薄、粗涩，甚至有老青味和其他杂味的绿茶，皆为次品。

绿茶中的极品黄山毛尖的干茶及冲泡之后的茶汤

5.叶底

高级绿茶的叶底往往都是明亮、细嫩的，且质地厚软，叶背也有白色茸毛。那些叶底粗老、薄硬，或呈现出暗青色的茶叶，往往都是次品。

绿茶对人体有很大的益处。常饮绿茶有助于防癌防辐射，降血脂，还可以减轻吸烟者体内的尼古丁含量，可称得上是人体内的"清洁剂"。绿茶的价值如此高，选购的人也不在少数，因而有许多不法商家经常会为了牟取暴利而作假。只有我们掌握了甄别绿茶的方法，才会选择出品质最好，最适合自己的绿茶。

红茶的甄别

红茶属于全发酵茶，是以茶树的芽叶作为原料，经过萎凋、揉捻、发酵、干燥等工序精制而成的茶叶。红茶一直深受人们的欢迎，但也有许多人不了解该如何选购优质的红茶，以下就为大家提供几种甄别红茶的方法。

优质红茶政和工夫的干茶及茶汤

红茶因其制作方法不同，可分为工夫红茶、小种红茶和红碎茶三种。不同类型的红茶有着不同的甄别方法。

1.工夫红茶

工夫红茶条索紧细圆直，匀齐；色泽乌润，富有光泽；香气馥郁，鲜浓纯正；滋味醇厚，汤色红艳；叶底明亮、呈现红色的为优品。

反之，那些条索粗松、匀齐度差，色泽枯暗不一致，香气不纯，茶汤颜色欠明，汤色浑浊，滋味粗淡，叶底深暗的为次品。

工夫红茶中以安徽祁门红茶品质最为名贵，其他的如政和工夫、坦洋工夫和白琳工夫等在国内外也都久负盛名，皆为优质红茶。

2.小种红茶

小种红茶中，较为著名的有正山小种、政和小种和坦洋小种等几种。优质的小种红茶，其条索较壮，匀净整齐，色泽乌润，具有松烟的特殊香气，滋味醇和、汤色红艳明亮，叶底呈古铜色。

反之，如果香气有异味，汤色浑浊，叶底颜色暗沉，这样的小种红茶往往都是次品。

3.红碎茶

优质红碎茶的外形匀齐一致，碎茶颗粒卷紧，叶茶条索紧直，片茶皱褶而厚实，末茶成砂粒状，体质重实；碎茶中不含片末茶，片茶中不含末茶，末茶中不含灰末；碎、片、叶、末的规格要分清；香高，具有果香、花香和类似茉莉花的甜香，要求尝味时，还能闻到茶香；茶汤的浓度浓厚、强烈、鲜爽；叶底红艳明亮，嫩度相当。凡有着这些特点的红碎茶，往往都是优品。

反之，那些颜色灰枯或泛黄，茶汤浅淡，香气较低，颜色暗浊的红碎茶品质较次。

相信大家已经掌握了红茶的甄别方法，这样在选购红茶时，就不会买到不如意的红茶了。

黄茶的甄别

人们在制作炒青绿茶时发现，由于杀青、揉捻后干燥不足或不及时，茶叶的颜色发生了变化，于是将这类茶命名为黄茶。黄茶的特点是黄叶黄汤，制法比绿茶制法多了一个闷堆的工序。

黄茶分为黄芽茶、黄大茶和黄小茶三类。下面以黄芽茶中的珍品——君山银针为例，简单介绍一下如何甄别黄茶的真假。

君山银针上品茶茶叶芽头苗壮，芽身金黄，紧实挺直，茸毛长短大小均匀，密盖在表面。由于色泽金黄，而被誉称"金镶玉"。冲泡后，香气清新，汤色呈现浅黄色，品尝起来甘甜爽口、滋味甘醇，叶底比较透明。

君山银针是一种较为特殊的黄茶，它有幽香、有醇味，具有茶的所有特性，但它更具有观赏性。君山银针的采制要求很高，例如采摘茶叶的时间只能在清明节前后 7~10 天内，另外，雨天、风霜天不可采摘。在茶叶本身空心、

优质黄茶君山银针的干茶及茶汤

细瘦、弯曲、茶芽开口、茶芽发紫、不合尺寸、被虫咬的情况下都不能采摘。

以上是从外形甄别的方法，这种茶的最佳甄别方法是看其冲泡时的形态。刚开始冲泡君山银针时，我们可以看到真品的茶叶芽尖朝上、蒂头下垂而悬浮于水面，随后缓缓降落，竖立于杯底，升升降降，忽升忽降，特别壮观，有"三起三落"之称，最后竖直着沉到杯子底部，像一柄柄刀枪一样站立，十分壮观。看起来又特别像破土而出的竹笋，绿莹莹的实在耐看。而假的君山银针则不能站立，从这一点很好判断出来。

茶叶之所以会站立的原因很简单，是因为"轻者浮，重者沉"。由于茶芽吸水膨胀和重量增加不同步，因此，芽头比重瞬间产生变化。最外一层芽肉吸水，比重增大即下沉，随后芽头体积膨胀，比重变小则上升，继续吸水又下降，如此往复，浮浮沉沉，这才有了"三起三落"的现象。

除了君山银针之外，这种浮沉的现象在许多芽头肥壮的茶中也有出现。我们可以利用这点来区分真假茶，以免被干茶的形态所蒙骗。

 茶典、茶人与茶事

据唐代张又新的《煎茶水记》中记载，唐代宗时，湖州刺史李季卿到淮扬（今天扬州）会见陆羽。他见到仰慕已久的茶圣，对陆羽说："陆君善于品茶是天下人皆知，扬子江南零水质也天下闻名，此乃两绝妙也，千载难逢，我们何不以扬子江水泡茶？"于是吩咐左右执瓶操舟，去取南零水。在取水的同时，陆羽也没闲着，将自己平生所用的各种茶具一一放置停顿。一会儿，军士取水回来，陆羽用勺在水面一扬，就说道："这水是扬子江水不假，但不是南零段的，应该是临岸之水。"军士辩解说道："我确实乘舟深入南零，这是有目共睹的，我可不敢虚报功劳。"陆羽默不作声，只是端起水瓶，倒去一半水，又用水勺一扬，说："这才是南零水。"军士大惊，这才据实以报："我从南零取水回来，走到岸边时，船身晃荡了一下，整瓶水晃出半瓶，我怕水不够用，这才以岸边水填充，不想却逃不过大人你的法眼，小的知罪了。"

李季卿与同来的数十个客人对陆羽鉴水技术的高超都十分佩服，纷纷向他讨教各种水的优劣，将陆羽鉴水的技巧一一记录下来，一时成为美谈。

黑茶的甄别

现在茶市场上有许多以次充好的黑茶，价钱卖得也很贵，初识茶叶的茶友们很容易被欺骗，因此，辨别黑茶的真假也成了我们首要认识的问题。

市场上的假冒伪劣黑茶不过是从以下四个方面入手：

1. 假冒品牌和年份

有些不法商贩会冒用优质或认证标志，冒用许可证标志来欺瞒消费者；或是将时间较短的黑茶经过重新包装，冒充年份久远的陈年老茶。大家都知道，黑茶年份越久口感越好，这些不法商贩这样做，无疑是在投机取巧。

2. 以次充好

茶叶根据不同类型也会分几个等级，但那些不法商贩往往将低等级的黑茶重新包装，或是掺杂到高等级的黑茶中，定一个较高的价钱，以次充好，低质高价出售，以牟取暴利。

3. "三无"产品

"三无"产品是指无标准、无检验合格证或未按规定标明茶叶的产地、生产企业等详细信息。这样的"三无"茶叶，大家一定要谨慎辨别，千万不要贪图便宜而买到假货。

4. 掺假

掺假并不仅仅是掺杂次等黑茶，有些商贩往往在优品黑茶中掺杂价格便宜的红茶、绿茶碎末等。其本质与以次充好一样，都是为了投机取巧，以低质的茶叶赚取高额的利润。

那么，如何从茶叶本身甄别真假呢？首先，我们要了解黑茶的特点，这样才会真正做到"知己知彼，百战百胜"。

黑茶的特点是"叶色油黑或褐绿色，汤色橙黄或棕红色"。因此，我们可以从外形、香气、颜色、滋味四个方面甄别。

（1）外形

如果黑茶是紧压茶，那么优质茶往往都会具有这样几个特点：砖面完整，模纹清晰，棱角分明，侧面无裂，无老梗，没有太多细碎的茶叶末掺杂。而由于生产的时间不同，砖茶的外形规格都具有当时的特点，例如早前生产的砖茶，砖片的紧压程度和光洁度都比现在的要紧、要光滑。这是由当时采用的机械式螺旋手

优质的黑茶生沱茶的干茶及茶汤

摇压机，压紧后无反弹现象。后来采用摩擦轮压机后，茶叶紧压后，有反弹松弛现象，砖面较为松泡。

如果要甄别的是散茶，那么条索匀齐、油润则是好茶；以优质茯砖茶和千两茶为例，"金花"鲜艳、颗粒大且茂盛的，则是优品茶的重要特征。

（2）香气

上品黑茶具有菌花香，闻起来仿佛有甜酒味或松烟味，老茶则带有陈香。以茯砖茶和千两茶为例，两者都具有特殊的菌花香；而野生的黑茶则有淡淡的清香味，闻一闻就会令人心旷神怡。

（3）颜色

这里提到的颜色分两种。优品黑茶的颜色多为褐绿色或油黑色，茶叶表面看起来极有光泽。冲泡之后，优品黑茶的汤色橙色明亮。陈茶汤色红亮，如同琥珀一样晶莹透亮，十分好看；而上好野生的新茶汤色可以红得像葡萄酒一样，极具美感。

（4）滋味

上品黑茶的口感甘醇或微微发涩，而陈茶则极其润滑，令人尝过之后唇齿仍带有其甘甜的味道。

只要我们掌握了这几种辨别黑茶的方法，就可以在今后挑选黑茶的时候，能够做到有效判断，不会被假货蒙蔽了双眼。

白茶的甄别

由于茶的外观呈现白色，人们便将这类茶称为白茶。传统的白茶不揉不捻，形态自然，茸毛不脱，白毫满身，如银似雪。

与其他类茶叶相同，白茶也可以从外形、香气、颜色和滋味四方面鉴别，我们现在来看一下具体的方法：

1. 外形

由外形区分白茶包含四个部分。

（1）观察叶片的形态。品质好的白茶叶片平伏舒展，叶面有隆起的波纹，叶片的边缘重卷。芽叶连枝并且稍稍有些并拢，叶片的尖部微微上翘，且不是断裂破碎的。而那些品质差的茶叶则正好相反，它们的叶片往往是人为地摊开、折叠与弯曲的，而不是自然的平伏舒展，仔细辨别即可看出。

（2）观察叶片的净度。品质好的白茶中只有干净的嫩叶，而不含其他的杂质；那些品质不好的茶叶，里面常常含有碎屑、老叶、老梗或是其他的杂质。我们挑选时，只要用手捧出一些，手指拨弄几下就可以看出茶叶的好坏。

（3）观察叶片的嫩度。白茶中，嫩度高的为上品。如果我们要买的茶叶毫芽较多，而且毫芽肥硕壮实，这样的茶可以称得优品；反之，毫芽较少且瘦小纤细，或是叶片老嫩不均匀，嫩叶中夹杂着老叶的茶，则表示这种茶的品质较差。

（4）观察叶底。如果叶色呈现明亮的颜色，叶底肥软且匀整，毫芽较多而且壮实，这样的茶算得上是优品；反之，如果叶色暗沉，叶底硬挺，毫芽较少且破碎，这样的白茶品质往往很差。

2. 香气

拿起一些白茶，仔细嗅一嗅，通过其散发出的香味也可辨别茶叶好坏。那些香味浓烈显著，且有清鲜纯正气味的茶叶可称得上是优品；反之，如果香气较淡，或其中夹杂着青草味，或是其他怪异的味道，这样的白茶往往品质较差。

3. 颜色

通过颜色辨别也包含两个方面。首先是叶片、芽叶的色泽。上品白茶的毫芽的颜色往往是银白色，且具有光泽；反之，如果叶面的颜色呈现草绿色、红色或黑色，毫芽的颜色毫无光泽，或是呈现蜡质光泽的茶叶，品质一般很差。

我们还可以根据汤色判断白茶品质好坏。上品茶冲泡之后，汤色呈现杏黄、杏绿色，且汤汁明亮；而质量差的白茶冲泡之后，汤色浑浊暗沉，且颜色泛红。

4. 滋味

好茶自有好味道，茶味鲜爽、味道醇厚甘甜的白茶，都算得上优品；如果茶味较淡且比较粗涩，这样的茶往

优质白毫银针的干茶及茶汤

往都是次品。

无论是什么类型的白茶，都可以从以上四个方面来甄别，相信时间久了，大家一定会又快又准确地判断出白茶的好坏与真假。

乌龙茶的甄别

乌龙茶又被称为青茶，属于半发酵茶。其制法经过萎凋、做青、炒青、揉捻、干燥五道工序。乌龙茶的特点是"汤色金黄"，它是中国几大茶类中，具有鲜明特色的茶叶品类。

辨别乌龙茶的方法也可以分为观外形、闻香气、看汤色和品滋味四种。

1. 观外形

我们可以观看茶叶的条索，细看条索形状，紧结程度，那些条索紧结、叶片肥硕壮实的茶叶品质往往较好。反之，如果条索粗松、轻飘，叶片细瘦的茶叶品质往往不佳；上好的乌龙茶色泽砂绿乌润或青绿油润，反之，那些颜色暗沉的茶叶往往品质不佳。

优质冻顶乌龙的干茶及茶汤

而不同乌龙茶的外形特点也有些许不同，例如铁观音茶条索壮结重实，略呈圆曲；水仙茶条索肥壮、紧结，带扭曲条形。

2. 闻香气

茶叶冲泡后 1 分钟，即可开始闻香气，1.5 ~ 2 分钟香气最浓鲜，闻香每次一般为 3 ~ 5 秒，长闻有香气转淡的感觉。好的乌龙茶香味兼有绿茶的鲜浓和红茶的甘醇，具有浅淡的花香味。而劣质的乌龙茶不仅没有香气，反而有一种青草味、烟焦味或是其他异味。

3. 看汤色

冲泡乌龙茶之后我们可以看出，上品乌龙茶的汤色呈现金黄或橙黄色，且汤汁清澈明亮，特别好看；而劣质的乌龙茶冲泡之后，其汤色往往都是浑浊的，且汤色泛青、红暗。由于乌龙茶兼具绿茶和红茶的品质特征，其叶底为绿叶红镶边，颜色极其艳丽，边缘颜色以鲜红色为佳。

4. 品滋味

上品乌龙茶品尝一口之后，顿时觉得茶汤醇厚鲜爽，味道甘美灵活；而劣质乌龙茶冲泡之后，茶汤不仅味道淡薄，甚至还伴有苦涩的味道，令人难以下咽。

说到乌龙茶，不得不说一说乌龙茶中的名品——武夷大红袍。大红袍有三个等级，即特级、一级、二级。三种级别的大红袍有着各自不同的特点，分别如下所述：

特级大红袍：外形上条索匀整、洁净、带宝色或油润，香气浓长清远，滋味岩韵明显、味道醇厚甘爽，汤色清澈、艳丽、呈深橙黄色，叶底软亮匀齐、红边或带朱砂色，且杯底留有香气。

一级大红袍：外形上也会呈现出紧结、壮实、稍扭曲的特点，叶片色泽稍带宝色或油润，整体较为匀整。香气浓长清远，滋味岩韵明显，味道醇厚，回甘快。但是，这些特点却不如特级大红袍明显。一级大红袍汤色则较为清澈、艳丽、呈深橙黄色，叶底较软亮匀齐、红边或带朱砂色，且杯底有余香。

二级大红袍：无论在外形、色泽、香气等方面都远不如前两者。但味道品尝起来，却仍带有岩韵，滋味也比较醇厚，回甘快。

总体来说，乌龙茶的辨别方法不难，只要我们牢记乌龙茶的特点，就不会在下一次购买时吃亏了。

花茶的甄别

自古以来，茶人就提到"茶饮花香，以益茶味"的说法，由此看来，饮花茶不仅可以起到解渴享受的作用，更带给人一种两全其美、沁人心脾的美感。

我们选购花茶时，可以从以下四方面入手：

1. 外形

品质好的花茶，其条索往往是紧细圆直的；如果花茶的条索粗松扭曲，其品质往往较差。并且，好茶中并无花片、梗柄和碎末等，而次茶中常含有这些杂质。

2. 颜色

好花茶色泽均匀，以有光亮的为佳；反之，如果色泽暗沉，往往品质较差，或者是陈茶。

3. 重量

我们在购买花茶时，可以随便抓起一把茶叶，在手中掂掂重量。品质较好的花茶较重，较沉；而那些重量较轻的，较虚浮的则是次品。

4. 味道

由于花茶极易吸附周围的异味，因此，我们可以按照这一特点甄别茶叶好坏。抓一把花茶深嗅一下，辨别花香是否纯正，其中是否含有异味。品质较高的花茶茶香扑鼻，香气浓郁；而那些香气不浓或是其中夹杂异味的茶叶往往都是次品。

花茶也划分了五个等级：一级的花茶条索紧细圆直匀整，有锋苗和白毫，略有嫩茎，色泽绿润，香气鲜灵浓厚清雅；二级花茶条索圆紧均匀，稍有锋苗和白毫，有嫩茎，色泽绿润，香气清雅；三级花茶条索较圆紧，略有筋梗，色泽绿匀，香气纯正；四级花茶条索尚紧，稍露筋梗，色泽尚绿匀，香气纯正；五级花茶条索粗松有梗，色泽露黄，香气稍粗。这些特点可以让我们在购买花茶时不易选购次品。

优质花茶碧潭飘雪的干茶及茶汤

第二章
好器沏好茶

俗话说"好马配好鞍"，同样地，好器自然沏好茶，无论茶叶味道如何美，倘若盛放的器具不对或是质量稍差，那么也无法做到与之契合。茶具不仅仅是简单的器皿，更是茶与生活的一个美丽衔接。我们应如何在种类繁多的茶具中挑选出不仅造型优美，同时又实用耐用的茶具，这正是本章要解答的问题。

入门必备的茶具

对于一个初入茶领域的茶友来说，对一切都会觉得陌生，尤其是走进茶具店，看着琳琅满目的茶具，一定会感到迷茫。下面我们就介绍几种新手入门必备的茶具，以供初学者参考。

1. 茶壶

茶壶是一种供泡茶和斟茶用的带嘴器具，它也是新手入门必备的茶具之一。其作用主要用来泡茶，也有直接用小茶壶泡茶独自饮用的。茶壶的基本形态有几百种，可谓五花八门，形状样式千奇百怪。茶壶的质地也较多，而多以紫砂陶壶或瓷器茶壶为主。

茶壶

2. 茶杯

茶泡好后，需要盛放在茶杯中准备饮用。不同的茶可以用不同的茶杯盛放，其材质有玻璃、瓷等几种。茶杯的种类、大小应有尽有。需要注意的是，茶杯的内壁最好是白色或浅色的，如果选用玻璃制成的品茗杯也可。

茶杯

3. 盖碗

盖碗又称"三才杯"，它由杯托、杯身、杯盖构成，蕴含着"天盖之、地载之、人育之"的意思。盖碗有许多种类，例如玻璃盖碗、白瓷盖碗和陶制盖碗等，

盖碗

茶荷　　　　　　　公道杯　　　　　　　随手泡　　　　　　杯托

其中以白瓷盖碗最常见。近些年来，玻璃盖碗开始在茶市场中流行起来，人们主要用它来冲泡绿茶。

4. 茶荷

茶荷又名赏茶荷，是一种置茶用具，用来盛装要沏泡的干茶。茶荷按质地分，有竹、木、瓷、陶等。一般以白瓷为多见，可以更加清晰地观察到茶叶的外形和色泽。也有竹制的，比较美观、大方。按外形分，有各种各样的形状，如圆形、半圆形、弧形、多角形等。正因如此，茶荷才显得既实用又美观。

5. 公道杯

公道杯又称为茶海，蕴含着"观音普度，众生平等"的意思。它的主要功能是使每位客人杯中的茶汤浓度相同，做到毫不偏颇，名字想必也是因此得来。公道杯按材质有玻璃、白瓷、紫砂等。玻璃和白瓷最常使用，最大的优点是可以观察茶汤的色泽和品质。使用时，只需将茶汤慢慢倒入公道杯中，保持茶汤的浓淡，这样有助于随时为客人分饮。

6. 随手泡

随手泡又称为煮水器。煮水是泡茶过程中重要的程序之一，掌握煮水的技巧、水的温度对泡出一杯成功的茶汤起到关键作用。因此，随手泡对新手而言也是必备的重要茶具之一。随手泡有铝、铁、玻璃等材质，由于现今科技日益发达，市场上多了许多类型，例如电热铝制电磁炉煮水器、酒精玻璃壶煮水器、电磁炉煮水器、铁壶煮水器等。

7. 杯托

杯托主要在奉茶时用来盛放茶杯或是垫在杯底防止茶杯烫伤桌面的器具。杯托按形状分，有长方形、圆形等几种；按材质分，主要有竹、木、瓷、布艺等几种。并且，不同质地的杯托用于放置不同的玻璃杯。例如竹、木、瓷制杯托主要

茶道具　　　　　　茶巾　　　　　　　茶叶罐　　　　　　茶盘

用于放置瓷杯或陶杯；布艺杯托多用于放置玻璃杯。

8. 茶道具

茶道具被人们称为"茶艺六君子"，它们分别是茶匙、茶针、茶漏、茶夹、茶则、茶桶，每个道具都有各自不同的用处。茶道具常用黑紫檀、铁梨木、竹等材质制成，其中以紫檀木制成的道具最佳。

9. 茶巾

用来擦拭壶壁、杯壁的水渍或是茶渍的茶具。市场上常见的茶巾通常由棉布和麻布制作，吸水性比较强。茶巾完全依照个人的喜好以及茶桌颜色来决定，并没有太多要求。另外，使用茶巾之后应及时用清水清洗，避免细菌滋生。

10. 茶叶罐

用来存放茶叶的器具，又称茶仓。茶叶罐多为紫砂、瓷、锡、纸、玻璃等材质所作。不同茶叶应选用不同质地的茶叶罐，例如普洱茶最好选用紫砂茶罐；绿茶最好选用锡罐存储；而花草茶外形美观，可选用观赏性较强的玻璃罐存储。

 茶典、茶人与茶事

中国最早关于茶的记录是在周朝，当时并没有茶具的记载。而茶具是茶文化不可分割的重要组成部分，汉代王褒的《僮约》中，就有"烹茶尽具，已而盖藏"之说，这是我国最早提到"茶具"的史料。此后历代文学作品及文献多提到茶具、茶器、茗器。

到了唐代，皮日休的《茶中杂咏》中列出茶坞、茶人、茶笋、茶籝、茶舍、茶灶、茶焙、茶鼎、茶瓯、煮茶十种茶具。"茶圣"陆羽在其著作《茶经》的"四之器"中先后共涉及多达24种不同的煮茶、碾茶、饮茶、贮茶器具。

中国的茶具种类繁多，制作精湛，从最初的陶制到之后的釉陶、陶瓷、青瓷、彩瓷、紫砂、漆器、竹木、玻璃、金属，无论是茶具材质还是制作工艺，茶具都经历了由粗渐精的发展过程。

11. 茶盘

茶盘主要用于放置茶具，或盛接凉了的茶汤或废水用，常见的茶盘主要是由竹和木质材料制成。一般茶盘大小主要由喝茶人数及茶具决定，如果喝茶的人数少或是茶具较少，可选用小一点儿的茶盘；如果喝茶人数多或是茶具较多，则可选用大一点儿的茶盘。

以上几种为入门必备的茶具，有了这几样，不管我们是不是第一次泡茶，都不需要再为五花八门的茶具而迷茫苦恼了。

茶具的分区使用

茶具按照功能划分，可分为主茶具和辅助茶具以及相关器具三大类，并分区使用，操作起来比较方便。

1. 主茶具

主茶具包括茶壶、茶船、茶杯、茶盅、盖碗、杯托等几种。

主茶具组合图

＊茶壶

仅有好茶而没有好茶壶是不行的，否则无法使茶的精华展现出来。茶壶的种类繁多，样式也是五花八门，但一个好茶壶所需要的不仅是精致的外观、匀滑的质地，相对来说还要更实用一点儿才好。因此，挑选茶壶有以下几个讲究：

茶壶　　　　　　　茶船

首先，茶壶一定不要有泥味和杂味，否则冲泡之后的茶汁也会沾染异味，影响茶汤品质；其次，保温效果一定要好，可以减少热量流失；再次，茶壶的壶盖与壶身要密合，壶口与出水的嘴要在同一水平面上，壶身宜浅不宜深，壶盖宜紧不宜松，壶嘴的出水也要流畅；最后，茶壶的质地一定要与所冲泡的茶叶相称，这样才能将茶叶的特性发挥得淋漓尽致。

＊茶船

用来放置茶壶的器具，有了它既可以增加茶具的美观，同时又能防止茶壶因过热而烫伤桌面。有的时候，茶船还有"湿壶""淋壶"之用：在茶壶中加入茶叶，冲入沸水，倒入茶船后，再由茶壶上方淋沸水以温壶，淋浇的沸水也可以用

茶杯　　　　　　茶盅　　　　　　　盖碗　　　　　　杯托

来洗茶杯。

*茶杯

茶杯是用于盛放泡好的茶汤并在饮用时使用的器具，其种类、大小应有尽有。大体上分为以下六种：敞口杯、翻口杯、直口杯、收口杯、把杯和盖杯。喝不同的茶用不同的茶杯，或根据茶壶的形状、色泽，选择适当的茶杯，搭配起来也颇具美感。

*茶盅

茶盅有壶形盅、无把盅、简式盅三种，其作用主要用于分茶。当茶汤的浓度适宜后，将茶汤倒入茶盅内，再分别倒入几个茶杯之中，以求茶汤浓度均衡。

*盖碗

盖碗也被称为盖杯，它是由茶碗、碗盖和茶托三部分组成。可以单个使用，也可以泡饮时合用，因情况而决定。

*杯托

杯托可以分为盘形、碗形、圈形和高脚形四种。杯托垫在茶杯底部，虽是不起眼的小物件，却起着很大的作用。不仅美观，还可以起到隔热的作用。

2. 辅助茶具

*茶盘

用来放茶杯或其他茶具的盘子，以盛接泡茶过程中流出或倒掉的水，也可以用作摆放茶杯的盘子。茶盘有塑料制品、不锈钢制品，形状有圆形、长方形等多种。

*茶荷

茶荷是将茶叶由茶罐移至茶壶的用具，除了置茶的功用，还具有赏茶功能。茶荷多数为竹制品，既实用又可当艺术品，一举两得。如果没有茶荷时，我们也可以采用质地较硬的厚纸板折成茶荷形状即可。

＊茶则

在茶道中，把茶从茶罐中取出置于茶荷或茶壶时，需要用茶则来置取。茶则现在多为铜、铁、竹做材料加工。

＊茶匙

茶匙的形状像汤匙，也因此而得名，其主要用途是挖取茶壶内泡过的茶叶。由于茶叶冲泡过后会紧紧塞满茶壶，而且一般茶壶的口都不大，用手挖出茶叶既不方便也不卫生，所以人们常使用茶匙。

＊茶针

茶针的功用是疏通茶壶的内网，以便水流畅通。

＊茶巾

茶巾的主要功用是干壶，在酌茶之前将茶壶或茶船底部的水擦干，也可擦拭滴落桌面的茶水。

＊茶叶罐

储存茶叶的罐子，最好密闭不透光，且没有异味，常见的茶叶罐材质有马口铁、不锈钢、锡合金及陶瓷等，因不同茶叶类型而酌情选用。

＊茶漏

在置茶时将茶漏放在壶口上，以导茶入壶，防止茶叶掉落壶外。

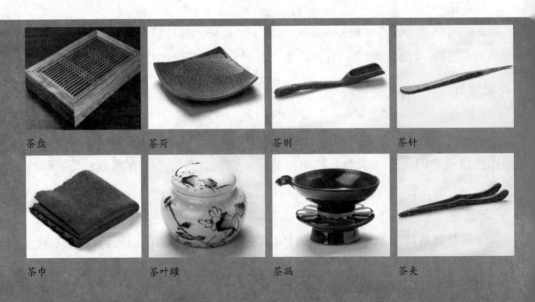

茶盘　　　　茶荷　　　　茶则　　　　茶针

茶巾　　　　茶叶罐　　　　茶漏　　　　茶夹

* 茶夹

可将茶渣从壶中夹出，人们还用它来夹着茶杯清洗，既防烫伤又干净卫生。

* 煮水器

煮水的器具，品种样式较多，可根据具体情况购买。

* 茶筒

盛装茶具的器具，里面放置茶匙、茶针、茶漏、茶夹、茶则。

* 茶导

用来拨取茶叶的器具。

* 养壶笔

外形像又短又粗的毛笔，笔把的造型多种多样，多为竹木雕刻制成，可以用来刷养壶与茶宠。

* 茶宠

茶宠，亦是茶玩，多数使用紫砂泥制作，造型各异，增加泡茶的情趣。

煮水器

茶筒

茶导

养壶笔

茶宠

以上为几种常见的茶具，随着茶文化的发展，泡茶品茶时的器具也花样繁多。当我们了解了茶具的方法以及特性时，在今后泡茶品茶的过程中，一定也会用得得心应手。

精致茶具添茶趣

随着茶文化的不断发展创新，人们对茶具的要求也越来越高，不仅对其应有的功能存在需求，对其审美价值的要求也越来越高。可以说，茶具越精致，带给人的品茶感受也越惬意，因此，精致的茶具往往会增添许多品茗乐趣。

茶具由于制作材质不同，可分为陶土茶具、瓷质茶具、金属茶具、玻璃茶具、竹木茶具五类，每一类茶具都有其别具一格的魅力，品茶时也会给人带来不同的享受。

陶土茶具

1. 陶土茶具

陶土茶具是我国最早的茶具种类。早在北宋初期,陶土茶具就已经初具规模。由于成陶火温高,烧结密致,因此既不渗漏,又有肉眼看不见的气孔,传热不快也不容易烫手。另外,陶土茶具的造型往往简单大方,外形各异,色泽淳朴古雅。

陶土茶具中的佼佼者可谓非紫砂莫属了。紫砂茶具的使用开始于宋代,到明清两代时达到鼎盛,时至今日仍备受茶友们的喜爱。紫砂茶具的材质多为紫砂,偶尔也有红砂、白砂。由于它源自天然的陶土色彩,古朴雅致,所以使用紫砂茶具时,必然会给饮茶人带来视觉上的享受。

2. 瓷质茶具

瓷质茶具可分为青瓷茶具、白瓷茶具、黑瓷茶具、搪瓷茶具和彩瓷茶具五种。

*青瓷茶具

由晋代开始,青瓷茶具才逐渐发展起来。当时浙江是著名的青瓷产地,那里生产各类青瓷器,包括茶壶、茶碗、茶盏、茶杯、茶盘等。到了明代之后,青瓷茶具已经在国内外小有名气,著名的龙泉青瓷曾作为稀世珍品出口法国。

青瓷茶具

*白瓷茶具

白瓷茶具色泽洁白,颜色极为高贵脱俗。不仅如此,其造型也被设计得十分精巧,茶具外壁常绘有山川河流、花鸟鱼虫、四季美景,或是印有名人书法,颇具欣赏价值。现在人们常常使用白瓷茶具待客,既能带给客人视觉上的享受,又能展现自身的高雅气质。

白瓷茶具

*黑瓷茶具

黑瓷茶具从晚唐开始流行,到宋朝时达到鼎盛,后又流传至今,一直经久不衰。以黑瓷茶具作为盛放茶的器具,不仅古朴雅致、风格独特,而且黑瓷本身材质较其他类茶更厚重,因而具有良好的保温作用,真可谓既美观又实用。

黑瓷茶具

*搪瓷茶具

我国的搪瓷工艺大约是在元代开始出现,因此搪瓷茶具较其他几类瓷质茶具兴起得较晚。除了仿瓷茶具洁白、

彩瓷茶具

光亮的特点，加彩搪瓷的茶具也备受茶友喜爱，它们不仅与其他同类茶具有着相同的作用，还颇具欣赏价值。

＊彩瓷茶具

彩瓷茶具由于品种花色繁多而被许多人购买使用。彩瓷茶具中，最著名的要数青花瓷了。其色泽淡雅悠长，华而不艳；彩料涂釉，显得滋润明亮，平添了茶具的美感与魅力。由于青花瓷茶具绘画工艺水平高，特别是将中国传统绘画技法运用在瓷器上，因此由古代一直流传至今，经久不衰。

3. 金属茶具

金属茶具是我国最古老的日用器具之一，它由金、银、铜、铁、锡等金属材料制作而成。人们一直认为用金属茶具来煮水泡茶会使茶味走样，以致很少有人使用。但用金属制成贮茶器具，如锡瓶、锡罐等，却屡见不鲜。虽然人们对金属茶具褒贬不一，但只要利用它的特长，也可以成为贮藏茶叶的最好器具。

金属茶具

4. 玻璃茶具

由于玻璃质地透明，光泽夺目，因此，用玻璃器具泡茶品茶，可以让人看清楚茶叶的本身形态以及鲜艳的色泽，对品茶者来说，无疑是视觉上最美的享受。冲一壶翠绿的龙井，看杯中轻雾缥缈，澄清碧绿，芽叶朵朵，亭亭玉立，观之赏心悦

玻璃茶具

🫖 茶典、茶人与茶事

《煮泉小品》是明代田艺蘅所著，专论茶水的品质。田艺蘅号上品下山子，著有《大明同文集》《田子艺集》《留青日记》等。《煮泉小品》一书撰写于嘉靖三十三年，主要的版本有：宝颜堂秘籍本、茶书全集本、读说郛本、四库全书本。该书共分十个部分，记述考据都很齐全。该书不仅承袭了历代前人的精华，更通过亲身实地考察验证，结合自己的心得重新论述，有着非常高的参考价值。

目，别有一番情趣。

5. 竹木茶具

竹木茶具来源广，制作方便，对茶无污染，对人体又无害，因此，自古至今，一直受到茶人的欢迎。而且，竹木的色泽翠绿，与茶叶相互辉映，不仅色调和谐，而且美观大方，带给人们如入山林般的宁静感受。

竹木茶具

以上根据不同材质制成的茶具都带有其各自的美感，我们可根据不同情境、不同心境来选择适合的茶具，一定会为品茶增添独特的情调与味道。

不同产地的瓷质茶具

我国有着悠久的茶具制造历史，从秦汉时期的宜兴窑开始，各朝各代均有特定的地点制造茶具。越窑的青瓷、邢窑的白瓷在海内外都久负盛名，另外，建窑、钧窑等地出产的瓷质茶具也各具特色，被越来越多的人所熟知。

1. 宜兴窑

宜兴窑位于江苏宜兴，以生产紫砂壶而享誉世界。宜兴窑的制瓷历史十分久远，长达两千余年。早在秦汉时期，宜兴当地就出现了陶窑。直到今天，宜兴窑仍然是我国陶瓷产区之一，其中生产的陶瓷器皿品质一直较高。

宜兴窑茶具

2. 景德镇窑

提到瓷器产地，不得不提到景德镇。景德镇瓷器不仅在古代备受人们青睐，在现代也令许多人闻之点头称赞。

景德镇窑坐落于江西省景德镇，也因此而得名。早在东晋末年，景德镇窑就开始进行瓷器的烧制，而到了宋代，景德镇的瓷业习俗开始初具规模。"村村窑火，户户陶埏"用这句话形容景德镇的制瓷业十分贴切。

景德镇茶具

自元代之后，景德镇窑已经成为我国最大的瓷器产地。青花瑞兽纹盘、世称

邢窑茶具　　越窑茶具　　建窑茶具　　钧窑茶具

"甜白"的永乐白瓷、宣德年间的青花瓷、成化年间的斗彩以及明代晚期空前绝后的青花五彩都是由景德镇烧制而成。众多的瓷器中，茶具产量也不可小觑，直到今天，我们在茶具市场上仍然可以看到大批产自景德镇的器具，不仅样式美观，还经久耐用，堪称精品。

3. 邢窑

邢窑位于河北邢台，以出产白瓷为主。其中生产的白瓷釉质细腻、洁白无瑕，在古代经常被作为御用瓷器。诗人皮日休曾专门作了一首诗来称赞邢窑："邢窑与越人，皆能造瓷器。圆似月魂坠，轻如云魄起。"从诗中可以看出，邢窑生产的白瓷极为精致美观。

4. 越窑

越窑位于浙江绍兴，早在唐代时就开始了烧瓷历史。越窑以烧制青瓷著称，色泽晶莹温润，明澈似水，青中带绿，十分美观。茶具制成之后，工艺师还会在器具上绘制山水、花卉以及虫鱼鸟兽等，既实用又美观。

5. 建窑

建窑位于福建省建阳市，因此而得名。早在唐代时期，建窑就已经建成，那时，建窑主要烧制一些青瓷茶具。直到北宋开始，建窑又凭借所生产的黑釉茶盏而闻名遐迩。宋代著名茶学家蔡襄在《茶录》中这样评价道："茶色白，宜黑盏，建安所造者绀黑，纹如兔毫，其坯微厚，燔之，久热难冷，最为要用。出他处者，或薄或色紫，皆不及也。其青白盏，斗试家自不用。"由此我们可以看出，建窑所产的茶具的确品质上乘，制作精良。

6. 钧窑

钧窑位于河南禹州，这里主要烧制铜红釉，同时也烧制其他类别的釉瓷器。

到了今天，钧窑仍然生产各种艺术瓷器，其中茶具也堪称精品。

7. 汝窑

汝窑从北宋年间开始烧制瓷器。由于烧制的土质比较特殊，烧成的瓷器上常常带有一种特殊的光泽。而且这里的瓷器色彩多种多样，十分难得。其中生产的茶具也极为漂亮，直到今日人们仍争相购买。

汝窑茶具

千百年来，每个制瓷产地都为人们贡献出无数精品茶具。这些茶具各具特色，形态美观，让人们不仅在品啜美茶时赏心悦目，同时也体现了人们对艺术的追求。

如何选购茶具

一个爱茶之人，不仅要会选购品质好的茶叶，更要会挑选好茶具才行。选用好茶具，除了讲究茶具的外形美观和使用价值外，还要力求最大限度地发挥茶具的特性。因此，选好茶具就显得尤为重要了。

选购茶具首先要根据所冲泡茶的种类、茶的老嫩程度、色泽以及品茶人群四个方面考虑，这样才能做到物有所值，不会让茶的味道欠缺。

1. 根据茶的种类

茶叶种类不同，所用的茶具也有讲究。冲泡花茶时通常使用瓷壶，饮用时使用瓷杯，茶壶的大小根据人数的多少来确定；南方人喜爱的炒青或烘青绿茶，冲泡时大多使用带盖的瓷壶；冲泡乌龙茶时，适宜使用紫砂茶具；冲泡工夫红茶及红碎茶时，通常使用瓷壶或紫砂壶；冲泡西湖龙井、洞庭碧螺春、君山银针等名茶时，为了增加美感，通常使用无色透明的玻璃杯。

2. 根据茶的老嫩程度

我国民间有"老茶壶泡，嫩茶杯冲"这一说法，也就是说，用茶壶冲泡老茶，而用杯子冲泡嫩茶。这是因为较粗老的茶叶，用壶冲泡，可保持热量，有利于茶叶中的水浸出物溶解于茶汤，提高茶汤中的营养成分；另外，较粗老茶叶没有艺术观赏价值，用来敬客，有失雅观。用茶壶泡则可避免失礼之

为了适应不同场合、不同条件、不同目的的茶饮过程，茶具的组合和选配要求是各不相同的

嫌。而细嫩的茶叶，用杯冲泡，一目了然，可同时收到物质享受和精神欣赏的双重效果。

3. 根据色泽

根据色泽选购主要是茶具间外观颜色要相称，另外茶具要与茶叶的色泽相配。饮具的内壁通常

> 茶具的选配一般有"特别配置""全配""常配"和"简配"四个层次。

以白色为宜，这样可以真切地反映茶汤的色泽与纯净度。在观赏茶艺、品鉴茶叶时，还应该多加留意，同一套茶具里的茶壶、茶盅、茶杯等的颜色应该相配，茶船、茶托、茶盖等器具的色调也应该协调，这样才能使整套茶具如同一个不可分割的整体。如果将主茶具的色调作为基准，然后用同一色系的辅助用品与之相搭配，则更是天衣无缝。

4. 根据不同人群

不同人有着不同性格，而不同性格的人各有其偏好的茶具类型。例如，性格开朗的人比较喜欢大方且有气度、简洁而明亮的造型；温柔内向的人，偏爱做工精巧、雕琢细致繁复而多变的茶壶。除此之外，由于年龄、职业的不同，人们对茶具也有着不同的需求。例如年轻人常常以茶会友，自然会拿出精致美观的茶具以及上好的茶叶来待客，因此，他们常常用茶杯冲泡茶；而老年人喝茶重在精神享受，他们更喜欢在喝茶的时候品味茶韵，因此，他们适合用茶壶泡茶，慢慢品饮，实在是一种人生享受。职业不同，人们对茶具的选择也不相同，例如文化人喜欢在壶中加入茶文化的内涵，其中也包括诗词铭文、书画的镌刻；做生意的人则适合福寿壶、元宝壶以及金钱壶等。

除了从以上四个方面考虑，还可根据实际情况考虑要购买何种茶具。例如茶具宜小不宜大，因为大的茶具装水会比较多，热量也自然很大，这样往往容易将茶叶烫透，影响茶汤的色泽及香气，还会产生一种"熟汤味"，如果用这样的茶叶待客，自然会有失主人的泡茶水准。

品茶既是一种对生活的享受，又是一种对艺术的追求。因而，我们需要挑选适合自己的茶具，这样才能在品尝茶味、享受生活的同时，也不使茶失去自身的艺术美感。

杯子与茶汤的关系

喝茶会用到各种各样的杯子，而用不同的杯子泡出的茶汤也会有不同，杯子

和茶汤是分不开的。杯子与茶汤这种密不可分的关系主要体现在以下三个方面：杯子深度、杯子形状和杯子颜色。

杯子深度。杯子的深度影响茶汤的颜色，为了让客人能正确判断茶汤的颜色，一般来说，小形杯子最适合容水深度为 25 厘米，并且杯底有足够的面积，如果是斜度很大的盏形杯，杯底的面积变得很小，虽然杯子的深度已达标准，但由于底部太小，显现不出茶汤应有的颜色。如果是外形较大的杯子，其呈现茶汤的颜色比小形杯相对好分辨一些，但也要注意容水深度。

杯子形状。杯子的形状有鼓形、直筒形和盏形等。如果杯子是缩口的鼓形，就需要举起杯子，倾斜很大的角度，喝茶时必须仰起头才能将茶喝光；如果是直筒形的杯子，就必须倾斜至水平以上的角度，才能将茶全部倒光；如果是敞口、缩底的盏形杯子，就比较容易喝，只需要稍微倾斜一下，就可以将茶汤全部喝光。

杯子颜色。杯色影响茶汤颜色，主要是指杯子内侧的颜色。若是深颜色杯子，如紫砂和朱泥的本色，茶汤的真正颜色是无法显现出来的，这时就没办法欣赏到茶汤真正的颜色。相对来说，白色最容易显现茶汤的色泽，但必须"纯白"才能正确地显现茶汤的颜色，如果是偏青的白色又叫"月白"，则茶汤看来就会偏绿；如果是偏黄的又叫"牙白"，则茶汤看起来会偏红。同时也可以利用这种误差来加强特定茶汤的视觉效果，如用月白的杯子装绿茶，茶汤会显得更绿；用牙白的杯子装红茶，茶汤会显得更红。而如果想欣赏到真正的茶汤颜色，用透明的杯子是最好的。

所以说，冲泡茶前准备茶具的过程也是相当重要的，其会直接影响到茶的欣赏和品饮。

冲泡器质地与茶汤的关系

我们说冲泡茶的茶具有很多种，这么多种茶具其质地也有不同，如有紫砂、玻璃、陶瓷、金属等，用不同质地的茶具冲泡出的茶汤也会有不一样的味道。

1. 选用冲泡器的材质

如果你冲泡的茶是属于比较清新的，例如台湾的包种茶，你就要选择散热速度较快的冲泡器，如玻璃杯、玻璃壶等；如果你冲泡比较浓郁的茶，如祁门红茶等，就要选择散热速度比较慢的冲泡器，如紫砂壶、陶壶等。

2. 冲泡器的质量

冲泡器的质量直接影响茶的口感。比如我们上面提到的紫砂壶、陶壶、玻璃壶、瓷壶等，这些茶具所用材料的稳定性必须高，最重要的不能有其他成分释出在茶汤之中，尤其是有毒的元素。同时还包括茶具材料的气味，质量好的茶具所用材料会增加茶叶本身的香气，有助于茶汤

冲泡器质地与茶汤质量有一定关系

香味的释放，而不好的材料不但不会增加茶香，还会直接干扰茶汤的品饮。

3. 冲泡器材质的传热速度

一般来说传热速度快的壶，泡起茶来，香味比较清扬；传热速度慢的壶，泡起茶来，香味比较低沉。如果所泡的茶，希望让它表现得比较清扬，如绿茶、清茶、香片、白毫乌龙、红茶，那就用密度较高、传热速度快的壶来冲泡，如瓷壶。如果所泡的茶，希望让它表现得比较低沉，如铁观音、水仙、佛手、普洱，那就用密度较低、传热速度慢的壶来冲泡，如陶壶。

金属器里的银壶是很好的泡茶用具，密度、传热比瓷壶还要好。用银壶冲泡清茶是最合适不过的。因为清茶最重清扬的特性，而且香气的表现决定品质的优劣，用银壶冲泡会把清茶的优点淋漓尽致地表现出来。这就是我们说冲泡器的材质直接影响茶汤的风格，同样的茶叶，为什么有的高频、有的低频，这就是冲泡器材质密度及传热速度的缘故。

4. 调搅器的材质

调搅器是冲泡末茶的常用器具，虽然其材质不会直接影响茶汤的质量与风格，但散热速度慢的调搅器更有助于搅击的效果。所以打末茶的茶碗，自古一直强调碗身要厚，甚至有人故意将碗身的烧结程度降低，求其传热速度慢，然后内外上釉以避免高吸水性。

茶具的清洗

长期喝茶的人一定会面临一个烦恼，那就是茶具的清洗问题。如果我们每次喝完茶之后，都把茶叶倒掉，并用清水冲洗干净茶具，那么茶具就会保持明亮干净的样子。

茶具使用时间一长，其表面很容易沾上一层茶垢。有些茶友以茶垢为"荣"，证明自己很爱茶，甚至干净的茶具不用，反而用那些茶垢很厚的茶具，这种想法与做法都是错误的。相关资料表明，没有喝完或存放较长时间的茶水，暴露在空气中，茶叶中的茶多酚与茶锈中的金属物质在空气中发生氧化作用，便会生成茶垢，并附在茶具内壁，而且越积越厚。有人曾对茶垢进行抽样化验，发现茶垢中含有致癌物，如亚硝酸盐等。当人们使用带有茶垢的茶具时，部分茶垢会逐渐进入人体。与人体中的蛋白质、脂肪酸、维生素等物质结合，变成许多有毒物质，从而危及健康。

因此，去除茶垢，及时清洗茶具成了人们必须解决的问题。那么，究竟该如何清洗呢？有许多人习惯用硬质的刷子或是粗糙的工具来清洗，认为这样会洗得干净，可这样清洗之后，茶具的情况往往会更糟糕。茶具表面都有一层釉质，如果经常这样刷洗，只能让釉质变得越来越薄，最终茶汤渗入茶具中，时间久了就变成茶垢，也就越来越难清洗了。

正确的方法其实不难。我们除了要保持喝完茶就冲洗茶具的习惯，还可以采取以下的小方法去除茶垢。挤少量牙膏涂抹在茶具表面，过几分钟之后再用清水冲洗，这样茶垢就很容易被清除干净了。

除了牙膏去除茶垢的方法，还可以用水煮法清洗茶具。有些人会发现，刚买的茶具有泥土味，上面还有蜡质，这个时候就需要用水煮法去除。水煮法很简单，首先取一干净无杂味的锅，把壶盖与壶身分开置于锅底，向锅中倒入清水，没过壶身，再用文火慢慢加热至沸腾。等到水沸腾之后，拿一些较为耐煮的茶叶投入继续熬煮，几分钟之后捞出茶渣，里面的茶具仍继续小火慢炖。30分钟左右，将茶具从锅中取出，任其自然转凉，切忌用冷水冲洗。等到茶具转为正常温度时，再用清水冲洗即可。

以上简单介绍了茶具的清洗方法，大家可以尝试一下。

茶具的保养

人们常说，"玉不琢不成器，壶不养不出神"。其实不仅茶壶，每个茶具都应该认真保养，这样才可以延长其使用寿命。

保养茶具之前首先要将表面的油污、茶垢等清除干净，一旦沾油必须马上清洗，否则泥胎吸收油污后会留下难以清除的痕迹。有些人不拘小节，常常在不用茶具的时候用它们来盛放其他东西，例如汤、油等液体，这样做简直等于毁了茶具。因此，茶具切忌盛装其他液体，如果已经存放过，应及时清除。

> 紫砂壶的保养方法比较讲究，对新壶或旧壶来说，都应经常清洁壶面，并常用手或柔软的布料擦拭，这样有利于焕发紫砂泥质的滋润光滑，使手感变得更好。

保养茶具主要在于"养"，我们可以选择采用绿茶养茶具。选择的茶叶以当年产新茶为佳，茶叶的等级要高，而且越是精品的茶具，越要选择上等的茶叶，这样才能使茶具充分吸收茶香。

选择好茶叶之后，我们需要经常泡茶保养茶具。因为，泡茶次数越多，茶具吸收的茶汁就越多。吸收到某一程度，就会透到茶具表面，使之发出润泽如玉的光芒；泡茶结束之后，要将茶渣清除干净，以免产生异味。需要注意的是，这里所提到的勤泡茶并不是指连续不断地泡茶，当泡一段时间之后，需要让茶具休息，这样才能在再次使用时进一步吸收茶香。

在饮茶的过程中也可以保养茶具，我们可以准备一块干净的茶巾或棉布，来回擦拭壶体，使茶汁均匀地渗入壶体。也有人先冲出一泡较浓的茶汤当"墨汁"，再以养壶笔蘸此茶汤，反复均匀地涂抹于壶身，借以提高其接触茶汤的时间与频率。泡茶冲至无味后，应将茶渣去净，用热水将壶内壶外刷洗一次，置于干燥通风处，并将壶盖取下，以利风干。

我们经常养护茶具，自然会换来茶具表面越来越温润的光泽以及越加香醇的茶味，这无疑是一种人与茶具之间的情感互动。如此天长日久，每个茶友都可以与茶具倍加亲近，真正地在泡茶品茶中怡情养性，体悟点点滴滴的生活之美。

历史上的制壶名人与名器

我国有着悠久的制壶历史，制壶艺人也不在少数。他们呕心沥血地制作出精美绝伦的茶具，并将自己的感情融入进去，展示出中华民族的灵性与才情。历史上的制壶名人很多，包括时大彬、黄玉麟、邵大亨、项圣思等，他们每个人都有各自独特的茶壶作品。

1.时大彬

时大彬是明万历至清顺治年间人，其父时朋是著名的紫砂"四大家"之一。正因为受其父亲影响，时大彬从小就对制作紫砂壶产生了浓厚的兴趣。据说时大彬的创作态度极其严肃，每遇不满意的作品，立即自行毁弃。因此，但凡有大彬壶出世，必定是精品。由于他对紫砂陶的泥料配制、成型技法、造型设计与铭刻都极有研究，流传存世的作品极少，所以被无数茶人名家推崇。据后世统计，大彬壶的存世作品不过数十件，但历代仿品却非常之多，可见大彬壶的受欢迎程度。

时大彬的代表作品很多，例如紫砂提梁壶、六方紫砂壶、三足圆壶等等，每种茶壶都有其独特的风格及特点，可谓精品。

*紫砂提梁壶

紫砂提梁壶形体厚重敦实，外观素雅秀丽，由于采用栗色的粗砂土泥和黄色钢砂土制作，因此，整个壶表面呈现出金色的光芒，极其美观。提梁壶有着提梁式的壶把，其剖面是菱方形，壶盖口沿上刻有"大彬"款署字样，左侧刻有篆体"天香阁"字样。

紫砂提梁壶

*六方紫砂壶

六方是一种历史较为悠久的造型样式，但时大彬敢于进行创新改革，在这种样式上稍加改变，带来了六方紫砂壶全新的特点。他将六方壶的壶盖设计成圆形，壶钮设计成圆锥形，又在制作过程中增强了壶的整体平稳感，可以看出时大彬本人的独特风格。

*三足圆壶

三足圆壶因其壶身的形状而得名。其壶身看起来像是一个球形，壶底面有三

个小足，小足既曲润有变，又和壶身浑然一体。整个壶面朴实
无华，毫无装饰，只有壶盖上的壶钮周围用四瓣柿
蒂纹装饰着。在壶把下面的腹面上刻有"大彬"字
样，字体规整又不失洒脱。

2. 黄玉麟

黄玉麟是清末著名制壶名家。有人评价他"每制一
壶，必精心构选，积日月而成，非其重价弗予，虽屡空
而不改其度"。由此可以看出他本人对制壶的态度及热爱之情。

三足圆壶

黄玉麟因为在选泥时非常讲究，因此他做成的茶壶都精巧圆润，浑然天成。

＊弧菱壶

弧菱壶可以说是黄玉麟制作的壶中最具代表性的。弧菱壶四角圆润，下大上
小，底部有足，整个壶体是方形的，因而更加显得坚定稳重；壶身线条柔和，具
有和谐之美的同时又具藏锋不露之妙，犹如一位妙龄少女，含蓄而又文静，娉婷
袅娜之中又不乏底蕴。

＊方斗壶

方斗壶用紫红泥铺砂作为材质，因此整个壶身都布满金黄色的"桂花砂"，特
别漂亮。壶身下大上小，壶身四面由四个梯形组成，壶盖呈正方形，顶上有一个
立方体壶钮，把手磨出四棱形状，方斗壶整体给人一种坚硬挺拔之感，方中见秀
又不失素雅清新。

茶典、茶人与茶事

明代饮用的茶是与现代炒青绿茶相似的芽茶，"茶以青翠为胜，陶以蓝白为佳，黄黑
红昏，俱不入品"。人们在饮绿茶时，喜欢用洁白如玉的白瓷茶盏来衬托，以显清新雅致。
自明代中期开始，人们不再注重茶具与茶汤颜色的对比，转而追求茶具的造型、图
案、纹饰等所体现的"雅趣"上来。明代制瓷业在原有青白瓷的基础上，先后创造了各
种彩瓷，钧红、祭红和郎窑红等名贵色釉，使造型小巧、胎质细腻、色彩艳丽的茶具成
了珍贵之极的艺术品。名噪天下的景德镇瓷器甚至为中国博得了"瓷器王国"的美誉。
明朝人的饮茶习惯与前代不同，在饮茶过程中多了一项内容，就是洗茶。因此，
洗茶工具也成了茶具的一个组成部分。茶盏在明代也出现了重大的改进，即在盏上加
盖。加盖的作用一是为了保温，二是出于清洁卫生。自此以后，一盏、一托、一盖的
三合一茶盏，就成了人们饮茶不可缺少的茶具，这种茶具就是盖碗。

第三章

水如茶之母

> "水如茶之母"，茶借水而发，无水不可论茶，茶色、茶香、茶味都通过水来体现。也可以说，水是茶的载体，同时水也承载了茶文化的意味与底蕴。所以，若要泡好茶，择水便理所当然地成为饮茶艺术中一个重要组成部分。

好水的标准

从古至今，人们对于好水的标准判定很不一致，但大体说来，它们还是有许多共同之处的。现代茶道认为，"清、轻、甘、冽、活"五项指标俱全的水，才能称得上好水。

1. "清"

"清"是指水的品质，古人择水，重在"山泉之清者"，水质一定要清。"清"是相对于"浊"来说的，我们都知道，用水应当质地洁净，这是生活中的常识，泡茶之水更应如此，以"清"为上。水清则无杂、无色、透明、无沉淀物，最能显出茶的本色。为了获取清洁的水，除注意选择水源外，爱水之人还创造了很多澄水、养水的方法，比如"移水取石子置瓶中，虽养其味，亦可澄水，令之不淆"。因此，清明不淆的水也被人称为"宜茶灵水"。

2. "轻"

"轻"是指水的品质。关于"轻"字，还有这样一个典故：清朝风流天子乾隆也是个资深茶人，对茶水品质颇有研究。乾隆每次出巡时必带一只精致银斗，为的就是检测各地的泉水，按水的轻重依次尝试泡茶，而后得出结论为"水轻者泡茶为佳"。

"轻"是相对"重"而言的，古人说的水之轻重，就是我们今天说的软水硬水。水的比重越大，说明溶解的矿物质越多。硬水中含有较多的钙、镁离子和铁盐等矿物质，能增加水的重量。用硬水泡茶，茶汤发暗，滋味变淡，有明显的苦涩味，重量如果超过一定标准，水就具有毒性，必然不能被人饮用。因此，择水要以轻为美。

3. "甘"

"甘"是指水的味道要甘，水一入口，舌尖顷刻便会有甜滋滋的美妙感觉。咽下去后，喉中也有甜爽的回味，用这样的水泡茶自然会增加茶之美味。

宋代蔡襄在《茶录》中提到"水泉不甘，能损茶味"，说的就是泡茶之水要"甘"，只有水"甘"，才能出"味"。因此，古人多要求泡茶之水重"甘"。

4. "冽"

"冽"即冷寒之意，是指水温而言。古人云"冽则茶味独全"，明代茶人认为，"泉不难于清，而难于寒"，也就是说，寒冽之水多出于地层深处的泉脉之中，没有被外界所污染，所以泡出的茶汤滋味才会纯正，所以古人才会选择寒冽之水泡茶。

5. "活"

"活"是指水源。"流水不腐，户枢不蠹"，经常流动的水才是好的水，用《茶经》上的原话来讲，就是"其水，用山水上，江水中，井水下。其山水，拣乳泉、石池漫流者上"。除此之外，宋代唐庚《斗茶记》中的"水不问江井，要之贵活"，无独有偶，北宋苏东坡《汲江煎茶》诗中也提到："活水还须活火烹，自临钓石汲深清。大瓢贮月归春瓮，小杓分江入夜瓶。"这些诗文都说明了一个问题：宜茶水品贵在"活"。

不仅是古代，现代人也用科学证明了活水的优点及作用：活水有自然净化作用，在流动的活水中细菌不易大量繁殖，且氧气和二氧化碳等气体的含量较高，泡出的茶汤特别鲜爽可口。因此，无论古人还是今人，都喜欢选用活水来泡茶。

"清、轻、甘、冽、活"，只要我们记住好水的这五个特点，就一定会泡出茶的美味来。

张又新，唐朝人，一生颠沛，尤嗜饮茶，对煮茶用水颇有心得。其所著《煎茶水记》是我国第一部专门评述煮茶用水的鉴水专著。

宜茶之水

我们已经知道了好水的标准，那么究竟哪些水算得上是好水，并且可以用来泡茶呢？古人与今人从不同的地点取水，大体上可归纳为天水和地水两大类。

1. 天水

天水即大自然中的雨、露、雪、霜等。古人认为，天水是大自然赐予的宝贵水源，他们一直认为这几类水是泡茶的上乘之水。在古时，空气没受过污染，因此雨、露、雪、霜等都比较干净，也常被人们饮用。

雨水

* 雨水

现代研究认为雨水中含有大量的负离子，有"空气中的维生素"之美称。因此古人曾发出这样的赞叹："阴阳之和，天地之施，水从云下，辅时生养者。"

但雨水也有讲究，不是任何季节都可以饮用的。明代屠隆《考槃馀事·择水》中记载："天泉，秋水为上，梅水次之。秋水白而冽，梅水白而甘。甘则茶味稍夺，冽则茶味独全。故秋水较差胜之。春冬二水，春胜于冬，皆以和风甘雨，得天地之正施者为妙。唯夏月暴雨不宜，或因风雷所致，实天地之流怒也。"也就是说，秋天的雨水比较好，而春与冬相比，春雨更好一些，这是因为春雨得自然界春发万物之气，用于煎茶可补脾益气。

* 雪水

雪水历来被古代茶人所推崇。我国四大名著之一《红楼梦》中就曾不吝笔墨地描述妙玉取用梅花上的雪水来泡茶待客的片段，可见当时人们对雪水的看重。另外，白居易也作诗赞道："融雪煎香茗，调酥煮乳麋。"

不过现今社会，有些地方空气污染太严重，雪水还需慎重选择。

* 露水

据说古时候有钱人家常常会派下人采集露水，他们在清晨太阳出来之前带着竹筒等器具，一滴滴地收集草木上的露水，因为古人认为，太阳出来前的水属阴性，冲出来的茶香气扑鼻、入口脆爽柔滑。

如果我们也想用露水泡茶，那么一定要先经过处理才可。我们可以将露水装在容器中静置几天，再取用中上层的露水，这样的露水也不错。

山泉水

2. 地水

地水是指大自然中的山泉水、江河湖水以及地下水等。

＊山泉水

茶圣陆羽认为，用山泉水泡茶最佳，因为山间的溪流大多出自有岩石的山峦，山上植被繁茂，从山岩断层细流汇集而成的山泉，富含各种对人体有益的微量元素。而经过砂石过滤的泉水，水质清净晶莹，含氯、铁等化合物极少，用来泡茶极其有益。因此，山泉水可算得上是水中的上品。

＊江河湖水

江、河、湖水均为地表水，因常年流动，所以其中所含的矿物质较少，自然较山泉水差些。而且有的地方污染较为严重，通常含杂质较多，浑浊度大，尤其靠近城镇之处，更易受污染。但在远离人口密集的地方，污染物少，且水是常年流动的，这样的江、河、湖水经过澄清之后，也算得上是沏茶的好水。

＊地下水

深井水和泉水都属于地下水。地下水溶解了岩石和土壤中的钠、钾、钙、镁等元素，具有矿泉水的营养成分。因此，若能过滤得好，也可以称得上是泡茶好水。

3. 经过加工的水

＊自来水

除了天水和地水，现代人还常用自来水泡茶，既方便又价格低廉。自来水一

281

自来水

纯净水

矿泉水

般都是经过人工净化、消毒处理过的江河水或湖水。虽然带有氯气味，但我们可以提前将自来水盛放到容器中静置一昼夜，等氯气慢慢消散了之后，再用来泡茶即可。

＊矿泉水

一般来说，用山泉水泡茶是最好的选择，但如果条件有限，用市场上卖的矿泉水也可。用矿泉水泡出的茶，茶叶颜色偏深一点，说明矿物成分高，对于身体而言，矿泉水里的成分比山泉水更好，更益于人体健康。

现在市面上流行四种水质，即纯净水、矿物质水、山泉水和矿泉水。需要注意的是，就水质而言，国家只对纯净水和矿泉水做了标准，山泉水和矿物质水都没有严格的标准。说得直白一些，纯净水就是由自来水高度过滤得到的；矿物质水就是纯净水添加一些人工矿物；山泉水是地表水；矿泉水是有矿岩层的地下水。我们在购买时一定要注意区分。

中国五大名泉

古人认为，泉乃"天赐之物，地藏之源"，因此泉水就一直被认为是适宜泡茶之水。我国泉水资源很丰富，大大小小出名的泉有百余处，而其中最为著名的就是中国五大名泉，即镇江中泠泉、无锡惠山泉、苏州观音泉、杭州虎跑泉和济南趵突泉。

1. 镇江中泠泉

镇江中泠泉又名中濡泉、南泠泉，早在唐代就已天下闻名。刘伯刍把它推举为全国宜于煮茶的七大水品之首。镇江中泠泉处于长江江中盘涡险处，汲取极难。这里的泉水绿如翡翠，浓似琼浆，清澈甘醇，品这里的泉水可润浸肺腑，沁人心脾，大有一品为快的惬意。更令人称奇的是，把这里的水倒满杯子，可高出杯口二三分而不溢出，故有"盈杯不溢"之说。

自古以来，评价镇江中泠泉的文人墨客不在少数。文天祥有诗写道："扬子江心第一泉，南金来此铸文渊。男儿斩却楼兰首，闲品茶经拜羽仙。"南宋诗人陆游也曾这样描述："铜瓶愁汲中濡水，不见茶山九十翁。"由此看来，镇江中泠泉不愧号称"天下第一泉"。

2. 无锡惠山泉

无锡惠山泉迄今已有1200余年历史，于唐代大历十四年开凿，号称"天下第二泉"。惠山泉分上、中、下三池。上池呈八形，水色透明，甘醇可口，水质最佳；中池为方形，水质次之；下池最大，系长方形，水质又次之。其泉水为山水，即通过岩层裂隙过滤流淌的地下水，因此其含杂质极微，"味甘"而"质轻"，宜以"煎茶为上"。

唐代茶圣陆羽在评定天下水品二十等时，将惠山泉评为"天下第二泉"，所以人们也将其称为二泉。

历代王公贵族和文人雅士都把惠山泉视为珍品。当时诗人皮日休作诗曰："丞相长思煮茗时，郡侯催发只忧迟。吴关去国三千里，莫笑杨妃爱荔枝。"他借杨贵妃驿递南方荔枝的故事，来讽刺宰相李德裕令地方官吏用坛封装泉水，从镇江运到长安的事。虽然这种做法极尽奢侈，但也从侧面反映出惠山泉水极佳。

3. 苏州观音泉

观音泉，位于苏州虎丘山观音殿后，此泉园门横楣上刻有"第三泉"三字，每年吸引大量游人前来游览。泉口约10平方米，四旁石壁，泉水终年不断，清澈甘冽。由于茶圣陆羽与唐代诗人卢仝都评它为"天下第三泉"，因此观音泉又名陆羽井。

宋朝诗人蒋之奇游览观音泉时赋诗一首:"水蓄重岩影自空,白云穿破碧玲珑。数回侧路通蛟室,一隙幽光漏紫宫。翡翠寒凝曦向日,银花浪尖怯翻风。从浪出海南天外,为说慈悲此处同。"这首诗既描绘了观音泉附近的绝美景色,又体现古人对该泉的喜爱,因而也成为苏州胜景之一。

4. 杭州虎跑泉

虎跑泉被列为天下第四泉,其北面是林木茂密的群山,地下是石英砂岩。地下岩石经过风化作用产生了许多裂缝,地下水通过砂岩的过滤,慢慢从裂缝中涌出,这正是虎跑泉的来源。相关资料表明,虎跑泉中的可溶性矿物质较少,总硬度低,每升水只有0.02毫克的盐离子,故水质极好。

5. 济南趵突泉

趵突泉被列为天下第五泉,也是当地七十二泉之首。该泉自地下岩溶洞的裂缝中涌出,三窟并发,浪花四溅,声若隐雷,势如鼎沸。宋代诗人曾巩写诗称赞:"一派遥从玉水分,暗来都洒历山尘。滋荣冬茹湿常早,涧泽春茶味更真。"

济南素有泉城的美誉,除了趵突泉之外,还有黑虎泉、珍珠泉、五龙潭等七十二处泉源,真可称得上是"家家泉水,户户垂杨"了。试想,坐在趵突泉西

茶典、茶人与茶事

陆游泉,位于湖北省宜昌市大约10千米的西陵峡西陵山腰上。泉水从岩壁石罅中流出,然后汇入长、宽各1.5米,深约1米的正方形泉坑中。泉水清澈透明,水质甘甜,一年四季不断,冬天也不会结冰,取用后会盈满,却不会溢出,因而有"神水"之称。

陆游泉的泉水是煮茶的上佳水品,煮出的茶,香味醇厚适口。吸引了很多爱茶之人前来取水。陆游泉早在唐代就被世人发现,当时白居易和其弟白行简、元稹来到此处,发现了这个泉眼。白居易曾在《三游洞序》中记过此泉:"次见泉,如泻如洒。其奇者如悬练,如不绝线……但水石相搏,磷磷凿凿,跳珠溅玉,惊动耳目,自未讫戌,爱不能去。"

南方向的观澜亭内，用泉水冲泡一壶香茗，细细品味的同时，领略一下当地如天上人间般的清幽美景，那种奇妙的意蕴一定会使你觉得自己像飘逸的神仙一般逍遥。

除了这五大名泉，我国著名的泉源还有许多，例如北京玉泉、庐山三叠泉等，这些各具特色的泉都为我国茶文化增添了瑰丽多彩的韵致。

利用感官判断水质的方法

那些经常饮茶的人只需喝一口茶就能知道泡茶的水究竟好不好，让初学者常常为之感叹。其实，他们只是利用感官和多年的饮茶经验判断水质的，只要我们掌握了其中方法，也可以轻松判断出水质的好坏。

那么，怎样才能判断出一杯水中是否含有余氯，以及水的软硬程度呢？

首先，我们可以准备三杯水，第一杯水中尚存在余氯，导电度在 50 以内；第二杯无色无味无余氯，导电度也在 50 以内；第三杯无色无味无余氯，但导电度在 300 左右。需要注意的是，这三杯水温度最好相差不多，这样才能得到较为准确的答案。

选取这三种水的方法也很简单，含有余氯的软水可以从只经过逆渗透，并没有经过

用感官判断水质

活性炭过滤的自来水中获得；低硬度的水可以从过滤后的水中获得；而高硬度的水可以在软水中加入少量食盐即可获得，但添加的量一定要把握好，不能让自己尝到咸味。

接下来，我们需要仔细品饮这三杯水在口腔中的感受了。导电度在 50 度以内的水质比较软，因此，前两杯水都属于软水，在口腔中可以毫无阻碍地与口腔内壁贴合，感觉十分舒服；而导电度在 300 左右的水质偏硬，在口腔中会感觉十分不舒服，与前者的感觉相差很大。我们完全可以记住这种感觉，今后便可轻松地判断出水质的软硬程度了。

至于余氯方面，那些有余氯的水与没有余氯的水相差很大。无余氯的水质尝

起来比较清爽，而有余氯的正好相反，在口腔中很容易被辨别出来。

掌握以上方法，我们就可以轻松掌握水质的软硬及有无余氯，多尝试几次之后，相信即便是初学者也学会利用自己的感官了。

改善水质的方法

有些时候，我们准备的泡茶用水品质比较一般，那么就需要改善水的品质，这样也就能轻松得到好水了。

改善水质的方法其实就是针对改善其缺点而言，水的缺点主要有杂色杂气、含氧量少、存在细菌以及硬度较重。那么以下的方法则是应对这几个缺点的：

1. 杂色杂气

取用的水中，有时并不是澄澈透明的，有时还常混有杂气，如氯气等。这时，如果要将余氯等杂味与其他杂色去除，最简便的方法就是装设活性炭滤水器。活性炭滤水器可以有效地去除水中的杂味和杂色。在选购的时候，我们需要注意，滤水器的滤芯不能太小，否则滤不干净。与逆渗透等过滤器同时装设时，应装于滤程的最后阶段，以便余氯

初水与好水的比较

等消毒药剂继续抑制滤程中细菌的生长。滤水器有各种各样的型号，我们可根据自己的家庭环境以及各自的需要选择。

2. 氧含量少

泡茶水含氧量高，茶汤味道才会更好。增加氧含量的方法也不难，我们可以在家装一台臭氧产生机，将臭氧导入水中，臭氧氧化稳定后就会以氧的形态存留在水中。臭氧变成氧的过程中，还可以将水中剩余的细菌与杂味分解掉，实在是一举多得。

3. 存在细菌

除了将水煮沸杀菌之外，我们还可以使用逆渗透过滤器清洁水质，水中细菌也能同时被滤掉。这种水如果不再被污染，是可以生饮的清洁用水，用来泡茶自然也不错。

4. 水硬度较重

如果选用的水质不够软，可以采用逆渗透的方法将水过滤。一般家庭用的逆渗透式滤水器可以将水的导电度调降至 100 以下。这时产生的水较软，也比较适合泡茶。

改善水质的方法有以上四种，掌握了这些方法，我们就不用羡慕古人可以取干净无杂的露水、雨水，可以在自己家里获得最佳品质的泡茶用水了。

如何煮水

好茶没有好水就不能发挥茶叶的品质，而好水没有好方法来煮也会失去其功效，因此，我们在得到了好茶、好水之后，下一步需要做的就是掌握煮水的方法。

煮水，也叫煎水。水煮得好，茶的色、香、味才能更好地保存和发挥。总体说来，煮水可分为煮水前和煮水时两部分。

1. 煮水前

煮水前需要准备以下材料及器具。

＊燃料

煮水燃料有煤、炭、煤气、柴、酒精等多种，但这些燃料燃烧时多少都有气味产生，后来人们常用电作为燃料，这样就不会有味道产生。所以在煮水的过程中应注意：不用沾染油、腥等异味的燃料；煮水的场所应通风透气，不使异味聚积；使用柴、煤等炉灶，应使烟气及时从烟囱排出，用普通煤炉，屋内应装换气扇；柴、煤、炭燃着有火焰后，再将水放置到火焰上烧煮；水壶盖应密封，这样既清洁卫生又简单方便，还可以达到急火快煮的要求。

煮水示意图

＊容器

烧火容器古代用镂，现在一般都用烧水壶，即古书上提到的"铫"和"茶瓶"。选择容器的时候，切记要将容器洗刷干净，以免让水沾染上异味，影响茶汤味道。

煮水的容器多种多样，从古至今也大为不同。陶制壶小巧玲珑，可以准确掌握水沸的程度，保证最佳泡茶质量；石英壶壶壁透明如玻璃，可以耐高温，因此不仅样式美观还方便使用，饮茶时自然能增添不少情趣；有些茶馆还会使用金属铝壶和不锈钢壶，这类茶壶也是我们平时生活常见的。

2. 煮水时

陆羽在《茶经·五之煮》中提到："其沸如鱼目，微有声，为一沸；缘边如涌泉连珠，为二沸；腾波鼓浪，为三沸。已上水老不可食也。"这正是交代煮水的过程以及各个阶段水的特点，也就是说，过了三沸的水就不能饮用了，更不可以用它来泡茶了。

除此之外，明代张源《茶录》中对于如何煮水介绍得更为详细，只要按照书中提到的方法即可将水烧好："汤有三大辨十五小辨。一曰形辨，二曰声辨，三曰气辨。形为内辨，声为外辨，气

蒸汽辨水温

为捷辨。如虾眼、蟹眼、鱼眼、连珠皆为萌汤，直至涌沸如腾波鼓浪，水气全消，方是纯熟。如初声、转声、振声、骤声，皆为萌汤，直至无声，方是纯熟。如气浮一缕、二缕、三四缕，及缕乱不分，氤氲乱绕，皆为萌汤，直至气直冲贵，方是纯熟。"

除了听声音看形态判断水的程度，煮水时对火候也有很大的要求。要急火猛烧，待水煮到纯熟即可，切勿文火慢煮，久沸再用。煮水如使用铁制锅炉，常含铁锈水垢，需经常冲洗炉腔，否则所煮之水长时间难以澄清，泡茶时绿茶汤色泛红，红茶汤色发黑，且影响滋味的鲜醇，不适宜待客或品茶。

由以上几点来看，煮水的学问还真不少，只要我们掌握了这些技巧，就可以轻松地煮出合适的水来了。

水温讲究

煮水的时候，合适的水温也是保证泡好茶的重要因素之一。水温太高，会破坏茶叶中的有益菌，还会影响茶叶的鲜嫩口味；水温如果太低，茶叶中的有益成分不能充分溶出，茶叶的香味也不能充分散发出来。由此看来，水温的高低影响着茶叶的口感与香气的挥发程度。而且不同地点、不同茶叶对水温的需求也略有不同。

1. 低温泡茶

低温泡茶的水温在 70℃ ~ 85℃之间。冲泡带嫩芽的茶类需要用这种温度的水，例如明前龙井或芽叶细嫩的绿茶、白茶和黄茶。因为其芽叶非常细嫩，如果水温太高，茶叶就会被泡熟，味道自然大打折扣，也就失去了茶的独特味道和香气。

2. 中温泡茶

中温泡茶的水温在 85℃ ~ 95℃之间，这个温度对于一般情况而言，是最合适的水温。因为对大多数茶叶来说，低温冲泡会令茶香茶味无法挥发出来，甚至造成温吞水；而用沸腾的水泡茶又容易将茶叶烫坏，破坏茶叶中的许多营养物质，还会使茶中的鞣酸等物质溶出，使茶带有苦涩的味道，自然影响茶的品质。因而，大多数茶叶都适合用这个温度范围内的水冲泡。

3. 高温泡茶

高温泡茶的水温在 95℃ ~ 100℃之间。对于用较粗老原料加工而成的茶叶，诸如黑茶、红茶、普洱茶等，适宜用沸水来冲泡。因为如果水温不够，茶叶就会漂浮起来，香味没有充分散发，这是不合格的温吞水。另外，在新疆、西藏等高原地区，水温往往不到 100℃水就沸腾了，这时的水根本不能冲泡出好茶来。而这些地区的朋友又常常用饼茶、砖茶等泡茶，因此更适合用沸水煮茶，这样才会更好地溶出茶中的元素。因此，在这里与其说高温泡茶，倒不如说高温煮茶更合适。

煮开的水所需的温度会受到很多方面因素的影响，例如大气压。平地烧水，大约 100℃时水会滚动与汽化，但随着大气压力的减弱，例如高山上，烧滚的温度会降低，除非在煮水器上加压，否则继续加热也仍然无法达到 100℃的高温。

以上是不同茶叶及地点对水温的不同需求，我们在泡茶之前可以根据茶叶的老嫩程度，以及自己所在的地区选择合适的水温，这样泡出的茶叶才能充分发挥其特色与香气。

判断水温的方法

我们既然知道了泡茶水温的重要性，那么如何判断水温呢？我们可以通过如下方法判断：

1. 通过蒸汽判断水温

我们都知道，一壶水在加热过程中，不同温度所产生的蒸汽是不同的。不管

水温在65℃左右　　　　水温在75℃左右　　　　水温在85℃左右　　　　水温在95℃左右

加热方式是瓦斯炉、电炉还是水中加热的电壶，以及煮水器的不同容量，受热面积的不同等，蒸汽程度都相差不大。因此，我们完全可以利用蒸汽的程度来判断水的大致温度。

　　打开盖子看水气冒出的状况是较为准确的方法，但也要注意煮水器开口的大小，以及大气压力的变化，如高山上气压低，水气会冒得较早、较猛。但是，一般煮水的时候都会盖上壶盖，不太适合经常开盖来看，还是观察蒸汽的形态比较容易。

2. 通过气泡判断水温

　　茶圣陆羽在《茶经》中描述过水温三沸时的气泡形态，相对于温度的变化，其一沸应为75℃左右，二沸应为85℃左右，三沸应为95℃左右。而这三种温度时的气泡形态大致为：65℃左右时是稀疏的小水泡缓缓上升，水面显现微弱水纹；75℃左右时是繁密的小水泡，表面水纹开始明显波动；85℃左右时，水泡从小泡变成中泡，而且于水面形成跳动的状态；95℃左右时，水泡从中泡变成大泡，且成串猛烈上升，水面形成翻滚现象。

水温在65℃左右　　　　水温在75℃左右　　　　水温在85℃左右　　　　水温在95℃左右

3. 通过人体感官判断水温

　　经常泡茶煮水的人对水温也比较敏感，因此，可以采用人体感官的方法判断水温。例如根据听觉，不同的水温会发出不同的声响，有人依靠听声音就知道水温高低。但这种方法也有弊端，如果是加热体放于水中的加热方式，水声会受到加热体大小、形状与装设位置的影响；有人根据触觉判断水温，用手触摸煮水器的外表，凭手的感觉来判断。虽然这种方式对有些人来说比较适用，可它也会受到煮水器材质与气温的影响，从而影响准确判断。

4.使用温度计判断水温

如果以上几种方法大家都无法掌握或使用不熟练，那么完全可以使用仪器——温度计来判断水温。备一支足以测量100℃高温的温度计，这样测量出的温度很准确，而且要比估算准确得多。如果使用时间长了，大家可以分别体会一下80℃、90℃、100℃的水的形态，慢慢地就可以凭自己的直觉来判断了。

也有人认为，泡茶的水一定要先煮开，再放凉至所需要的温度。其实将水煮沸之后不仅浪费能源，且多少都会影响其中的含氧量，往往得不偿失。我们可以根据取用水的干净程度，是否需要高温杀菌来判断煮水的温度。如果水源干净无菌，只需将水烧到需要的温度即可关火；而如果需要借高温杀菌，或使假性硬水变软，那么就可以将水煮沸，接着再降低到所需要的温度。

大家煮水时间久了，自然而然地会总结出许多判断水温的方法，也许还会得到比上面几种更方便实用的，但无论哪一种方法都切记不可影响水的品质，使其掺杂进其他物质。

温度计

影响水温的因素

人们在煮水的时候可能会发现，明明取出的水是需要的温度，可泡出来的茶却并不好喝，没有冲泡出茶叶独有的香味和特色来。这也许是因为泡茶的过程中，一些因素影响了水温的高低。下面这几种因素都会令水温改变，大家可以在泡茶的过程中尽量避免：

1.茶叶是否冷藏

有些时候，人们将喝不完的茶叶放入冰箱冷藏，以便延长茶叶的寿命。但下次取出茶叶时，常常将冰冷的茶叶直接投入茶具中，在这种情况下直接冲泡自然会降低水的温度，导致茶汤品质下降。因此，冷藏或冷冻后的茶一定要提前取出，使茶叶恢复至常温时，才可以冲泡。

2. 是否温壶

所谓温壶就是泡茶之前先将壶身温热，是否温壶会影响泡茶的水温。因为未经温热的茶壶，热水倒进去后，会降低5℃~10℃左右的水温，所以第一次泡茶有没有温壶就变得很重要，会直接影响到所需冲泡的时间。而第二泡以后就变得不重要了，反而应留意间隔的时间，也就是壶身以及其中茶叶变凉的状况。

温壶

温壶的方法很简单，通常是倒入八分满的热水，等30秒后将热水倒掉。另外也可以将空壶放于保温箱或烤箱内烤热，泡茶时直接拿出使用。

不同的茶壶对其保温效果也各不相同。这是因为，壶身吸热的多少往往取决于壶壁的厚薄与密度。厚度愈大、密度愈低，吸热愈多。这与壶的"保温能力"不同，壶壁的厚度愈大，密度愈低，保温能力愈强，也就是散热的速度愈慢，但这必须在不渗水或吸水率不是很大的情况下，否则这把壶不能使用。因此，就泡茶功能而言，厚度薄一些、密度高一些，散热速度快的壶较好。

3. 温润泡

冲泡茶叶时，先向壶中注水立刻倒掉的过程称为"温润泡"。这样做可以使茶叶吸收一下水的热度，增加湿度，使揉捻过的茶叶稍微舒展，以便第一泡茶汤发

温润泡

挥出应有的色、香、味。接下来再冲泡时，茶叶中的可溶物释出的速度也会加快。有些时候，温润泡是可以省略的，尤其对于那些水可溶物溶解速度很快的茶类，温润泡会令其损失许多香气与滋味。

温润泡后的第一泡，水温会降低 3℃ ~ 5℃，茶叶放得多，水温差得也自然多。而当我们进行温润泡时，冲泡的时间一定要缩短一些。

除了以上三种因素，水温还会受到环境的影响。例如夏天的时候水温降低速度很慢，而冬天温度降低的速度就快；地理位置较为寒冷的地区，水温降得也自然快。这时只要提高泡茶的水温或是延长冲泡时间即可。

了解了影响水温的因素，我们便可以在泡茶的过程中找到应对的策略，使泡茶的水温保持在适宜的温度。

水含氧量与泡茶的关系

我们在前面已经了解，可以寻找含有丰富微量元素和含氧量较高的水源，取用其中的水泡茶，这样可以提升茶汤的品质。另外，影响水中含氧量的因素还有一种，就是煮水的程度。

《茶经》中提到，三沸之后的水不可用，也就是自古常说的"水不可煮老"。因为一滚再滚的水，泡起茶来没有初煮的那么好喝。这其中有大半关系着含氧量的问题。含氧量高的水，喝来爽口，有活性，泡起茶来，茶香较易溶于水。因此，泡茶时一定要使用干净且刚加热到所需温度的水，这样才能减少水中的氧气挥发。

有些人也许会觉得，煮沸的水会降低硬度，这种说法并不完全是正确的。水中的钙、镁离子若在高温时变成白色"水垢"沉淀，水的硬度自然会降低，这种硬水称为假性硬水或暂时性硬水。而有些水在煮沸后，水中没有生成水垢，这种水就称为永久性硬水，也就无法用煮沸的方法降低硬度。

水含氧量与泡茶的关系极为密切，我们要尽量避免各种因素造成的含氧量降低，这样就会得到品质最好的饮茶用水。

水温对茶汤品质的影响

茶叶经过不同温度的水冲泡之后，所呈现出来的茶汤品质是不同的。即便是同一浓度，茶汤的感觉也是不同的。通常来说，以低温冲泡出的茶汤较温和，以高温冲泡出的茶汤较强劲。如果大家觉得泡好的茶味道偏苦，那么可以降低冲泡用水的温度。

冷水泡茶

不同类别的茶叶所需要的水温也是不同的，可分为冷水冲泡、低温冲泡、中温冲泡和高温冲泡四种，只有针对不同种类的茶叶选择不同的水温冲泡，才能得到品质高的茶汤。

1. 冷水

冷水冲泡的温度一般在20℃左右。用冷水冲泡，可以防止中暑。白茶、生普洱茶、台湾乌龙茶等都适合用这种方法冲泡，尤其是白茶。但是，体质偏寒的人，或在夜间饮茶时，则不适合用这种水温，还是尽量热饮。

2. 低温

一般70℃～80℃，这种温度适合冲泡以嫩芽为主的不发酵茶类，例如龙井、碧螺春等茶。另外，黄茶类也属于低温冲泡的茶类，玉露、煎茶，这两种蒸青类茶也需要低温冲泡，这样才会使茶汤清澈透亮，泡出茶的特色和香气来。

3. 中温

一般80℃～90℃，这种温度适合较成熟的

低温泡茶

不发酵茶，例如六安瓜片；或是采嫩芽为主的乌龙茶类，例如白毫乌龙；或重萎凋的白茶类，例如白毫银针等，这些种类的茶都适合用中温冲泡。利用这种温度的水冲泡之后，茶汤品质要比其他水温下显得更高，茶的特色也能显露无余。

4. 高温

一般90℃～100℃，这种温度适合经渥堆的黑茶类，如普洱茶；全发酵的红茶；或采开面叶为主的乌龙茶类，如冻顶乌龙、铁观音、武夷岩茶等。由于这些种类的茶味道都很浓郁，因此高温下茶汤的品质也自然最佳，颜色也较其他温度要好一些。

这四种分类方式适合大多数的茶叶，也有些茶叶是特别的，例如花茶。如果花茶是以绿茶熏花制成的，则需要用低温冲泡；以采成熟叶片为主的乌龙茶熏花而成的，则需要用高温冲泡；如果是其他的，则视情况而定。因此，选择合适的水温先要认清熏花的原料茶才好。

另外，未经过渥堆的普洱茶，如果陈放多年，因其已经产生足够的氧化反应，最好用中温冲泡；如果是以红茶压制而成的红砖茶，则用高温冲泡；另外，焙火的乌龙茶都以采成熟叶片为主，所以无论焙火轻或是焙火重，都需要用高温冲泡。

只有根据不同茶叶选择合适的水温冲泡，才能使绿茶的茶汤更加清澈，红茶的茶汤颜色如琥珀般晶莹，黑茶的茶汤香味更加浓郁……使各类茶都能充分发挥其自身的特色，我们也因此得到最佳品质的茶汤。

中温泡茶

高温泡茶

第四章

茶的一般冲泡流程

茶叶的冲泡过程有一定的顺序，虽然可繁可简，但也要根据具体情况来定。一般说来，冲泡的顺序为投茶、洗茶、第一次冲泡、第二次冲泡、第三次冲泡等几个过程。每个阶段都有其各自的特点及注意事项，并不难掌握。

初识最佳出茶点

出茶点是指注水泡茶之后，茶叶在壶中受水冲泡，经过一段时间之后，我们开始将茶水倒出来的那一刹那，在这一瞬间倒出来的茶汤品质最佳。

常泡茶的人也许会发现，在茶叶量相同、水质水温相同、冲泡手法等方面完全相同的情况下，自己每次泡的茶味道也并不是完全相同，有时会感觉特别好，而有时则相对一般。这正是由于每次的出茶点不同，也许有时离这个最佳的点特别近，有时偏差较大导致的。

其实，最佳出茶点只是一种感觉罢了。这就像是形容一件东西、一个人一样，说他哪里最好、哪里最美，每个人的感觉都是不同的，最佳出茶点也是如此。它只是一个模糊的时间段，在这短短的时间段中，如果我们提起茶壶倒茶，那么得到的茶水自然是味道最好的，而一旦错过，味道也会略微逊些。

既然无法做到完全准确地找到最佳出茶点，那么我们只要接近它就好了。我们会偶然间"碰到"这个出茶点，但多数时候，如果技术不佳，感悟能力还未提升到一定层次时，寻找起来仍比较困难。所以万事万物都需要尝试，只要我们常泡茶、常品茶，在品鉴其他人泡好的茶时多感受一些，相信自己的泡茶技巧也会不断提升。

当我们的泡茶、鉴茶、品茶的水平达到一定层次时，这样再用相同的手法

寻找最佳出茶点

泡茶，又会达到一个全新的高度和领域。久而久之，我们自然会离这个"最佳出茶点"更近，泡出的茶味道也自然会达到最好。

投茶与洗茶

投茶也称为置茶，是泡茶程序之一，即将称好的一定数量的干茶置入茶杯或茶壶，以备冲泡。投茶的关键就是茶叶用量，这也是泡茶技术的第一要素。

由于茶类及饮茶习惯，个人爱好各不相同，每个人需要的茶叶都略有些不同，我们不可能对每个人都按照统一标准去做。但一般

投茶

而言，标准置茶量是 1 克茶叶搭配 50 毫升的水。现代评茶师品茶按照 3 克茶叶对150 毫升水这一标准来判断茶叶的口感。当然，如果有人喜欢喝浓茶或淡茶，也可以适当增加或减少茶叶量。

因此，泡茶的朋友需要借助这两样工具：精确到克的小天平或小电子秤和带刻度的量水容器。有人可能会觉得量茶很麻烦，其实不然，只有茶叶量标准，泡出的茶才会不浓不淡，适合人们饮用。

有的时候，我们选用的茶叶不是散茶，而是像砖茶、茶饼一类的紧压茶，这个时候就需要采取一定的方法处理。我们可以把紧压茶或是茶饼、茶砖拆散成叶片状，除去其中的茶粉、茶屑。还有另一种方法，就是不拆散茶叶，将它们直接投入到茶具中冲泡。两种方法各有其利弊，前者的优势为主动性程度高，弊端是损耗较大；后者的优势是茶叶完整性高，但弊端是无法清除里面夹杂的茶粉与茶屑，这往往需要大家视情况而定。

接下来要做的就是将茶叶放到茶具中。如果所用的茶具为盖杯，那么可以直接用茶则来置茶；如果使用茶壶泡茶，就需要用茶漏置茶，接着用手轻轻拍一拍茶壶，使里面的茶叶摆放得平整。

人们在品茶的时候有时会发现，茶汤的口感有些苦涩，这也许与茶中的茶粉

和茶屑有关。那么在投茶的时候，我们就需要将这些杂质排除在外，将茶叶筛选干净，避免带入这些杂质。

当茶叶放入茶具中之后，下一步要做的就是洗茶了。洗茶是一个笼统说法。好茶相对比较干净，要洗的话，也只是洗去一些黏附在茶叶表面的浮尘、杂质，再就是通过洗茶把茶粉、茶屑进一步去除。

注水洗茶之后，干茶叶由于受水开始舒张变软，展开成叶片状，茶叶中的茶元素物质也开始析出。另外，沸水蕴含着巨大的热能注入茶器，茶叶与开水的接触越均匀充分，其展开过程的质量就越高。因此，洗茶这一步骤做得如何，将直接影响到第一道茶汤的质量。

> 投茶有上投法、中投法和下投法三种，根据不同的茶选用不同的投法。

我们在洗茶时应该注意以下几点：

（1）洗茶注水时要尽量避免直冲茶叶，因为好茶都比较细嫩，直接用沸水冲泡会使茶叶受损，直接导致茶叶中含有的元素析出，质量下降。

（2）水要尽量高冲，因为冲水时，势能会形成巨大的冲力，茶器里才能形成强大的旋转水流，把茶叶带动起来，随着水平面上升。这一阶段，茶叶中所含的浮尘、杂质、茶粉、茶屑等物质都会浮起来，这样用壶盖就可以轻而易举地刮走这些物质。

洗茶

（3）洗茶的次数根据茶性决定。茶叶的茶性越活泼，洗茶需要的时间就越短。例如龙井、碧螺春这样的嫩叶绿茶，几乎是不需要洗茶的，因为它们的叶片从跟开水接触的那一刻起，其中所含的茶元素等物质就开始快速析出。而陈年的普洱茶，洗茶一次可能还不够，需要再洗一次，它才慢吞吞地析出茶元素物质。总之，根据茶性不同，我们可以考虑是否洗茶或多加一次洗茶过程。

说了这么多，洗茶究竟有什么好处呢？首先，洗茶可以保持茶的干净。在洗茶的过程中，能够洗去茶中所含的杂质与灰尘；其次，洗茶可以诱导出茶的香气和滋味；最后，洗茶能去掉茶叶中的湿气。所以说，洗茶这个步骤往往是不可缺少的。

第一次冲泡

投茶洗茶之后，我们就可以开始进入第一次冲泡了。

冲泡之前别忘了提前把水煮好，至于温度只需根据所泡茶的品质决定即可。洗过茶之后，要在注水前将壶中的残余茶水滴干，这样做对接下来的泡茶极其重要。因为这最后几滴水中往往含有许多苦涩的物质，如果留在壶中，会把这种苦涩的味道带到茶汤中，从而影响茶汤的品质。

接下来，将合适的水注入壶中，接着盖好壶盖，静静地等待茶叶舒展，使茶元素慢慢析出来，释放到水中。这个过程需要我们保持耐心，在等待的过程中，注意一定不要去搅动茶水，应该让茶元素均匀平稳地析出。这个时候我们可以凝神静气，或是与客人闲聊几句，以打发等候的时间。

一般而言，茶的滋味是随着冲泡时间延长而逐渐增浓的。据测定，用沸水冲泡陈茶首先浸出来的是维生素、氨基酸、咖啡因等，大约到 3 分钟时，茶叶中浸出的物质浓度才最佳。因此，对于那些茶元素析出较慢的茶叶来说，第一次冲泡需要在 3 分钟左右时饮用为好。因为在这段时间，茶汤品饮起来具有鲜爽醇和之感。也有些茶叶例外，例如冲泡乌龙茶，人们在品饮的时候通常用小型的紫砂壶，用茶量也较大，因此，第一次冲泡的时间大概在 1 分钟左右就好，这时的滋味算得上最佳。

对于有些初学者来说，在冲泡时间的把握上并不十分精准，这个时候最好借助手表来看时间。虽然看时间泡茶并不是个好方法，但对于入门的人来说还是相当

第一次冲泡步骤

有效的，否则时间过了，茶水就会变得苦涩；而时间不够，茶味也没有挥发出来。

以上就是茶叶的第一次冲泡过程，在这个阶段，需要我们对茶叶的舒展情况、茶汤的质量做出一个大体的评鉴，这对后几次冲泡时的水温和冲泡时间都有很大的影响。

第二次冲泡

在第二次冲泡之前，需要我们对前一次的茶叶形态、水温等方面做出判断，这样才会在第二次冲泡掌握好时间。

回味茶香是必要的，因为有大量信息都蕴藏在香气中。如果茶叶采摘的时间是恰当的，茶叶的加工过程没有问题，茶叶在制成后保存得当，那冲泡出来的茶香必定清新活泼，有植物本身的气息，有加工过程的气息，但没有杂味，没有异味。如果我们闻到的茶香散发出来的是扑鼻而来的香气，那么就说明这种茶中茶元素的物质活性高，析出速度快，因此在第二次冲泡的时候，就不要过分地激发其活性，否则会导致茶汤品质下降；如果茶香味很淡，是一点点散发出来的香气，那么我们就需要在第二次冲泡过程中注意充分激发它的活性，使它的气味以及特色能够充分散发出来。

回味完茶香之后，我们需要检查泡茶用水。观察水温是十分必要的，在每次冲泡之前都需要这样做。如果第二次冲泡与前一次之间的时间间隔很短，那么就不要再给水加温了，这样做可以保持水的活性，也可以使茶叶中的茶元素尽快地析出。需要注意的是，泡茶用水不适宜反复加热，否则会降低水中的含氧量。

当我们对第一次冲泡之后的茶水做出综合评判之后，就可以分析第二次冲泡茶叶的时间以及手法了。由于第一次冲泡时，茶叶的叶片已经舒展开，所以第二次冲泡就不需要冲泡太长时间，大致上与第一次冲泡时间相当即可，或是稍短些

第二次冲泡步骤

也无妨；如果第一次冲泡之后茶叶还处于半展开状态，那么第二次冲泡的时间应该比前一次略长一些。

第三次冲泡

我们在第三次冲泡之前同样需要回忆一下第二次冲泡时的各种情况，例如水温高低、茶香是否挥发出来，综合分析之后才能将第三次冲泡时的各项因素把控好。

在经过前两次冲泡之后，茶叶的活性已经被激发出来。经过第二泡，叶片完全展开，进入全面活跃的状态。此时，茶叶从沉睡中被唤醒，在进入第三次冲泡的时候渐入佳境。

冲泡之前我们还是需要掌握好水温。注意与前一次冲泡的时间间隔，如果间隔较长，此时的水温一定会降低许多，这时就需要再加热，否则会影响冲泡的效果；如果两次间隔较短，就可以直接冲泡了。

此时茶具中的茶叶处于完全舒展的状态，经过前两次冲泡，茶叶中的茶元素析出物应该减少了许多。按照析出时间的先后顺序，可以将析出物分为速溶性析出物和缓溶性析出物两类。顾名思义，速溶性析出物释放速度较快，最大析出量发生在茶叶半展开状态到完全展开状态的这个区间内；而缓溶性析出物大概发生在茶叶展开状态之后，且需要通过适当时间的冲泡才能慢慢析出。

从几次冲泡时间来看，速溶性析出物大概在第一、二次冲泡时析出；而缓溶性析出物大概在第三次冲泡开始析出。因此，前两次冲泡的时间一定不能太长，否则会导致速溶性析出物析出过量，茶汤变得苦涩，而缓溶性析出物的质量也不会很高。

至于第三次冲泡的时间则因情况而定，完全取决于前两次冲泡后茶叶的舒展情况以及茶叶本身的特点。比第二次冲泡时间略长、略短或与其持平，这三种情

第三次冲泡步骤

况完全有可能，我们可以依照实际情况判断。

茶的冲泡次数

我们经常看到这样两种喝茶的人：有的投一点儿茶叶之后，反复冲泡，一壶茶可以喝一天；有的只喝一次就倒掉，过会儿再喝时，还要重新洗茶泡茶。虽然不能说他们的做法一定是错误的，但茶的冲泡次数确实有些讲究，要因茶而异。

据有关专家测定，茶叶中各种有效成分的析出率是不同的。一壶茶冲泡之后，最容易析出的是氨基酸和维生素 C，大概在第一次冲泡时就可以析出；其次是咖啡因、茶多酚和可溶性糖等。也就是说，冲泡前两次的时候，这些容易析出的物质就已经融入茶汤之中了。

以绿茶为例，第一次冲泡时，茶中的可溶性物质能析出 50% 左右；冲泡第二次时能析出 30% 左右；冲泡第三次时，能析出约 10%。由此看来，冲泡次数越多，其可溶性物质的析出率就越

优质绿茶六安瓜片三次冲泡的茶汤（由下至上分别为 1～3 泡的茶汤）

低。相信许多人一定有所体会，冲泡绿茶太多次数之后，其茶汤的味道就与白开水相差不多了。

通常，名优绿茶只能冲泡 2～3 次，因为其芽叶比较细嫩，冲泡次数太多会影响茶汤品质；红茶中的袋泡红碎茶，冲泡 1 次就可以了；白茶和黄茶一般也只能冲泡 2～3 次；大宗红、绿茶可连续冲泡 5～6 次；乌龙茶可连续冲泡 5～9 次，所以才有"七泡有余香"之美誉；陈年的普洱茶，有的能泡到 20 多次，因为其中所含的析出物释放速度非常慢。

除了冲泡的次数之外，冲泡时间的长短，对茶叶内所含有效成分的利用也有很大的关系。任何品种的茶叶都不宜冲泡过久，最好是即泡即饮，否则有益成分被氧化，不但降低营养价值，还会泡出有害物质。此外，茶也不宜太浓，浓茶有损胃气。

由此看来，茶叶的冲泡次数不仅影响着茶汤品质的好坏，更与我们的身体健康有关，实在不能忽视。

生活中的泡茶过程

千百年来，茶一直是中国人生活中的必需品。无论有没有客人，爱茶之人都习惯冲泡一壶好茶，慢慢品饮，别有一番情趣。

生活中的泡茶过程很简单，每个人都可以在闲暇时间坐下来，为自己或家人冲泡一壶茶，解渴怡情的同时，也能增加生活趣味。一般来说，生活中的泡茶过程大体可分为七个步骤：

1.清洁茶具

清洁茶具不仅是清洗那么简单，同时也要进行温壶。首先，用沸水烫洗一下各种茶具，这样可以保证茶具被清洗得彻底，因为茶具的清洁度直接影响着茶汤的成色和质量好坏。在这个过程中，需要注意的是沸水一定要注满茶壶，这

清洁茶具的步骤

样才能使整个茶壶均匀受热，以便在冲泡过程中保住茶性不外泄；另外，整个茶壶都受热之后，冲泡用的水也不会因茶壶而温度下降，影响水温。

2. 置茶

置茶时需要注意茶叶的用量和冲泡的器具。茶叶量需要统计人数，并且按照每个人的口味喜好决定茶叶的用量。

一般来说，在生活中泡茶往往会选择茶壶和茶杯两种容器。当容器是茶壶时，我们可以先从茶叶罐中取出适量茶叶置于茶荷中，然后用茶则将茶叶拨入茶壶中；当容器是茶杯时，我们可以按照一茶杯--则的标准进行茶叶的放置。

置茶的步骤

3. 注水

向容器中注水之前一定要保证水的温度，如果需要中温泡茶，那么经过前两步之后，我们需要确保此时水的温度恰好在中温。注水的过程中，需要等到泡沫从壶口处溢出时才能停下。

注水的步骤

4. 倒茶汤

冲泡一段时间之后，我们就可以将茶汤倒出来了。首先，刮去茶汤表面的泡沫，接着再将壶中的茶倒进公道杯中，使茶汤均匀。

倒茶汤的步骤

5. 分茶

将均匀的茶汤分别倒入茶杯中，注意不能将茶倒得太满，以七分满为最佳。

分茶的步骤

6. 敬茶

分茶之后，我们可以分别将茶杯奉给家人品尝，也可以个人自由端杯品饮。如果我们是自己品饮，这个步骤自然可以忽略。

敬茶的步骤

7. 清理

这个过程包括两部分，清理茶渣和清理茶具。品茶完毕之后，我们需要将冲泡过程中产生的茶渣从茶壶中清理出去，可以用茶匙清理；清理过茶壶之后，我们一定不要忘记清理茶具，要用清水将它们冲洗干净。否则时间久了，茶汤会慢

清理的步骤

慢变成茶垢，不仅影响茶具美观，其中所含的有害物质还会影响人的身体健康。

简简单单的七个过程，让我们领略了生活中泡茶的惬意美感。那么下一次如果有闲暇时间，别忘了为自己和家人泡一壶茶，尽享难得的休闲时光。

待客中的泡茶过程

客来敬茶一直是我国从古至今留下来的习惯，无论是在家庭待客还是办公室中待客，我们都需要掌握泡茶的过程及礼仪。

泡茶的过程并没有太多的变化，只需要我们注意自己的手法，不能太过敷衍随意，否则会影响客人对我们的印象。待客中的泡茶过程需要注意以下几点：

1. 泡茶器具

待客的茶具虽然不一定要多么精致昂贵，但要尽可能干净整齐一些，若是办公室则要配置成套茶具为好。

另外，如果来访的客人人数不多，停留时间不长，我们可以选择使用茶杯，保证一人一杯就可以了。如果人数超过五人，泡茶器就是最佳的选择。

准备茶具

下面是对泡茶器的简单介绍：泡茶器一般可以分为壶形和杯形两种。通常情况下，壶形泡茶器中都会有一层专门的滤网。我们可以将茶叶放在滤网之上进行冲泡。这样，茶叶和茶汤是分开的，第一次冲泡完成之后，还可以将滤网连同茶叶取出，以备进行第二次冲泡。

而杯形泡茶器的盖子比较灵活。只需轻轻一按，茶汤就会立刻流入下层，接下来就可以将流入下层的茶汤倒进茶杯，敬献给客人。

2. 选取茶叶

如果家中茶叶种类丰富，那么我们可以在投放茶叶之前询问客人的喜好及口味，为不同的客人选择不同的茶叶。

茶叶量投放多少也要根据客人的喜好及人数决定，有的客人喜欢喝浓茶，

选取茶叶

我们自然可以多放一些茶叶；如果客人喜欢清淡的，我们就需要减少茶叶量。如果客人较少可以选择用茶包。如果客人人数较多，就必须要在茶壶或者泡茶器中放入与它们容量相当的茶叶，并注意不要因为客人较多就盲目增加茶叶投入的数量。

3. 泡茶、奉茶时的注意事项

我们的手法不需要多么完美无缺，但一定要注意许多泡茶中的忌讳问题，例如：放置茶壶的时候不能将壶嘴对准他人，否则表示请人赶快离开；茶杯要放在茶垫上面，一是尊重传统泡茶中的礼仪，二是保持桌面的洁净、庄严；进行回旋注水、斟茶、温杯、烫壶等动作时用到单手回旋时，右手必须按逆时针方向、左手必须按顺时针方向动作，类似于招呼手势，寓意"来、来、来"表示欢迎，反之则变成暗示"去、去、去"了；斟茶的时候只可斟七分满，暗寓"七分茶三分情"之意；要用托盘将茶端上来，不要用手直接碰触，这样做既表示对客人的尊敬之意，另外也表示隆重。

> 我国有"浅茶满酒"的讲究，一般倒茶或冲茶至茶具的2/3到3/4左右，如冲满茶杯，不但烫嘴，还寓有逐客之意。

待客中的泡茶过程虽然与生活中的比较相近，但还是需要注意以上几点，这

🫖 茶典、茶人与茶事

明代张岱《陶庵梦忆》："周墨农向余道，闵汶水茶不置口。戊寅九月，至留都，抵岸，即访闵汶水于桃叶渡。"

这段话记述张岱和闵汶水品茶定交的故事。闵汶水擅长煮茶，被人称为闵老子。许多路过他家的人都会前去拜访，为的是欣赏他的茶艺。

张岱前去桃叶渡拜访闵汶水时，闵汶水刚好外出，张岱就在那等了很久。闵汶水的家人问他为何不离开，张岱回答说："慕汶老久，今日不畅饮汶老茶，决不去！"闵汶水回到家中，听到有客来访，赶紧"自起当炉。茶旋煮，速如风雨。导至一室，明窗净几，荆溪壶、成宣窑磁瓯十余种，皆精绝。灯下视茶色，与磁瓯无别，而香气逼人。"看到这样的茶艺，张岱连连叫好！品茶时，闵汶水说："茶为'阆苑茶'，水是'惠泉水'。"张岱品尝过后，觉得不对劲，就说："茶似阆苑制法而味不似，何其似罗岕甚也。水亦非普通惠泉。"闵汶水听后很是敬佩，就回道："奇！奇！"然后将实情告诉了张岱。

张岱又说："香扑烈，味甚浑厚，此春茶耶？向沦者的是秋采。"汶水回答说："予年七十，精赏鉴者无客比。"闵、张二人在一起就茶的产地、制法和采制，水的新陈、老嫩等茶事展开了辩论，两人志同道合，最终成为至交，成就一段佳话。

泡茶

奉茶

样才不会让客人觉得我们款待不周。在下一次客人来访的时候，请面带笑容，将一杯杯香茶奉上，表示我们对客人的尊敬与肯定吧。

办公室中的泡茶过程

生活在职场中的人们，常常会感觉到身心疲惫，尤其是午后，更是昏昏欲睡，毫无精神。这时，如果为自己泡一杯鲜爽的清茶或一杯浓浓的奶茶，不仅会提神健脑，解除疲劳，同时又能使办公室的生活更加惬意舒适，重新投入工作时才会更有活力。

那么，现在我们就开始学习在办公室中如何泡茶吧。

1. 选择茶叶及茶具

由于办公室空间有限，并不能像在家中一样方便各种冲泡流程，所以我们可以选择简单的原料及茶具，例如袋泡茶和简单的茶杯。这样做的好处是：我们可以根据自己的爱好和口味选择茶包中的茶品，也可以免去除茶渣的麻烦。原材料虽然简单，但却可以在最短的时间内为自己泡上一杯好茶，其功效往往不会减少。

以奶茶为例，假设我们此时需要泡一杯香浓的奶茶，那么首先要选择的原料有袋泡茶、牛奶、糖和玻璃杯。一般来说，人们常常将红茶与奶混合，因为红茶的茶性最温和，可以起到暖胃养身的效果。因此，许多上班族都喜欢随身携带红茶包，以便工作之余冲泡饮用。

2. 泡茶

办公室中的泡茶过程较其他几种要简单得多。首先，我们可以向茶杯中冲入沸水，大约占杯子的1/3即可。接下

泡茶

来，将红茶包浸入杯中。过一两分钟之后，提起茶叶包上的棉线上下搅动，这样可以使茶叶充分接触到沸水，可以有效地使茶性散发出来，也就相当于传统泡茶中的"闷香"过程。

需要注意的是，有些人并不喜欢奶茶，而是选择冲泡袋装茶。其实，袋装茶的冲制过程比简易奶茶还要简单，不过必须注意一点，冲泡袋装茶时一定要先将开水注入杯中再放入茶包。如果先放茶包再注水会严重影响茶汤的品质和滋味。

3. 加入牛奶和糖

经过泡茶的过程之后，茶性此时已经得到了充分的散发。接下来，我们可以加入牛奶，加入量取决于每个人的口味。但一般来说，加入浓茶的不超过 30 毫升，加入中度茶的不超过 20 毫升，加入淡茶的不超过 15 毫升。

加糖的时候要注意根据个人的喜好，并不一定要加糖才能得到香醇的奶茶，有些人不适宜服用太多的糖，这时就需要我们酌情减少或不添加。

在办公室中泡茶的过程就是这么简单，只需要以上三步即可。工作之余，我们完全可以为自己冲泡一杯香浓的茶，忙碌的同时也不要忘了享受生活才对。

如果是为来访的客户泡茶，首先要语气委婉地问清客人要喝什么样的茶，问时要间接地告诉对方你有什么，以免客人要喝的没有，而给对方失落感；其次冲泡茶叶时一定要掌握好它的浓淡和水量，每个细节都要臻于完美，这样会给对方很舒适的感觉。

加入牛奶和糖

第五章

泡出茶的特色

茶叶的冲泡，一般只需要准备水、茶、茶具，经沸水冲泡即可，但如果想把茶叶本身特有的香气、味道完美地冲泡出来，并不是容易的事，也需要一定的技术。也可以说，泡茶人人都会，但想要泡出茶的特色，却需要泡茶者一次又一次地冲泡练习，熟练地掌握冲泡方法。时间久了，泡茶者自然会从中琢磨出差别，泡出茶的特色来。

绿茶的冲泡方法

绿茶一般选用陶瓷茶壶、盖碗、玻璃杯等茶具沏泡，所以，其常用的冲泡方法是：茶壶泡法、盖碗泡法和玻璃杯泡法三种。

1. 茶壶泡法

（1）洁净茶具。准备好茶壶、茶杯等茶具，将开水冲入茶壶，摇晃几下，再注入茶杯中，将茶杯中的水旋转倒入废水盂，洁净了茶具又温热了茶具。

（2）将绿茶投入茶壶待泡。茶叶用量按壶的大小而定，一般每克茶冲50～60毫升水。

（3）将高温的开水先以逆时针方向旋转高冲入壶，待水没过茶叶后，改为直流冲水，最后用手腕抖动，使水壶有节奏地三起三落将壶注满，用壶盖刮去壶口水面的浮沫。茶叶在壶中冲泡 3 分钟左右将茶壶中的茶汤斟入茶杯，绿茶就冲泡好了。

2. 盖碗泡法

（1）准备盖碗，数量依照具体需要而定，随后清洁盖碗。将盖碗一字排开，把盖掀开，斜搁在碗托右侧，依次向碗中注入开水，少量即可，用右手把碗盖稍加倾斜盖在盖碗上，手持碗身，食指按住盖钮，轻轻旋转盖碗三圈，将洗杯水从盖和碗身之间的缝隙中倒出，放回碗托上，右手再次将碗盖掀开斜搁于碗托右侧，其余盖碗以同样方法进行洁具，以达到洁具和温热茶具的目的。

（2）将干茶依次拨入茶碗中待泡。一般来说，一只普通盖碗大概需要放2克的干茶。

（3）将开水冲入碗中，水注不可直接落在茶叶上，应在碗的内壁上慢慢冲入，冲水量以七八分满为宜。

（4）冲入水后，将碗盖迅速稍加倾斜，盖在碗上，盖沿与碗沿之间留有一定的空隙，避免将碗中的茶叶焖黄泡熟。

3. 玻璃杯泡法

（1）依然是准备茶具和清洁茶具。一般选择无刻花的透明玻璃杯，根据喝茶的人数准备玻璃杯。从左侧依次开始温杯，左手托杯底，右手捏住杯身，轻轻旋转杯身，将杯中的开水依次倒入废水盂。之后再清洁烧水壶，这样既清洁了玻璃杯又可让玻璃杯预热，避免正式冲泡时炸裂。

（2）投茶。因绿茶干茶细嫩易碎，因此从茶叶罐中取茶时，应轻轻拨取、轻轻转动茶叶罐，将茶叶倒入茶杯中待泡。

茶叶投放秩序也有讲究，有三种方法即上投法、中投法和下投法。上投法：先一次性向茶杯中注足热水，待水温适度时再投放茶叶。此法多适用于烘青等细嫩度极好的绿茶，如特级龙井、黄山毛峰等。此法水温要掌握得非常准确，越是嫩度好的茶叶，水温要求越低，有的茶叶可等待至70℃时再投放。中投法：投放茶叶后，先注入1/3热水，等到茶叶吸足水分，舒展开来后，再注满热水。此法适用于虽细嫩但很松展或很紧实的绿茶，如竹叶青等。下投法：先投放茶叶，然后一次性向茶杯注足热水。此法适用于细嫩度较差的一般绿茶。

（3）将水烧到合适的温度就可冲泡了。拿着水壶冲水时用手腕抖动，使水壶有节奏地三起三落，高冲注水时，一般冲水入杯至七成满为止，注入时间掌握在15秒以内。同样注意开水不要直接浇在茶叶上，应打在玻璃杯的内壁上，以避免烫坏茶叶。

嫩茶宜用玻璃杯冲泡，而中低档的绿茶则更适宜选用其他材质的壶冲泡。玻璃杯因透明度高，能一目了然地欣赏到佳茗在整个冲泡过程中的变化，所以适宜冲泡名优绿茶；而中低档的绿茶无论是外形内质还是色香味都不如嫩茶，如果用玻璃杯冲泡，缺点尽现，所以一般选择使用瓷壶或紫砂壶冲泡。

 茶典、茶人与茶事

六安瓜片的传说

在1905年前后，六安市的某茶行有一个位评茶师，他收购完茶叶后，就会将上等茶叶中的嫩茶拣出来专门出售，结果大受好评。后来，麻埠的茶行就学习他的这一方法出售茶叶，并将茶叶起名分为"峰翘"，意思就是"毛峰"（蜂）之翘。

再后来，当地的一家茶行，直接将采回的茶叶去梗，将老叶和嫩叶分开炒，制成的茶从各个方面都比"峰翘"优秀很多。渐渐地，这种茶叶就成了当地的特产，因为这种茶的形状很像葵花子，就被称为"瓜子片"，后来又直接称为"瓜片"。

红茶的冲泡方法

世界各国以饮红茶者居多，红茶饮用广泛，其饮法也各有不同。

红茶因品种、调味方式、使用的茶具不同和茶汤浸出方式的不同，有着不同的饮用方法。

1. 按红茶的品种分，有工夫红茶饮法和快速红茶饮法两种

＊工夫红茶饮法

首先，准备茶具。茶壶、盖碗、公道杯、品茗杯等放在茶盘上。其次，温杯。将开水倒入盖碗中，再把水倒入公道杯，之后倒入品茗杯中，然后将水倒掉。再次，放茶。最后，泡茶、饮茶。泡茶的水温在 90℃ ~ 95℃。当然冲泡时不要忘记先洗茶。

准备茶具

温杯的步骤

放茶　　　　泡茶、饮茶

快速红茶

＊快速红茶饮法

快速红茶饮法主要是对红碎茶、袋泡红茶、速溶红茶和红茶乳晶、奶茶汁等品种来说的。红碎茶是颗粒状的一种红茶，比较小且容易碎，茶元素易溶于水，适合快速泡饮，一般冲泡一次，最多两次，茶汤就很淡了；袋泡红茶一般一杯一袋，泡饮更为方便，把开水冲入杯中后，轻轻抖

动茶袋，等到茶汤溶出就可以把茶袋扔掉；速溶红茶和红茶乳晶，冲泡比较简单，只需要用开水直接冲就可以，随调随饮，冷热皆宜。

2. 按红茶茶汤的调味方式，可分调饮法和清饮法

* 调饮法

调饮法主要是冲泡袋泡茶，直接将袋茶放入杯中，用开水冲1~2分钟后，拿出茶袋，留茶汤。品茶时可按照自己的喜好加入糖、牛奶、咖啡、柠檬片等，还可加入各种新鲜水果块或果汁。

* 清饮法

清饮法就是在冲泡红茶时不加任何调味品，主要品红茶的滋味。如品饮工夫红茶，就是采用清饮法。工夫红茶是条形茶，外形紧细纤秀，内质香高、色艳、味醇。冲泡时可在瓷杯内放入3~5克茶叶，用开水冲泡5分钟。品饮时，先闻香，再观色，然后慢慢品味，体会茶趣。

调饮法

清饮法

3. 按使用的茶具不同，可分为红茶杯饮法和红茶壶饮法

* 杯饮法

杯饮法适合工夫红茶、小种红茶、袋泡红茶和速溶红茶，可以将茶放入玻璃杯内，用开水冲泡后品饮。工夫红茶和小种红茶可冲2~3次；袋泡红茶和速溶红茶只能冲泡1次。

杯饮法

壶饮法

＊壶饮法

壶饮法适合红碎茶和片末红茶，低档红茶也可以用壶饮法。可以将茶叶放入壶中，用开水冲泡后，将壶中茶汤倒入小茶杯中饮用。一般冲泡2～3次，适合多人在一起品饮。

4.按茶汤的浸出方法，可分为红茶冲泡法和红茶煮饮法

＊冲泡法

将茶叶放入茶壶中，然后冲入开水，静置几分钟后，等到茶叶内含物溶入水中，就可以品饮了。

＊煮饮法

一般是在客人餐前饭后饮红茶时用，特别是少数民族地区，多喜欢用壶煮红茶，如长嘴铜壶等。将茶放入壶中，加入清水煮沸（传统多用火煮，现代多用电煮），然后冲入预先放好奶、糖的茶杯中，分给大家。也有的桌上放一盒糖、一壶奶，各人根据自己需要随意在茶中加奶、加糖。

冲泡法

煮饮法

乌龙茶的冲泡方法

乌龙茶既有红茶的甘醇又有绿茶的鲜爽和花茶的芳香，那么，怎样泡饮乌龙茶才能品尝到它纯真独特的香味？乌龙茶因地域不同，冲泡方法又有不同，以安溪、潮州、宜兴等地最为有名。

下面，我们以宜兴的春茶冲泡方法为例，为大家进行具体讲解。

宜兴泡法是融合各地的方法，此法特别讲究水的温度。

（1）温杯之后，将茶荷中的茶叶拨入壶中，加水入壶到满为止，盖上壶盖后立刻将水倒入公道杯中，将公道杯中的水再倒入茶盅中，即可饮用。

冲泡茶的步骤

（2）将壶中的残茶取出，再冲入水，将剩余茶渣清出倒入池中。将茶池中的水倒掉。清洗所有用具，以备再用。

 清洁茶具

黄茶的冲泡方法

黄茶有黄叶黄汤的品质特点。那么怎么才能冲泡出最优的黄茶呢？冲泡黄茶的具体步骤就特别关键。

1. 摆放茶具

将茶杯依次摆好，盖碗、公道杯和茶盅放在茶盘之上，废水盂放于右手边。

摆放茶具

2. 观赏茶叶

主人用茶则将茶叶轻轻拨入茶荷后，供来宾欣赏。

观赏茶叶

3. 温热盖碗

用沸水温热盖碗和茶盅。将沸水注满盖碗，接着右手拿盖碗，将水注入公道杯，然后将茶公道杯的水倒入茶盅中，最后用茶夹夹住茶盅将茶盅中的水倒入废水盂。

温热盖碗的步骤

4. 投放茶叶

将茶荷中的茶叶拨入盖碗，投茶量为盖碗的半成左右。

5. 清洗茶叶

将沸水高冲入盖碗，盖上碗盖，撇去浮沫。然后立即将茶汤倒入废水盂中。

投放茶叶

清洗茶叶的步骤

6. 高冲

用高冲法将沸水注入盖碗中，使茶叶在碗中尽情地翻腾。第一泡时间为1分钟，1分钟后，将茶汤注入公道杯中，最后注入茶盅，然后就可以品饮了。

除了遵守上述六个步骤之外，还需要注意的是第一次冲泡后还可以进行二次冲泡。第二次冲泡的方法与第一次相同，只是冲泡时间要比第一泡增加15秒，以此类推，每冲泡一次，时间都要相对增加。

黄茶是沤茶，在冲泡的过程中，会产生大量的消化酶，对脾胃最有好处，对消化不良、食欲不振、懒动肥胖等有很好的缓解作用。

高冲的步骤

白茶的冲泡方法

白茶是一种极具观赏性的特种茶，其冲泡方法与黄茶相似。为了泡出一壶好茶，首先要做冲泡前的准备。

茶具的选择，为了便于观赏，冲泡白茶一般选用透明玻璃杯。同时，还需要准备玻璃冲水壶、观水瓶、竹帘、茶荷等，以及茶叶。

准备茶具和水

1. 准备茶具和水

将冲泡所用到的茶具一一摆放到台子上，再把沸水倒入玻璃壶中备用。

2. 观赏茶叶

双手执盛有茶叶的茶荷，请客人观赏茶叶的颜色与外形。

观赏茶叶

3. 温杯

倒入少许开水在茶杯中，双手捧杯，转旋后将水倒掉。如果茶具较多，将其他的茶具也都逐个洗净。

温杯的步骤

4. 放茶叶

将放在茶荷中的茶叶，向每个杯中投入大概3克。

5. 浸润运摇

提起冲水壶将水沿杯壁冲入杯中，水量约为杯子的四成，为的是能浸润茶叶使其初步展开。然后，右手扶杯子，左手也可托着杯底，将茶杯顺时针方向轻轻转动，使茶叶进一步吸收水分，香气充分发挥，摇香约30秒。

放茶叶　　　　　　　　　　　　　　　浸润运摇

6. 冲泡

冲泡时采用回旋注水法，开水温度为90℃～95℃，先用回转冲泡法按逆时针顺序冲入每碗中水量的三成到四成，后静置2～3分钟。

7. 品茶

品饮白茶时先闻茶香，再观汤色和杯中上下浮动的玉白透明形似兰花的芽叶，然后小口品饮，茶味鲜爽，回味甘甜。

冲泡

品茶

白茶本身呈白色，经过冲泡，其香气清雅，姿态优美。另外，因其性寒凉，具有退热祛暑解毒之功效，所以在夏季喝一杯白茶，可以防暑解渴，白茶是夏季必备的饮料之一。

黑茶的冲泡方法

黑茶具有双向、多方面的调节功能，所以无论老少、胖瘦都可饮黑茶，而且还能在饮用黑茶中获益。那么如何才能冲泡出一壶好的黑茶呢？

1. 选茶

怎样选出品质好的茶叶呢？品质较好的黑茶一般外观条索紧卷、圆直，叶质较嫩，色泽黑润。千万不要饮用劣质茶和受污染的茶叶。

2. 选茶具

冲泡黑茶一般选择粗犷、大气的茶具，以厚壁紫砂壶或祥陶盖碗为主。

3. 选水

一般选用天然水，如山泉水、江河湖水、井水、雨水、雪水等。因为黑茶茶叶粗老，一般用100℃的开水冲泡。有时候，为了保持住水温，还要在冲泡前用开水烫热茶具，冲泡时还要在壶外淋开水。

选茶

选茶具

选水

4. 投茶

将茶叶从茶荷拨入盖碗中。

5. 冲泡

冲泡时最好先倒入少量开水，浸没茶叶，再加满至七八成。冲泡时间以茶汤浓度适合饮用者的口味为标准。一般来说，品饮湖南黑茶，冲泡时间适宜短，一般为2分钟，次数可为5~7次，随着冲泡次数的增加，冲泡时间应适当延长。

6. 品茶

茶汤入口，让茶水在口水稍停片刻，滚动舌头，使茶汤经过口腔中的每个部位，浸润所有的味道，体会黑茶的润滑和甘厚；轻咽入喉，领略黑茶的丝丝顺柔，带金花的黑茶还能品尝到一股独特的金花的菌香味。

投茶　　　　　　　　　冲泡　　　　　　　　　品茶

 茶典、茶人与茶事

孔明树的传说

　　三国时，军师诸葛亮带着士兵来到西双版纳，但是很多士兵因为水土不服眼睛失明了。诸葛亮知道后，就将自己的手杖插在了山上，结果那支手杖立刻就长出枝叶，变成了茶树。

　　诸葛亮用茶树上的茶叶泡成茶汤让士兵喝，士兵很快就恢复了视力。从此后，这里的人们便学会了制茶。现在，当地还有一种叫"孔明树"的茶树，孔明也被当地人称为"茶祖"。时至今日，当地百姓还会在诸葛亮生日这天，放"孔明灯"，来纪念这位"茶祖"。

花茶的冲泡方法

花茶是我国特有的香型茶，经过冲泡，其鲜花的纯清馥郁之气慢慢通过茶汤浸出，从而品饮花茶的爽口浓醇的味道。

品饮花茶，先看茶坯质地，好茶才有适口的茶味，才有好的香气。花茶种类繁多，下面以茉莉花为例，介绍一下花茶的冲泡方法。

准备茶具

1. 准备茶具

一般选用的是白色的盖碗，如果冲泡高级茉莉花茶，为了提高其艺术欣赏价值，可以采用透明玻璃杯。

2. 温热茶具

将盖碗置于茶盘上，用沸水高冲茶具、茶托，再将盖浸入盛沸水的茶盏中转动，最后把水倒掉。

温热茶具 　　　　　　　　　　　　　　放入茶叶

3. 放入茶叶

用茶则将茉莉花轻轻从茶荷中拨入盖碗，根据个人的口味增减。

4. 冲泡茶叶

冲泡茉莉花茶时，第一泡应该低冲，冲泡壶口紧靠茶杯，直接注于茶叶上，使香味缓缓浸出；第二泡采中冲，壶口不必靠紧茶杯，稍微离开杯口注入沸水，使茶水交融；第三泡采用高冲，壶口离茶

冲泡茶叶（高冲）

杯口稍远一些冲入沸水，使茶叶翻滚，茶汤回荡，花香飘溢。一般冲水至八分满为止，冲后立即加盖，以保茶香。

5. 闻茶香

茶经过冲泡静置片刻，即可拿起茶盏，揭开杯盖一侧，用鼻子闻其香气，顿时觉得芬芳扑鼻而来，也可以伴着香气深呼吸，以充分领略香气给人带来的愉悦之感。

6. 品饮

经闻茶香后，等到茶汤稍微凉一些，小口喝入，并让茶汤在口中稍事停留，配合以鼻呼气的动作，使茶汤在舌面上往返流动几次，充分与味蕾接触，品尝茶叶和香气后再喝下。

闻茶香

品饮

第六章
不同茶具冲泡方法

泡茶的器具多种多样，有玻璃杯、紫砂壶、盖碗、飘逸杯、小壶、陶壶等。虽说泡茶的过程和方法大同小异，但却因不同的茶具有着不同的方法。本章主要从不同茶具入手，详细地介绍各自的特点及冲泡手法，希望大家面对不同茶具时，都能冲泡出好茶来。

玻璃杯泡法

人们开始用吹制的办法生产玻璃器物，最早可以追溯到公元 1 世纪。玻璃在几千年的人类历史中自稀有之物发展成为日常生活不可或缺的实用品，走过了漫长的道路。19 世纪末，玻璃终于成为可用压、吹、拉等方法成形，用研磨、雕刻、腐蚀等工艺进行大规模生产的普通制品。

玻璃杯冲泡法可以冲泡我国所有的绿茶、白茶、黄茶以及花茶等，现在我们以冲泡绿茶为例，介绍玻璃杯的冲泡方法。

1. 准备茶具

准备茶叶，随水泡、茶荷、茶则、茶匙、玻璃杯等，并将用具摆放好。

2. 观赏茶叶

轻轻开启茶罐，用茶匙取出少许茶叶放在茶荷中，主人端着茶荷给来宾欣赏。

准备茶具

观赏茶叶

3. 放入茶叶

欣赏完茶叶之后，将茶叶分别拨入茶杯中，大概每杯 2 克的量。

放入茶叶

4. 浸润泡

准备约 80℃的泡茶用水。右手提随手泡，左手垫茶巾处托住壶底，注意不宜将沸水直接注入杯中，右手手腕回转使壶嘴的水沿杯壁冲入杯中，水量为杯容量的三到四成，使茶叶吸水膨胀，便于内含物析出，大概浸润 20 ~ 60 秒。

浸润泡

5. 冲泡茶叶

提壶注水，用"凤凰三点头"的方法冲水入杯中，不宜太满，至杯子总容量的七成左右即可。经过三次高冲低斟，使杯内茶叶上下翻动，杯中上下茶汤浓度均匀。

冲泡茶叶

6. 奉茶

通常，主人把茶杯放在茶盘上，用茶盘把刚沏好的茶奉到客人的面前就可以了。

奉茶

7. 闻香气

客人接过茶用鼻闻其香气，还可就着香气深呼吸，以充分领略香气给人的愉悦之感。

闻香气　　　　　　　　　　　　　品饮

8. 品饮

经闻香后，等到茶汤稍凉适口时，小口喝入，不要立即咽下，让茶汤在口中稍事停留，以口吸气、鼻呼气相配合的动作，使茶汤在舌面上往返数次，充分与味蕾接触，品尝茶叶和香气后再咽下。

9. 欣赏茶

通过透明的玻璃杯，在品其香气和滋味的同时可欣赏其在杯中优美的舞姿，或上下沉浮、翩翩起舞；或如春笋出土、银枪林立；或如菊花绽放，令人心旷神怡。

欣赏茶

10. 收拾茶具

喝茶完毕，将桌上泡茶用具全收至大盘中，之后逐一清洗。

玻璃杯由于其独特的造型，加之其是透明的，通过透明的玻璃杯，茶的各种优美姿态便一目了然，在品饮茶的同时，既能欣赏到茶的优美舞姿，又能愉悦身心。

紫砂壶泡法

中国的茶文化始于唐朝，但到宋代人们才开始使用紫砂壶，到明代开始有了关于紫砂壶的记载。紫砂是一种多孔性材质，气孔微细，密度高。用紫砂壶沏茶，不失原味，且香不涣散，得茶之真香真味。那么，紫砂壶泡茶方法是怎么样的呢？

1. 温壶温杯

用开水烧烫茶壶内外和茶杯，既可清洁茶壶去紫砂壶的霉味，又可温暖茶壶醒味。

温壶温杯

2. 投入茶叶

选好茶后用茶匙取出茶叶，观察干茶的外形，闻干茶香。根据客人的喜好，

投入茶叶

大约取茶壶容量的 1/5 ~ 1/2 的茶叶，投入茶壶。

3. 温润泡

投入茶叶之后，把开水冲入壶中，然后马上将水倒出。如果茶汤上面有泡沫，可注入开水至近乎满泻，然后再用壶盖轻轻刮去浮在茶汤面上的泡沫。清洗了茶叶又温热了茶壶，茶叶也在吸收一定水分后舒展开了。

温润泡

4. 冲泡茶

将沸水再次冲入壶中，倒水过程中，高冲入壶，向客人示敬。水要高出壶口，用壶盖拂去茶沫儿。

5. 封壶

盖上壶盖，用沸水遍浇壶外全身，稍等片刻。

冲泡茶

封壶

6. 分杯

用茶夹将闻香杯和品茗杯分开，放在茶托上。将壶中茶汤倒入公道杯，使每个人都能品到色、香、味一致的茶。

7. 分壶

将茶汤分别倒入闻香杯，茶斟七分满即可。

分杯

8. 奉茶

将茶杯倒扣在闻香杯上，用手将闻香杯托起，迅速地将闻香杯倒转，使闻香杯倒扣在茶杯上，向客人奉茶。

分壶

奉茶

9. 闻香

将闻香杯竖直提起，双手夹住，靠近鼻孔，轻嗅闻香杯中的余香。

10. 品茗

取品茗杯，分三口轻啜慢饮。

闻香

品茗

这是第一泡，一般来说，冲泡不同的茶水温也不一样。用紫砂壶冲泡绿茶时，注入水温在80℃为宜；泡红茶、乌龙茶和普洱茶时，水温保持在90℃～100℃为宜。第二泡、第三泡及其后每一泡，冲泡的时间都要依次适当延长。

此外，还需要注意的是泡完茶后一定要将茶叶从壶中清出，再用开水烧烫茶壶。最后取出壶盖，壶底朝天，壶口朝地，自然风干，主要是让紫砂壶彻底干爽，不至于发霉。紫砂壶每次用完都要风干，为防止壶口被磨损，也可在其上铺上一层吸水性较好的棉布。

紫砂壶透气性能好，用它泡茶不容易变味。如果长时间不用，只要用时先注满沸水，立刻倒掉，再放入冷水中冲洗，泡茶仍是原来的味道。同时紫砂壶冷热急变性能好，寒冬腊月，壶内注入沸水，绝对不会因温度突变而胀裂。就是因为砂质传热比较慢，泡茶后握持不会炙手。不但如此，紫砂壶还可以放在文火上烹烧加温，也不会因受火而裂。

盖碗泡法

盖碗是一种上有盖、下有托、中有碗的茶具，茶碗上大下小，盖可入碗内，茶船作底承托。喝茶时盖不易滑落，有茶船为托又可避免烫到手。下面介绍一下花茶用盖碗冲泡的方法。

1. 准备茶具

根据客人的人数，将几套盖碗摆在茶盘中心位置，盖与碗内壁留出一小隙，茶盘内左上方摆放茶筒，开水壶放在茶盘内右下方。

2. 温壶

准备茶具

注入少许开水入壶中，温热壶。将温壶的水倒入废水盂，再注入刚沸腾的开水。

温壶

3. 温盖碗

　　将碗盖按抛物线轨迹放在托碟右侧，用壶从左依次冲水至盖碗总容量的1/3，盖上盖，稍等片刻。打开盖，双手捏住盖碗，按顺时针回转一圈，倒掉盖碗中的水，然后将盖碗放在原来的位置。依此方法——温热盖碗。

温盖碗

4. 置茶

　　用茶匙从茶罐中取茶叶直接投放到盖碗中，通常150毫升容量的盖碗投茶2克。

置茶

5. 冲泡

　　用单手或双手回旋冲泡法，依次向盖碗内注入约容量 1/4 的开水；再用"凤凰三点头"手法，依次向盖碗内注水至七分满。如果茶叶类似珍珠形状不易展开的，应在回旋冲泡后加盖，用摇香手法令茶叶充分吸水浸润；然后揭盖，再用"凤凰三点头"手法注入开水。

冲泡

6. 闻香、赏茶

　　双手连托端起盖碗，用左手前四指部位托住茶托底，拇指按在茶托沿上，右手腕向内一转搭放在盖碗上；用大拇指、食指及中指拿住盖钮，向右下方轻按，使碗盖右侧盖沿部分浸入茶汤中，再向左下方轻按，令碗盖左侧盖沿部分浸入茶汤中；右手顺势揭开碗盖，将碗盖内侧朝向自己，凑近鼻端左右平移，嗅闻茶香；用盖子撇去茶汤表面浮叶，边撇边观赏汤色；后将碗盖左低右高斜盖在碗上。

闻香、赏茶

7. 奉茶

双手连托端起盖碗，将泡好的茶依次敬给来宾，请客人喝茶。

奉茶

8. 品饮

端起盖碗，轻轻将盖子揭开，小口喝入，细细品，边喝边用茶盖在水面轻轻刮一刮，不至于喝到茶叶，而且还能使茶水上下翻转调解茶味的浓淡（轻刮则淡，反之则浓）。

品饮

9. 续水

盖碗茶一般续水 1 ~ 2 次，泡茶者用左手大拇指、食指、中指拿住碗盖提钮，将碗盖提起并斜挡在盖碗左侧，右手提开水壶高冲低斟向盖碗内注水。

续水

10. 洁具

冲泡完毕，盖碗中逐个注入开水——清洁，清洁后将所有茶具收放至原位。

喝盖碗茶的妙处就在于，碗盖使香气凝集，揭开碗盖，茶香四溢并用盖赶浮叶，不使之沾唇，便于品饮。

洁具

飘逸杯泡法

飘逸杯，也称茶道杯。用飘逸杯泡茶不需要茶盘、公道杯等，只需要一个杯子即可，但相比盖碗少了许多品茶的感觉。它的出水方式与紫砂壶和盖碗都不一样，虽然简单，但其泡茶方法也是有讲究的。

1. 烫杯洗杯

准备好要用的茶具。飘逸杯与其他茶具不同，它有内胆、大外杯和盖子，

烫杯洗杯

所以烫杯的时候这三者都要用开水好好烫一遍，开水放进去稍等一两分钟，保证没有异味。特别是长时间没用过的飘逸杯，在泡茶之前一定要烫洗干净。之后检查内胆有没有破洞，控制出水杆的下压键是否灵活好用，各个部件都检查完毕，就可以把烫杯用的水倒掉。将干净的杯子放置在茶帘上。

2. 放茶叶

用茶则将茶叶拨入飘逸杯，放茶叶的量根据个人口味来定，想喝浓点的就多放点儿茶叶，想喝淡点的就少放点儿。如果着急喝，也可以多放茶叶，这样就可以快速出汤。

放茶叶

3. 洗茶

根据生茶和老茶的不同，洗茶步骤也有不同。喝生茶时洗茶步骤相对简单，开水冲入杯中，让茶叶充分浸润，然后倒掉水就可以了。如果喝老茶，洗茶的过程要稍微麻烦一些，老茶放置时间比较长，容易有灰尘。洗茶时，注水的力度相

洗茶

对要大、要猛，出水要快，注满沸水，要立即按开出水杆，倒掉洗茶水。飘逸杯出水的过程跟其他茶具不同，它是由上而下，所以出水速度要快，如果速度慢了的话，原来被激起的一些杂质会再次附着在茶叶上，达不到洗茶的目的。

4. 冲泡茶

冲泡的时候注水不要太猛，要相对轻柔一点儿，以保证茶汤的匀净。然后茶叶经过冲泡出汤，按下出水杆的按钮，等到茶汤完全漏入杯中即可。

冲泡茶

5. 品茶

如果是在办公室自己喝茶，出汤之后，直接拿着杯子喝即可；如果多人喝茶，需要准备几个小杯子，把飘逸杯中的茶汤倒入小杯中就好了。慢慢品尝，闻茶香品茶味。

品茶

用飘逸杯泡茶，由于其步骤相对简单，同一杯组可同时泡茶、饮茶，不必另备茶海、杯子、滤网等。泡茶速度快，适合居家待客，可同时招待十余位朋友，不会有冲泡不及的尴尬，同时还可以办公室自用，可将外杯当饮用杯使用。清洗杯也比较容易，掏茶渣也很简单，只要打开盖子把内杯向下倾倒，茶渣就会掉出来，再倒进清水清洁即可。

小壶泡法

小壶由于也是用紫砂做的，其泡茶方法与普通的紫砂壶有相似的地方，又有不同，下面就介绍小壶详细的泡茶方法。

1. 备具、备茶和备水

首先选一把精巧的小壶，茶盅的个数与客人的人数相对应，此外还要准备泡茶的茶杯、茶盅以及所需要的置茶器、理茶器、涤洁器等相关用具。

准备茶叶，取出泡茶所需茶叶放入茶荷。准备开水，如果现场烧煮开水，则准备泡茶用水与煮水器；如果开水已经烧好了，倒入保温瓶中备用。

备具、备茶和备水

2. 冲泡前的准备

（1）温茶壶。用开水烧烫小壶和公道杯，清洗茶具同时提高小壶和公道杯的温度，为温润泡做好准备。

冲泡前的准备

（2）取茶。从茶叶罐中取出茶叶放入茶荷中，根据人数决定取茶的分量。

取茶

（3）放茶。将茶叶拨进壶中后，盖上壶盖。然后用双手捧着壶，连续轻轻地前后摇晃 3 ~ 5 下，以促进茶香散发，并使开泡后茶的内质释放出来。

放茶

（4）温润泡。把开水注入壶中，直到水满溢出为止。这时用茶桨拨去水面表层的泡沫，盖上壶盖，茶叶在吸收一定水分后即会呈现舒展状态。

温润泡

（5）烫杯。将温润泡的茶水倒入公道杯中，再将公道杯中的茶水依次倒入茶盅中，用茶夹夹住茶盅，手腕顺时针旋转清洗茶盅。将温热好的茶盅放在茶托上。

烫杯

3. 冲泡

第一泡，将适温的热水冲入小壶，盖上壶盖，静置大概1分钟。将茶汤倒入公道杯中，为客人分茶。

冲泡

4. 奉茶、品茶

主人双手端茶给客人，客人细细品茶。品茶时先闻茶香，再啜饮茶汤，先含在口中品尝味道，然后慢慢咽下感受滋味变化。

奉茶、品茶

第二泡泡茶时间要比第一泡多15秒，接着第三泡、第四泡泡茶时间依次增加，一般能泡2～4次。

喝完茶，主人要用茶匙掏去茶味已淡的茶渣，并把茶具一一清洗干净，然后将所有茶具放回原来的位置。

小壶由于体积比较小，根据不同的茶叶外形、松紧度，放茶量也有不同，非常蓬松的茶，如清茶、白毫乌龙等，放七八分满；较紧结的茶，如揉成球状的安溪铁观音、纤细紧结的绿茶等，放1/4壶；非常密实的茶，如片状的龙井、针状的工夫红茶等，放1/5壶。

玻璃茶壶泡法

玻璃茶壶与铝、搪瓷和不锈钢等茶具相比，其本身不含金属氧化物，可免除铝、铅等金属对人体造成的危害。玻璃茶壶制品长期使用不脱片、不发乌，具有很强的机械强度和良好的耐热冲击性。其最适宜冲泡红茶，也可以冲泡绿茶和花茶。

1. 温壶

将沸水冲入壶中，放1/5壶，右手提壶，左手托底，顺时针旋转，温热壶的同时清洗茶壶，同时清洗壶盖和内胆。

温壶

2. 温杯

用壶中的水温烫品茗杯，在用茶夹夹住品茗杯温烫完毕之后，将水倒入废水盂中。

温杯

3. 欣赏干茶

由茶罐直接将茶倒入茶荷，由主人奉至客人面前，请其观看茶叶形状，闻茶香。

4. 放入茶叶

将茶荷中的茶叶投入壶的内胆中，茶量依据客人的人数而定。

欣赏干茶

5. 冲泡

提壶高冲入壶中，激发茶性，使干茶充分吸收水分，茶的色、香、味都会挥发出来。可以用手轻轻摇动内胆几次，让茶叶充分浸泡，茶汤均匀地析出。

放入茶叶　　　　　　　　　冲泡

6. 分茶

将玻璃壶的内胆取出来，放在一旁的茶盘中。摆好品茗杯，将壶中的茶汤分别倒入品茗杯中，不宜太满，倒至杯子的七分满为宜。

分茶

7. 品饮

先闻茶香，然后小口品饮，停留口中片刻，细饮慢品，充分体会茶的真味。

品饮

完成上述步骤之后，最后还需要将内胆中的茶叶倒掉，再用开水把壶及品茗杯清洗干净，放回原位。

玻璃壶相对紫砂壶等茶具，其清洗特别方便，可以直接将内胆取出，茶叶倒掉，很容易清洗干净。由于其晶莹透明，配合细致的手工技术，使得玻璃茶壶流露出动人的光彩，非常吸引人，不但非常实用，还可以作为礼物赠送亲友。

瓷壶泡法

瓷壶大约出现在早期的新石器时代，最初没有固定的形状，直到两晋时出现的鸡首壶、羊首壶首开一侧有流，一侧安执手的型制，才为瓷壶这种器物最终定型，并一直沿用到现在。那么，用瓷壶泡茶的方法是怎样的呢？

1. 温烫瓷壶

将沸水冲入壶中，水量三分满即可，温壶的同时也清洗了茶壶。

温烫瓷壶

2. 温烫公道杯和品茗杯

为了做到资源的不浪费，温瓷壶的开水不要倒掉，直接倒入公道杯，温烫公道杯，再将公道杯的水倒到品茗杯中，温烫清洗品茗杯，之后把水倒掉。

温烫公道杯和品茗杯

3. 投入茶叶

将茶荷中备好的茶叶轻轻放入壶中。

4. 温润泡

将沸水冲入壶中，静置几秒钟，干茶经过水分的

投入茶叶

浸润，叶子慢慢舒展开，温润茶叶。最后，倒掉水。

温润泡

5. 正式冲泡

将沸水冲入壶中，冲泡茶叶。等到茶汤慢慢浸出，将冲泡好的茶汤倒入公道杯中。

正式冲泡

6. 分茶饮茶

将公道杯中的茶汤均匀地分入品茗杯中，七分满即可。端起品茗杯轻轻闻其香气，然后小口慢喝，品饮茶的味道。

分茶饮茶

7. 清洗瓷壶

泡过茶以后，瓷壶的内壁上就会有茶垢，如果不去掉，时间长了，越积越厚，颜色也变黑十分难看，还容易产生异味，所以用完瓷壶要立即清洗，取出叶底，最后清洗壶内壁的茶垢。

瓷壶不但外形好看，好多茶都可以用瓷壶来泡，而且其适应性比较强，不管绿茶、红茶、普洱还是铁观音，泡过一种茶之后，立即擦洗干净就可直接泡其他种类的茶，还不会串味。

清洗瓷壶

陶壶泡法

陶壶一般是灰白色泥质做的，外表装饰褐色的陶衣，由于其本身就有很多的毛细孔，所以不是任何茶都适于用陶壶冲泡。陶壶最适宜泡半发酵茶，比如乌龙茶、武夷茶、清茶、铁观音或水仙。经过陶壶冲泡，其特殊的香气自然溢出，泡出来的茶也会更香，而且陶壶体积较小，泡茶的技巧特别关键，特别是温度的保持。

1. 备具

准备好冲泡所需的茶具。

2. 温烫陶壶

冲沸水入壶，温烫陶壶，洁净陶壶。

3. 温烫品茗杯

再将陶壶中的水倒入品茗杯，温烫品茗杯。用手转动杯子，使水充分接触杯子，温烫杯子的每个部位。

备具

4. 倒水入废水盂

温烫陶壶和品茗杯后，将温烫品茗杯的水倒入废水盂。

温烫陶壶

温烫品茗杯

倒水入废水盂

5. 观赏茶

将准备好的茶叶放入茶荷中，进行赏茶。

6. 置茶

将选好的茶叶从茶荷中轻轻拨入壶中。

7. 冲泡

冲泡前可以先温润壶，即提起开水壶冲水入陶壶中直至溢出，使茶叶充分冲泡，迅速舒展开，将温润茶的水倒入茶盘。第一泡注水时，开水不要直接对准茶叶，沿壶沿慢慢注入。静置 1 ~ 2 分钟，等到茶汤充分浸泡出，将壶中的茶汤倒入公道杯中。

观赏茶　　　　置茶　　　　冲泡

8. 分茶

将公道杯中的茶汤分别分入品茗杯中至杯的七分满。

9. 奉茶

将分好的茶汤奉给客人。

10. 品茗

观其茶汤颜色，品茶分三口饮。

分茶

奉茶　　　　品茗

品茶香，
知茶事，
悟茶道

品茶篇

一花一世界，一叶一如来。人们在茶中观察身外的大千世界，在茶中寻找内心的恬淡平和。

第一章

品茶的四要素

品茶可分为四个要素，分别是：观茶色、闻茶香、品茶味、悟茶韵。这四个要素使人分别从茶汤的色、香、味、韵中得到审美的愉悦，将其作为一种精神上的享受，更视为一种艺术追求。不同的茶类会形成不同的颜色、香气、味道以及茶韵，要细细品啜，徐徐体察，从不同的角度感悟茶带给我们的美感。

观茶色

观茶色即观察茶汤的色泽和茶叶的形态，以下的哲理故事与其有一定的关联：相传，闲居士与老禅师是朋友。一次，老禅师请闲居士喝普洱茶。闲居士接过茶杯正要喝时，老禅师问他："佛家有言，色即是空，空即是色。你看这杯茶汤是什么颜色？"闲居士以为老禅师在考他的领悟能力，于是微笑着回答："是空色的。"老禅师又问："既然是空色的，又哪来颜色？"闲居士一听完全不知道怎么回答，便请教老禅师。老禅师心平气和地回答道："你没有看见它是深红色的吗？"闲居士听完之后，对其中的深意忽然顿悟。

故事中两人喝的是普洱茶，它所呈现的茶汤颜色是深红色的，而每类茶都有着不同的色泽，我们分别从茶汤和形态两方面品鉴一下。

1. 茶汤的色泽

冲泡之后，茶叶由于浸泡在水中，几乎恢复到了自然状态。茶汤随着茶叶内含物质的渗出，也由浅转深，晶莹澄清。而几泡之后，汤色又由深变浅。各类茶叶各具特色，不同的茶类又会形成不同的颜色。有的黄绿，有的橙黄，有的浅红，有的暗红等。同一种茶叶，由于使用不同的茶具和冲泡用水，茶汤也会出现色泽上的差异。

观察茶汤的色泽，主要是看茶汤是否清澈鲜艳、色彩明亮，并具有该品种应有的色彩。茶叶本身的品质好，色泽自然好，而泡出来的汤色也十分漂亮。但有些茶叶因为存放不当，泡出的茶不但有霉腐的味道，而且茶汤也会变色。

除此之外，影响茶汤颜色的因素还有许多，例如用硬水泡茶，有石灰涩味，茶汤色泽混浊。假若用来泡茶的自来水带铁锈，茶汤便带有铁腥味，茶汤也可能变得黯沉淤黑。

以下介绍几类优质茶的茶汤颜色（本页茶汤配图由下至上分别为 1 ~ 3 或 4 泡的茶汤）特点：

黄山毛峰茶汤　　　西湖龙井茶汤

（1）绿茶。绿茶由于制作时以高温杀青，因此叶绿素使茶叶保持翠绿的色泽。按叶片的色泽来说，可分深绿色、黄绿色，而茶叶愈嫩，叶绿素深绿色的含量愈少，便呈黄绿色。这也是龙井茶的色泽称为"炒米黄"的原因所在。而毛峰茶冲泡之后，茶汤都应是清澈浅绿，高级烘青冲泡之后，茶汤应显深绿，我们完全可以由茶汤的这个特点来判断绿茶品质的好坏。

（2）普洱茶。普洱茶因制作工艺不同，茶汤所呈现的色泽也略有不同，常见的汤色有以下几种：茶汤颜色呈现红而暗的色泽，略显黑色，欠亮；茶汤颜色红中透着紫黑，均匀且明亮，有鲜活感；茶汤颜色黑中带紫，红且明亮，有鲜活感；茶汤呈现暗黑色，有鲜活感等。这几种汤色都算得上优品普洱茶。

宫廷普洱茶汤　　　老茶头茶汤　　　普洱散茶茶汤　　　熟饼茶茶汤　　　熟砖茶茶汤

（3）工夫茶。工夫茶 4 ~ 5 泡的茶汤色浓而不红，淡而不黄，即在橙红与橙黄之间时，应有鲜亮的感觉，这样的汤色可谓工夫茶中的上品。

2. 茶叶的形态

观察茶叶的形态，主要分为观察干茶的形状以及冲泡之后的叶底两部分。

坦洋工夫茶汤　　　铁观音（乌龙茶）茶汤

（1）干茶的外观。每类茶叶的外观都有各自的特点，一般体现在色泽、质地、均匀度、紧结度、有无显毫等。

一般说来，新茶色泽都比较清新悦目，或嫩绿或墨绿。炒青茶色泽灰绿，略带光泽；绿茶以颜色翠碧，鲜润活气为好，特别是一些名优绿茶，嫩度高，加

信阳毛尖的干茶　　茉莉银针的干茶　　西湖龙井的干茶　　茉莉龙珠的干茶

工考究，芽叶成朵，在碧绿的茶汤中徐徐伸展，亭亭玉立，婀娜多姿，令人赏心悦目。

　　如果干茶色泽发枯、发暗、发褐，表明茶叶内质有不同程度的氧化；如果茶叶片上有明显黑色或深酱色斑点或叶边缘为焦边，也说明不是好茶；如果茶叶色泽花杂，颜色深浅反差较大，说明茶叶中夹有黄片，老叶甚至有陈茶，这样的茶也算不上好茶。

　　（2）看叶底。看叶底即观看冲泡后充分展开的叶片或叶芽是否细嫩、匀齐、完整，有无花杂、焦斑、红筋、红梗等现象，乌龙茶还要看其是否具有"绿叶红镶边"。

安吉白茶叶底　　　女儿环叶底　　　　祁门红茶叶底　　　黄金桂的叶底

　　茶叶随陈化期时间的增长，叶底颜色由新鲜翠绿转橙红鲜艳。生茶的茶叶随着空气中的水分来氧化发酵，由新鲜翠绿，进而转嫩软红亮。因此若是在潮湿不通风的仓储环境陈化，经半世纪或一百年也不会有多大效益，因为茶的发酵将彻底失去意义，叶面将是暗黑，无弹性感。

　　以上是大家对茶叶最初的印象，不过有时候茶叶的色泽会经过处理，这就需要我们仔细品鉴，并从其他几要素中综合考虑茶叶的品质。

闻茶香

　　观茶色之后，我们就需要嗅闻茶汤散发出的香气了。闻茶香主要包括三个方面，即干闻、热闻和冷闻。

干闻

热闻

冷闻

1. 干闻

干闻即闻干茶的香味。一般来说，好茶的茶香格外明显。如新绿茶闻之有悦鼻高爽的香气，其香气有清香型、浓香型、甜香型；质量越高的茶叶，香味越浓郁扑鼻。口嚼或冲泡，绿茶发甜香为上，如闻不到茶香或是香气淡薄或有一股陈气味，例如闻到一股青涩气、粗老气、焦烟气，则是劣质的茶叶。

2. 热闻

热闻即冲泡茶叶之后，闻其中茶的香味。泡成茶汤后，不同的茶叶具有各自不同的香气，会出现清香、板栗香、果香、花香、陈香等，而每种香型又分为馥郁、清高、鲜灵、幽雅、纯正、清淡、平和等多种，仔细辨认，趣味无穷。

3. 冷闻

当茶器中的茶汤温度降低后，我们可以闻一闻茶盖或杯底的留香，这个过程即冷闻，而此时闻到的香气与高温时亦不同。因为温度很高时，茶叶中的一些独特的味道可能被挥发出的芳香物质所掩盖，但茶汤温度降低后，由于温度较低，那些曾经被掩盖的味道在这个时候会逐渐散发出来。

在精致透明的玻璃杯中加少许的茶叶，在沸水冲泡的瞬间，让迷蒙着的茶香袅袅地腾起，深深地吸一口气，那香气已经被深深地吸入肺腑。茶香混合着热气缕缕沁出，乃是一番闻香的享受。

品茶味

闻香之后，我们用拇指和食指握住品茗杯的杯沿，中指托着杯底，分3次将茶水细细品啜，这就是品茶的第三个要素——品茶味。

清代大才子袁枚曾说过："品茶应含英咀华，并徐徐咀嚼而体贴之。"这正是教我们品茶的步骤，也特别强调了一个词语：徐徐。这句话的意思就是，品茶时，应该将茶汤含在口中，像含着一片花瓣一样慢慢咀嚼，细细品味，吞下去时还要

品茶

注意感受茶汤经过喉咙时是否爽滑。

茶汤入口时，可能有或浓或淡的苦涩味，但这不需要担心，因为茶味总是先苦后甜的。茶汤入口后，也不要立即下咽，而要在口腔中停留，使之在舌头的各部位打转。舌头各部位的味蕾对不同滋味的感觉是不一样的，如舌尖易感觉酸味，近舌根部位易辨别苦味。让茶汤在口腔中流动，与舌根、舌面、舌侧、舌端的味蕾充分接触，品尝茶的味道是浓烈、鲜爽、甜爽、醇厚、醇和，还是苦涩、淡薄或生涩，让舌头充分感受到茶汤的甜、酸、鲜、苦、涩等味，这样才能真正品尝到茶汤的美妙滋味。最后咽下之后，口里回甘，韵味无穷。

一般来说，品茶品的是五感，即调动人体的所有感觉器官用心去品味茶，欣赏茶，即五品分别是眼品、鼻品、耳品、口品、心品。眼品就是用眼睛观察茶的外观形状、汤色等；鼻品就是用鼻子闻茶香；耳品是指注意听主人或茶艺表演者的介绍，知晓与茶有关的信息的过程；口品是指用口舌品鉴茶汤的滋味，这也是品茶味的重点所在；心品是指对茶的欣赏从物质角度的感性欣赏升华到精神的高度，它更需要人们一定的领悟能力。

我国的茶品繁多，其品质特性各不相同，因此，品饮不同的茶所侧重的角度也略有不同，以下分别介绍了品饮不同茶叶的方法，以供大家参考。

1. 绿茶

绿茶，尤其是高级细嫩绿茶，其色、香、味、形都别具一格。品茶时，可以先透过晶莹清亮的茶汤，观赏茶的沉浮、舒展和姿态，察看茶汁的浸出、渗透和汤色的变幻。然后端起茶杯，先闻其香，再呷上一口，含在口中，让茶汤在口舌间慢慢地来回旋动。上好的绿茶，汤色碧绿明澄，茶叶先苦涩，后浓香甘醇，且带有板栗的香味。这样往复品赏几次之后，便可以感受得到其汤汁的鲜爽可口。

2. 红茶

品饮红茶的重点在于领略它的香气、滋味和汤色。品饮时首先观其色泽，再闻其香气，然后品尝茶味。饮红茶须在"品"字上下功夫，慢慢斟饮，细细品味，才可获得品饮红茶的真趣。品饮之后，我们一定会了解为什么人们将红茶称为"迷人之茶"了。

3. 乌龙茶

乌龙茶品饮的重点在于闻香和尝味，不重品形。品饮时先将壶中茶汤趁热倒入公道杯，之后分注于闻香杯中，再倾入对应的小杯内。品啜时，先将闻香杯置于双手手心，使闻香杯口对准鼻孔，再用双手慢慢来回搓动闻香杯，使杯中香气最大限度地挥发。品啜时，可采用"三龙护鼎"式端杯方式，体悟乌龙茶的美妙与魅力。

4. 白茶与黄茶

白茶和黄茶都具有极高的欣赏价值，品饮的方法也与其他类茶叶有所不同。首先，用无花纹的透明玻璃杯以开水冲泡，观赏茶芽在杯中上下浮动，再闻香观色。一般要在冲泡后 10 分钟左右才开始尝味，这时的味道才最好。

5. 花茶

花茶既包含了茶坯的清新，又融合了花朵的香气，品尝起来具有独特的味道。茶的滋味为茶汤的本味。花茶冲泡 2 ~ 3 分钟后，即可用鼻闻香。茶汤稍凉适口时，喝少许茶汤在口中停留，以口吸气、鼻呼气相结合的方法使茶汤在舌面来回流动，口尝茶味和余香。

茶典、茶人与茶事

袁枚生活在清代乾隆年间，号简斋，著有《随园诗话》一书。他一生嗜茶如命，特别喜欢品尝各地名茶。他听说武夷岩茶很有名，于是特意来到武夷山，但是尝遍了武夷岩茶，却没有一种满意的滋味，因此他失望地说道："徒有虚名，不过如此。"

他得知武夷宫道长对品茶颇有研究，于是便登门拜访。见了道长之后，袁枚问道："陆羽被世人称为茶圣，可是在《茶经》中却没有写到武夷岩茶，这是为什么呢？"道长笑笑没有回答，只是把范仲淹的《斗茶歌》拿给他看。袁枚读过这首诗，可是觉得词写得很夸张，心中有些不以为然。道长明白他的心思，因而说道："根据蔡襄的考证，陆羽并没有来过武夷，因而没有提到武夷岩茶。从这点可以说明陆羽的严谨态度。您是爱茶之人，不妨试试老朽的茶，不知怎样？"

袁枚按照道长的指示，慢慢品尝着茶，茶一入口，他感到一股清香，所有的疲劳都消失了。这杯茶和以前所喝的都不相同，于是他连饮五杯，并大声叫道："好茶！"袁枚很感谢道长，对道长说道："天下名茶，龙井味太薄，阳羡少余味，武夷岩茶真是名不虚传啊！"

茶是世间仙草，茶是灵秀隽永的诗篇，我们要带着对茶的深厚感情去品饮，才能真正领略到好茶的"清、鲜、甘、活、香"等特点，让其美妙的滋味在舌尖唇齿中演绎一番别样的风情。

悟茶韵

茶韵是一种感觉，是美好的象征，是一种超凡的境界，是茶的品质、特性达到了同类中的最高品位，也是我们在饮茶时所得到的特殊感受。

其实，观茶色、闻茶香，小口品啜温度适口的茶汤之后，便是悟茶韵的过程。让茶汤与味蕾最大限度地充分接触，轻缓地咽下，此时，茶的醇香味道以及风韵之曼妙就全在于自己的体会了。

茶品不同，品尝之后所得到的感受也自然不同。也可以说，不同种类的茶都有其独特的"韵味"，例如，西湖龙井有"雅韵"；岩茶有"岩韵"；普洱茶有"陈韵"；午子绿茶有"幽韵"；黄山毛峰有"冷韵"；铁观音有"音韵"等。以下分别介绍各类茶的不同韵味，希望大家在品鉴茶的时候能感悟出其独特的韵味来。

1. 雅韵

雅韵是西湖龙井的独特韵味。龙井茶色泽绿翠，外形扁平挺秀，味道清新醇美。取些泡在玻璃直筒杯中，可以看到其芽叶色绿，好比出水芙蓉，栩栩如生。因此，龙井茶向来以"色绿、香郁、味甘、形美"四绝称著，实在是雅致至极，无愧于"雅韵"。

2. 岩韵

岩韵是岩茶的独特韵味，俗称岩石味，滋味有特别的醇厚感，人说"水中有骨感"就是这个意思。饮后回甘快、余味长；喉韵明显；香气不论高低都持久浓厚，冷闻依然幽香明显，香味能在口腔中保留很久。

由于茶树生长在武夷山丹霞地貌内，经过当地传统栽培方法，采摘后的茶叶又经过特殊制作工艺形成，其茶香茶韵自然具有独有的特征。品饮之后，自然独具一番情调。

3.陈韵

众所周知，普洱茶是越陈的越香，就如同美酒一样，必须要经过一段漫长的陈化时间。因而品饮普洱茶时，就要感悟其中"陈韵"的独特味道。其实，陈韵是一种经过陈化后，所产生出来的韵味，优质的热嗅陈香显著浓郁、纯正，"气感"较强，冷嗅陈香悠长，是一种干爽的味道。将陈年普洱冲入壶中，冲泡几次之后，其独特的香醇味道会自然散发出来，细细品味一番，你一定会领略到普洱茶的独特陈韵。

4.幽韵

午子绿茶外形紧细如蚁，锋毫内敛，色泽秀润，干茶嗅起来有一股特殊的幽香，因而，有人称其具有"幽韵"。冲泡之后，其茶汤色清澈绿亮，犹如雨后山石凹处积留的一洼春水，清幽无比。品饮之后，那种幽香的感觉仿佛仍然环绕在身旁。

细啜一杯午子绿茶，闭目凝神，细细体味那一缕幽香的韵味，感悟唇齿间浑厚的余味以及回甘，相信这种幽韵一定能带给你独特的感悟。

5.冷韵

冷韵是黄山毛峰的显著特点。明代的许楚在《黄山游记》中写道："莲花庵旁，就石隙养茶，多清香，冷韵袭人齿腭，谓之黄山云雾。"文中提到的黄山云雾即黄山毛峰的前身。

用少量的水浸湿黄山毛峰，看着那如花般的茶芽在水中簇拥在一起。由于茶水温度较低，褶皱着的茶叶还未展开，其色泽泛绿，实在惹人怜爱。那淡淡的冷香之气会随着茶杯摇晃而散发出来，轻抿一口，仿佛能体味到黄山中特有的清甘润爽之感。

6.音韵

音韵是铁观音的独特韵味，即观音韵。冲泡之后，其汤色金黄浓艳似琥珀，有天然馥郁的兰花香，滋味醇厚甘鲜，回甘悠久，留香沁人心脾，耐人寻味，引人遐思。观音韵赋予了铁观音浓郁的神秘色彩，也正因为如此，铁观音才被形容为"美如观音，重如铁"。

当你感到身心疲惫的时候，不如播一曲轻松的大自然乐曲，或是一辑古典的筝笛之音，点一炷檀香，冲一壶上好的铁观音，有人同啜也好，一人独品也罢，只要将思绪完全融入在茶中，细品人生的味道即可。

第二章

品茶的精神与艺术

茶与修养

品茶是一门综合艺术，人们通过饮茶可以达到明心净性，提高审美情趣，完善人生价值取向的作用，也就是说，茶与个人的修养息息相关。

《茶经》中提到："茶者，南方之嘉木也。"茶之所以被称为嘉木，正是因为茶树的外形以及内质都具有质朴、刚强、幽静和清纯的特点。另外，茶树的生存环境也很特别，常生在山野的烂石间，或是黄土之中，向人们展示着其坚强刚毅的特点，这与人的某些品质也极其相似。

人们通过接触茶、了解茶、品茶评茶之后，往往能够进入忘我的境界，从而远离尘世的喧嚣，为自己带来身心的愉悦感受。因为茶洁净淡泊、朴素自然，所以在感受茶之美的过程中，我们常常借助茶的灵性去感悟生活，不断调适自己，修养身心，自我超越，从而拥有一份美好的情怀。

冲泡沸水之后，茶汤变得清澈明亮，香味扑鼻，高雅却不傲慢，无喧嚣之态，也无矫揉造作之感。茶的这种特性与人类的修养也很相似，表现在人生在世，做人做事的一种态度。而延伸到人的精神世界中，则成了一种境界、一种品格、一种智慧。因而，我们可以将茶与人的修养联系在一起，从而达到"以茶为媒"、修身养性的作用。

然而，现代生活节奏加快，人们承受着来自各方面的压力，常常感叹活得太累、太无奈，似乎已经失去了自我。而茶的一系列特点，例如性俭、自然、中正和纯朴，都与崇尚虚静自然的思想达到了最大程度的契合。所以，生活在现今社会的人们已经将饮茶作为一种清清净净的休闲生活方式，它正如一股涓涓细流滋润着人们浮躁的心灵，平和着人们烦躁的情绪，成为人们最好的心灵抚慰剂。看似无为而又无不为，让心境恢复清静平和的状态，使生活、工作更有条理，同样也是一种积极的人生观的体现。

　　烹茶以养德，煮茗以清心，品茶以修身。通过品茶这一活动的确可以表现一定的礼节、意境以及个人的修养等。我们在品茶之余，可以在沁人心脾的茶香中将自己导入冷静、客观的状态，反省自己的对错，反思自己的得失，以追求"心"的最高享受。

茶之十德

　　唐末刘贞亮提出茶有"十德"，分别是：以茶散郁气；以茶驱睡气；以茶养生气；以茶除病气；以茶利礼仁；以茶表敬意；以茶尝滋味；以茶养身体；以茶可行道；以茶可雅志。由此看来，茶之十德其实是指茶之"十用"，即茶的十种益处或功效。

　　茶的作用非常多，根据其"十德"，我们可归纳为茶有如下用途，即散郁结、养生、养气、除病、行道、利礼仁、表敬、赏味、养身、雅致。

1. 散郁结

　　散郁结即消除郁结情绪。现在市场上有许多茶类产品都可以起到这种作用，例如保健茶、花草茶等。冲泡之后，看着其艳丽的色泽，闻着袅袅的香气，以及品饮着独特的味道，人们心中的郁结之情一定会减少许多。因为这些茶类中含有可以舒缓心情的茶元素，散郁的效果自然也很显著。

2. 养生

　　茶具有养生作用，例如提神醒脑、消脂减肥、利尿通便、保护牙齿、消炎杀菌、美容护肤、清心明目、消渴解暑、戒烟醒酒、暖胃护肝等。

3. 养气

养气主要是指保养人的元气，如菊花茶。人们还可根据自己的喜好，用红枣、桂圆等滋补类的食材制成香浓的滋补花草茶，既起到养气的作用，又能将其作为营养的饮品，实在是一举多得。

4. 除病

多种实验和数据表明，茶还有助于抑制心脑血管疾病、防癌抗癌。

5. 行道

在日本，茶有茶道，花有花道，香有香道，剑有剑道。而中国不同，中国人不轻易言道，在所有饮食、玩乐等活动中能升华为"道"的只有茶道。

6. 利礼仁

我国自来讲究"礼仁"二字。以礼待客，以礼待人，都是我们从茶中得到的启示。茶德仁，自抽芽、展叶、采摘、揉碾、发酵、烘焙到成茶，需要经历一个漫长而艰难的过程。这是一次苦难的洗礼，也是道德的升华，唯有仁人志士才能体会出茶的仁德，并生仁爱之心。

7. 表敬

我国的茶道就包含"敬"这个字，即尊敬。对待客人要尊敬，对待亲人要尊敬，对待朋友要尊敬，茶道茶艺中的每个动作皆可以带给人们这种感觉。

8. 赏味

品茶时，我们可以品尝到茶汤的美味。通过各类不同茶叶的滋味，我们还可以体会其茶韵，获得极大的收获。

9. 养身

茶中有许多种滋养身体、强身健体的茶元素，这些物质可以起到养身的作用。因此，老年人很适合饮茶。

10. 雅致

无论是冲泡之后茶叶的舒展形态，还是别具一格的清幽香气，抑或是极富深意的茶韵以及品茶时的环境特点，都包含了"雅致"二字。点一炷香，听一段舒缓的古筝曲，捧起茶盏，与友人轻声慢语地闲谈几句，相信这幅画面必定极其雅致。

茶之十德，将喝茶与生活中的各类事联系在一起，不仅使它看起来极其重要，同时也使茶文化被更多人认可。

茶只斟七分满

"七分茶，八分酒"是我国的一句俗语，也就是说斟酒斟茶不可斟满，茶斟七分，酒斟八分。否则，让客人不好端，溢出来不但浪费，还会烫着客人的手或洒到他们的衣服上，不仅令人尴尬，同时也使主人失了礼数。因此，斟酒斟茶以七八分为宜，太多或太少都是不可取的。

"斟茶七分满"这句话还有一个典故，据说是关于两位名人王安石和苏东坡的。

一日，王安石刚写了一首咏菊的诗："西风昨夜过园林，吹落黄花满地金。"正巧有客人来了，便停下笔，去会客。这时刚好苏东坡来了，他平素恃才傲物、目中无人，当看到这两句诗后，心想王安石真有点儿老糊涂了。菊花最能耐寒，敢与秋霜斗，他所见到的菊花只有干枯在枝头，哪有被秋风吹落得满地皆是呢？"吹落黄花满地金"显然是大错特错了。于是他也不管王安石是他的前辈，提起笔来，在纸上接着写了两句："秋花不比春花落，说与诗人仔细吟。"写完就走了。

王安石回来之后看到了纸上的那两句诗，心想着这个年轻人实在有些自负，

斟茶

奉茶

不过也没有声张，只是想用事实教训他一下，于是借故将苏东坡贬到湖北黄州。临行时，王安石让他再回来时为自己带一些长江中峡的水回来。

苏东坡在黄州住了许久，正巧赶上九九重阳节，就邀请朋友一同赏菊。可到了园中一看，见菊花纷纷扬扬地落下，像是铺了满地的金子，顿时明白了王安石那两句诗的含义，同时也为自己曾经续诗的事感到惭愧。

待苏东坡从黄州回来之时，由于在路途上只顾观赏两岸风景，船过了中峡才想起取水的事，于是就想让船掉头。可三峡水流太急，小船怎么能轻易回头？没办法，他只能取些下峡的水带给王安石。

王安石看到他带来了水很高兴，于是取出皇上赐给他的蒙顶茶，用这水冲泡。斟茶时，他只倒了七分满。苏东坡觉得他太过小气，一杯茶也不肯倒满。王安石品过茶之后，忽然问："这水虽然是三峡水，可不是中峡的吧？"苏东坡一惊，连忙把事情的来由说了一遍。王安石听完这才说："三峡水性甘纯活泼，但上峡失之轻浮，下峡失之凝浊，只有中峡水中正轻灵，泡茶最佳。"他见苏东坡如恍然大悟一般，又说："你见老夫斟茶只有七分，心中一定编排老夫的不是。这长江水来之不易，你自己知晓，不消老夫饶舌。这蒙顶茶进贡，一年正贡365叶，陪茶20斤，皇上钦赐，也只有论钱而已，斟茶七分，表示茶叶的珍贵，也是表示对送礼人的尊敬；斟满杯让你驴饮，你能珍惜吗？好酒稍为宽裕，也就八分吧。"

由此，"七分茶，八分酒"的这个习俗就流传了下来。现如今，"斟茶七分满"已成为人们倒茶必不可少的礼仪之一，这不仅代表了主人对客人的尊敬，也体现了我国传统文化的博大精深。

六艺助兴

传统文化中所说的"六艺"是指古代儒家要求学生掌握的六种基本才能，即礼、乐、射、御、书、数。而品茶时的六艺却与这有些不同，指的是书画、诗词、音乐、焚香、花艺与棋艺。

1. 书画

书画与品茶二者之间自古就有着紧密的关联。在现代茶社内部布置上，很注重书画的安排，茶人多将之挂在墙上，衬托茶席的书香气息。与书画相伴来品茶，可以营造浓重的文化氛围，并激发才学之士的灵感，同时也能烘托出具有文化底蕴且宁静致远的品茗气氛。

南宋刘松年的《斗茶画卷》、元代画家赵孟頫的《斗茶图》、清代画家薛怀的《山窗清供图》、明代唐寅或文徵明的《品茶图》、仇英的《松亭试泉图》等意境都很高远，均为古代书画家抒发茶缘的名作珍品。除了这些名人的作品，那些只要能反映出主人心境、志趣的作品也可。

书画

2. 诗词

古人常常在茶宴上作诗作词，"诗兴茶风，相得益彰"便由此而来。茶宴上的诗词既是诗人对生活的感悟，也是一种即兴的畅言。因为诗词，让茶的韵味更具特色；因为诗词，使人的品位提升。在品着新茶的同时吟几句诗是一种自娱，亦是一种助兴。古往今来，数不胜数的诗可信手拈来，在与友人对饮时一展文采，高雅脱俗，真可谓是一种怡情养性的享受。

吟诗作对对有些茶人来说很难，那么也可在墙壁上悬挂与茶有关的诗词。看得久了，读得久了，也自然能咂摸出其中的几分气韵来。

诗词

3. 音乐

品茶时的音乐是不可缺少的。古人在饮茶时喜欢临窗倾听月下松涛竹响，抑或是雪落沙沙、清风吹菊，获得高洁与闲适的心灵放松。由此看来，音乐与茶有着陶冶性情的妙用，正

音乐

如白居易在《琴茶》诗中所言"琴里知闻唯渌水，茶中故旧是蒙山"。

我们可以在品茶时听的音乐有很多，例如《平湖秋月》《梅花三弄》《雨打芭蕉》等，古琴、古筝、琵琶等乐器所奏的古典音乐，都能营造品茗时宁静幽雅的氛围，传送出缕缕的文化韵味，具有很强的烘托和感染性。

4. 焚香

中国人自古就有"闻香品茶"的雅趣。早在殷商时期，青铜祭器中就已经出现了香器，可见，焚香在那时起就已经成为生活祭奠中的必需品。香之于茶就像美酒之于佳人，二者相得益彰。饮茶时焚的香多为禅院中普遍燃点的檀香，既能够与茶香很好地协调，更能促使杂念消散和心怀澄澈。

当我们心思沉静下来，焚一盘沉香，闻香之际，就会感到有一股清流从喉头沉入，口齿生津，六根寂静，身心气脉畅通。饮茶时点上一炷好香，袅袅的烟雾与幽香，成就了品茶时的另一番风景。

焚香

5. 花艺

品茶时的鲜花一定不能被我们忽视。因为花能协调环境，亦能调节人的心情。花是柔美的象征，其美妙的姿态与芬芳的气息都与茶相得益彰。因此，品茶的环境中摆放几枝鲜花，一定会为茶宴增辉不少。

6. 棋艺

一杯香茗，一盘棋局，组成了一幅清雅静美的画面。在悠闲品茶的同时深思，将宁静的智慧融入对弈之中，僵持犹豫时轻啜一小口清茶，让那种舒缓的感觉冲淡胜负争逐的欲望，相信品茶的趣味一定会大大提升。

茶与六艺之间的关系极为紧密，六艺衬托了品茶的意境，而茶也带给六艺不同的韵味。我们在品茶的同时，别忘了这几种不同的艺术形式，相信它们一定会带给你独特的精神与艺术的享受。

品茶如品人

"不羡黄金罍，不羡白玉杯。不羡朝入省，不羡暮入台。千羡万羡江西水，曾向竟陵城下来。"由这首诗中，我们可以品味出一个人的性格特点。茶圣陆羽不羡黄金宝物、高官荣华，所羡的只是用江

将品茶和品人联系在一起，使品茶成为评判人品如何的一种方法

西的流水来冲泡一壶好茶。可见一个人的品性特点可以从其对茶品的喜好体现出来。

茶有优劣之分。好茶与次茶不仅在色泽、形状、香气以及韵味方面有很大差异，人们对其品饮之后的感觉也各有不同。喝好茶是一种享受，喝不好的茶简直是受罪。有时去别人家做客，主人热情地泡上一杯茶来。不经意间喝上一口，一股陈味、轻微的霉味、其他东西的串味直冲口腔，真是难受。含在口里，咽又咽不下，吐又太失礼，实在让人左右为难。

而人也同样如此，也可分出个三六九等。一个人的气质、谈吐、爱好和行为都可以体现这个人的水平与档次。茶可以使人保持轻松闲适的心境，而那些整天醉生梦死地生活的人，是不会有这样的心情的；那些整天工于心计，算计别人的人也不能是好的茶客；心浮气躁喝不好茶；盛气凌人也无法体会茶中的真谛；唯有那些心无杂念、淡泊如水的人，才能体会到那缕萦绕在心头的茶香。

泡好一壶茶，初品一口，觉得有些苦涩，再品其中味道，又觉得多了几分香甜，品饮到最后，竟觉得唇齿留香，实在耐人寻味。这不正如与人交往一样吗？当一个人开始接触某个人的时候，可能会觉得与其性格格格不入，交往得久了才领略到他的独特魅力，直至最后，两人竟成为推心置腹的好友。

人们常常以茶会客，以茶交友。人们在品茶、评茶的同时，其言谈举止，礼仪修养都被展现无余，我们完全可以根据这些来评判一个人的人品。也许在品茗之时，我们就对一个人的爱好、性格有所了解。若是两人皆爱饮茶，且脾气相投，

那么人生便多了一位知己，总会令人愉悦；而一旦从对方饮茶的习惯等方面看出其人品稍差，礼貌欠缺，还是远远避开为好。

人有万象，茶有千面。茶分许多类，而人也是如此。这由其品质决定，是无法改变的事实。真正的好茶经得起沸腾热水的考验，真正有品质的人同样也能承受尘世的侵蚀，眼明心清，始终保持着天赋本色。品茶如品人，的确如此。

吃茶、喝茶、饮茶与品茶

经常与茶打交道的人一定常听到这几个词：吃茶、喝茶、饮茶与品茶。一般而言，人们会觉得这四个词都是同样的意思，并没有太大的区别，但是细分之后，彼此之间还是有差别的。

1. 吃茶

吃茶强调的是"吃"的动作。在我国有些地区，我们常常会听到这样的邀请，"明天来我家吃饭吧，虽然只是'粗茶淡饭'……"这里的"粗茶"只是主人的谦词罢了，并不是指茶叶的好坏。由此看来，"吃茶"一词便有了一点儿地方特色。

吃茶

一般来说，吃茶的说法在农家更为常见，这词听起来既透露出农家特有的淳朴气息，又多了一份狂放与豪迈之情。如果是小姑娘说出来，仿佛又折射出其大方、淳朴、热情好客的品质。我们可以想象得到，吃茶在某些地区俨然成了生活中不可或缺的一部分：一家人围在桌旁，桌上放着香气四溢的茶水，老老少少笑容满面地聊天，其乐融融。

2. 喝茶

喝茶强调的是"喝"的动作，它给人的直观感觉就是，将茶水不断往咽喉引流，突出的是一个过程，仿佛更多的是以达到解渴为目的。为了满足人的生理需要，补充人体水分不足，人们在剧烈运动、体力流失之后，大口大口地急饮快咽，直到解渴为止。因此从以上看，在喝茶的过程中，人们对于茶叶、茶具、茶水的品质都没太多要求，只要干净卫生就可以了。

喝茶也是大家普遍的说法，可以是口渴时胡乱地灌上一碗，可以随便喝一杯，可以是礼貌的待客之道，可以是自己喝，可以是几个人喝，可以是一群人喝，可以在家里喝，可以在热闹的茶馆喝，可以是懂茶之人喝，也可以是不懂茶之人喝。总之，喝茶拉近了人与人的距离。

3. 饮茶

饮茶包含的是一种含蓄的美，它要求人心绝无杂念，注重的是人与茶感情的融合。同时，它还要求环境静、人静、心静，环境绝对不是热闹的街头茶馆，人也绝对不是三五成群随意聚集，而要显得正式一些。

其实，我们常常把喝茶、饮茶与品茶混为一谈，这在某种程度来说，也并没什么太大的影响。无论是吃茶、喝茶、饮茶还是品茶，都说明了我国茶起源久远，茶历史悠久，而茶文化博大精深，同时也使茶的精神和艺术得到弘扬。

4. 品茶

品茶的目的就已经不止于解渴了，它重在品鉴茶水的滋味，品味茶中的内涵，重在精神。品茶要在"品"字上下功夫，品的是茶的质、形、色、香、味、气、韵，仔细体会，徐徐品味。茶叶要优质，茶具要精致，茶水要美泉，泡茶时要讲究周围环境的典雅宁静。品的是过程，品的是时间文化的积淀，品的是茶中的优缺点，品的是感悟，并从品茶中获得美感，达到精神升华。

可以说，品茶与喝茶极其不同，它主要在于意境，而不在于喝多少茶。哪怕随意地抿一小口，只要能感受到茶中的韵味，其他的也就无足轻重了。

茶典、茶人与茶事

元代蔡司霑的《茶园丛话》中有这样一段话："余于白下获一紫砂罐，有'且吃茶''清隐'草书五字，知为孙高士之遗物。"

紫砂壶在以前只是一般的生活用品，并没有什么艺术性，人们对其也没有太多的研究。"且吃茶"是文人撰写壶名的发端，从此后，给紫砂壶命名也成为文人雅士的乐趣，后来还在紫砂壶上题诗作画，这也使紫砂茶壶从一般的日用品演变为艺术品。

品茶是一种心境

品茶之趣，不仅注重茶叶的色、香、味、韵等，还注重品茶人的心态。喝茶，品茶，喝的是一种净化，品的是一种心境。呷一小口茶，任由那鲜爽香醇的味道在舌尖开花，充满齿喉，此时，我们不但品出了茶香，还品出了另一种隐约的情感。茶，喝的就是一种心情、一种情调，需要平心，需要清静，需要禅定，需要放松……它不仅温润了我们的五脏六腑，更滤去了浮躁，沉淀下的则是对人生的思考。

"我们的力量并非在于武器、金钱或武力，而在于心灵的平静。"这是一行禅师曾说过的话。尘世的喧嚣让我们的心灵备受折磨、饱受煎熬。我们的思绪总是被各种外物干扰，从而给心灵增加了许许多多的负累。在这种浮躁的风气中，我们需要寻求一种力量，一种可以约束杂乱思想，让心灵重归安定的力量。这种力量，就叫作平静。

心灵的平静是一股强大的力量，它可以让我们约束起不需要的思想，从喧嚣的尘世安然抽身，也能让我们安心地活在当下，而品茶时就需要这种平和冷静的心境。

我们可以让自己完完全全地休息 10 分钟，在这段时间里，不要让心灵沾染琐事，心平气和地冲泡一壶好茶，让自己完全沉浸在香醇清爽的茶香里，安安静静地享受这段时光，让思绪随意地在头脑中游动。你会发现，茶香能起到安抚神经的作用，它能让你觉得精神多了，头脑也跟着清醒，心情也慢慢地变得平静。

心灵的平静意味着从稚嫩到成熟的转化，它是一股温柔的力量，让你的心灵归于一种平稳的状态，让追求平静的人内心能够获得满足与安定。与此同时，轻啜一口茶汤，任那润滑清淡的茶汤在舌尖上滚动，它仿佛变成了一股温热的暖流，一直涌入我们的心底。在纷乱的世界中，给自己一些时间，细细品味茶中的香气与浓浓的滋味，回到内心深处细细地体会生命的奥秘，这无疑是一种追求平静的至高境界。

身体的彻底放松可以让我们的思绪变得清晰有条理，不再因各种外界的因素而变得混乱不堪。这也就是为何我们常常绞尽脑汁也记不起来的事情，在我们不去想的时候就自己跳出来的原因。

世间浮躁，人心浮躁，若要平心，唯有香茗，难怪古今圣贤、文人骚客，皆对茶赞之不绝，爱之难舍。当你烦躁时，不妨喝一杯茶，聆听心底最原始的声音；当你愤怒时，不妨喝一杯茶，它会让你躁动的心情慢慢归于平静；当你悲伤时，不妨喝一杯茶，你会发现原来生命中还有那么多美好的事……静静地品茶，你的世界才会多一处平和的角落。

茶典、茶人与茶事

"茶人"一词，历史上最早出现于唐代，单指从事茶叶采制生产的人，后来也将从事茶叶贸易和科研的人统称为茶人。

现代茶人分为三个类型：①专业从事茶叶生产和研究的人，包括种植、采制、检验、生产、流通、科研等人员。②和茶业相关的人。包括茶叶器具的研制、茶叶医疗保健、茶文化宣传、茶艺表演者等。③爱茶的人。包括喜爱饮茶的人、喜爱茶叶的人等。

品茶需要禅定

茶在佛教中占有重要的地位，寺院僧人种植、采制、饮用的茶称为禅茶。由于佛教寺院多在名山大川，这些地方一般适于种茶、饮茶，而茶本性又清淡淳雅，具有醒脑宁神的功效。因而，种茶不仅成为僧人们体力劳动、调节日常单调生活的重要内容，也成了培养他们对自然、生命热爱之情的重要手

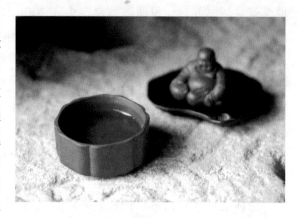

段，而饮茶则成为历代僧侣漫漫青灯下面壁参禅、明心见性的重要方式。

禅茶是一种境界，也是一次心与茶的相通，它是指僧人在斋戒沐浴、虔心诵佛后，经过一整套严谨而神圣的茶道仪式来炮制茶的全过程，共有18道程序。禅茶属于宗教茶艺，自古有"茶禅一味"之说。禅茶中有禅机，禅茶的每道程序都源自佛典、启迪佛性、昭示佛理。禅茶更多的是品味茶与佛教在思想上的"同味"，在品"苦"味的同时，品味烦苦人生，参破"苦"谛；在品"静"味的同时，品味遇事静坐静虑，保持平淡心态；在品"凡"味的同时，品味从平凡小事中感悟大道。

品茶需要禅定。佛门弟子在静坐参禅之前，必先要品一杯茶，借由茶来进入禅定、修止观。茶能防止昏沉散乱，有类似畅脉通经的效果，特别有助于"制心一处"的修行功夫。饮茶后的身体会特别舒畅，仿佛一股清气已传遍全身，再加上观想或默持咒语，很容易"坐忘"，较快达到"心气合一"的觉受。体内有茶气，在念经修法时，因散发上品清光茶香，往往能感召较多的天人护法来护持修行人用功。

禅茶有许多好处，在品饮的时候其功效会自然体现出来。首先，禅茶可以提神醒脑。出家僧众要打坐用功，因五戒之一就是不准饮酒，二来夜里不能用点心，三者打坐不可打盹，于是祖师们就提倡以喝茶来代替。茶能提神少睡、避免昏沉、除烦益思，有利修行人静坐修法、修身养性。

另外，禅茶还可以帮助平衡人的心态。喜欢喝茶的朋友都知道，茶的味道平淡中带有幽香，经常品茶就会使人的心境变得和茶一样，平静、洒脱，不带一丝杂念，这样有助于人们保持心态的平衡。心理决定生理，当心态平衡了，身体的

各个系统和器官都会处于一种相对平衡的状态，这样的身体必然是健康的。

总体来说，禅定是修行之人的一种调心方法，它的目的就是净化心灵，提升大智慧，以进入无为空灵的境界。若以这种佛家之心去品茶，我们一定能在茶香余韵中体会人世间存在的诸多智慧，洞悉万事万物的实相，从而达到一种超脱的境界。

品茶需要风度

刘贞亮《茶十德》中明确指出"以茶可雅志"。古往今来，无数名人雅士都将情寄托于茶中，在茶香弥漫之间弹琴作诗，气度翩翩。由此，我们可以看到品茶的另一种心境——风度。

风度是一种儒雅之美，它是在清静之美与中和之美基础上形成的一种气质、一种神韵。它来源于茶树的天然特性，反映了茶人的内心世界及道德秉性。茶取天地之精华，禀山川之秀美，得泉水之灵性。在所有饮品中，唯有茶与温文尔雅、心志高洁的人最为相似。

所谓儒雅，便是一种飘然若仙的风度，通常是指人们气质中蕴含着的较高的文化品位。正如唐代耿沣所说："诗书闻讲诵，文雅接兰茎。"因而，儒雅的风度一直是古今茶人形成的一种具有浓郁文化韵味的美感。

从审美对象而言，与茶相关的诸要素都呈现出雅致之美。品茗的器具、环境、艺术都可以与风度联系起来。中国茶人受道家"天人合一"的思想影响很深，追求与大自然的和谐相处。他们常把山水景物当作感情的载体，借自然风光来抒发

茶典、茶人与茶事

白居易，字乐天，号香山居士，唐代著名的现实主义诗人。白居易一生嗜茶，几乎从早到晚茶不离口。他在诗中不仅提到早茶、中茶、晚茶，还有饭后茶、寝后茶，是个精通茶道、鉴别茶叶的行家。白居易喜欢茶，他用茶来修身养性，交朋会友，以茶抒情，以茶施礼。从他的诗中可以看出，他品尝过很多茶，但是最喜欢的是四川蒙顶茶。

他的别号"别茶人"，是在《谢李六郎中寄新蜀茶》一诗中提到的，诗中说："故情周匝向交亲，新茗分张及病身。红纸一封书后信，绿茶十片火前春。汤添勺水煎鱼眼，末下刀圭搅麹尘。不寄他人先寄我，应缘我是别茶人。"

自己的感情，与自然情景交融，因而产生对自然美的爱慕和追求。看着青天碧水，捧着精致的茶具，细细品茶，其中的风雅可见一斑。

艺术作为审美的高级形态，它源于生活又高于生活。因此品茗就具有一定的艺术性与观赏性，因此，它和生活中原生态喝茶行为就有雅俗之别。大口喝茶的人算不得品茶，边喝茶边大声喧哗的人也算不得高雅的茶人，只有那些言谈举止皆有风度的人才能将"品茶"二字诠释得完美。

品茶需要放松

生活压力、职场压力、情感纠纷，无一不令生活在现今社会的人们苦恼。每个人都想要寻求一种轻松的生活，却总是被形形色色的压力"捉弄"得苦不堪言。每每此时，我们可以为自己冲泡一杯茶，放松心情，舒缓一下紧张的神经。

眼睛放松，便能看清整个泡茶的过程，看清楚茶叶在清澈的水杯中上下沉浮，茶汤色泽如何，茶叶品质如何，茶具是否美观，品茶的环境是否雅致等。

耳朵放松，便能听到茶水倾入杯中的声响，听清主人边泡茶边细心的讲解，听到品茶者呷饮时的愉快之声以及对茶的赞美之情。

鼻子放松，就能对茶的清香之气更为敏感，使香气更完整地进入我们体内，闻到比平常更细微的味道。

舌头放松，品尝到的茶汤美感自不必说。口腔中的津液自然分泌，或香醇或清冽的茶水顺着舌根流入身体里，就像沿着心脉在体内循环，将每一个器官都滋润了一样。

意念放松，内心则不再有执着，内心才会得到自由和解脱。一个彻底放下执着与意识最深层惯性的人，才会具备享受人生的洒脱之情。当我们每个念头都是自由自在，不受其他杂念的制约时，就有了所谓般若的智慧，也就是大师们所说的"无念"。

品茶可以使人放松，而放松之后才能更好地品茶。若有闲暇时间，请将执着心放下，让六根放松，沉浸在茶的芬芳与韵味之中吧。

第三章

不可不知的茶礼仪

我国自古就被称为礼仪之邦，"以茶待客"历来是中国人日常社交与家庭生活中普遍的往来礼仪之一。因此，了解并掌握好茶礼仪，不仅表现出对家人、朋友、客人的尊敬，也能体现出自己的良好修养。从过程来看，茶礼仪大致可分为泡茶的礼仪、奉茶的礼仪、品茶的礼仪等多种，每个过程都有许多标准，有些极为重要，我们不可不知。

泡茶的礼仪

泡茶的礼仪可分为泡茶前的礼仪以及泡茶时的礼仪。

1. 泡茶前的礼仪

泡茶前的礼仪主要是指泡茶前的准备工作，包括茶艺师的形象以及茶器的准备。

＊茶艺师的形象

茶艺表演中，人们较多关注的都是茶艺师的双手。因此，在泡茶开始前，茶艺师一定要将双手清洗干净，不能让手带有香皂味，更不可有其他异味。洗过手之后不要碰触其他物品，也不要摸脸，以免沾上化妆品的味道，影响茶的味道。另外，指甲不可过长，更不可涂抹指甲油，否则会给客人带来脏兮兮的感觉。

除了双手，茶艺师还要注意自己的头发、妆容和服饰。茶艺师如果是长头发，一定要将其盘起，切勿散落到面前，造成邋遢的样子；如果是短头发，则一定要梳理干净，不能让其挡住视线。因为如果头发碰到了茶具或落到桌面上，会使客人觉得很不卫生。在整个泡茶的过程中，茶艺师也不可用手去拨弄头发，否则会破坏整个泡茶流程的严谨性。

茶艺师的妆容也有些讲究。一般来说，茶艺师尽量不上妆或上淡妆，切忌浓妆艳抹和使用香

女性茶艺师的站姿、坐姿演示图

水影响整个茶艺表演清幽雅致的特点。

　　茶艺师的着装不可太过鲜艳，袖口也不能太大，以免碰触到茶具。不宜佩戴太多首饰，例如手表手链等，不过可以佩戴一个手镯，这样能为茶艺表演带来一些韵味。总体来说，茶艺师的着装应该以简约优雅为准则，与整个环境相称。

　　除此之外，茶艺师的心性在整个泡茶前的礼仪中也占据着重要比重。心性是对茶艺员的内在要求，需要其做到神情、心性与技艺相统一，让客人能够感受到整个茶艺表演的清新自如、祥和温馨的气氛，这也是对茶艺员最大的要求。

＊茶器的准备

　　泡茶之前，要选择干净的泡茶器具。干净茶器的标准是，杯子里不可以有茶垢，必须是干净透明的，也不可有杂质、指纹等异物黏在杯子表面。

茶器的准备

2. 泡茶时的礼仪

　　泡茶时的礼仪包括取茶礼仪和装茶礼仪。

＊开闭茶样罐礼仪

　　茶样罐大概有两种，套盖式和压盖式，两种开闭方法略有不同，具体方法如下：

　　套盖式茶样罐。两手捧住茶样罐，用两手的大拇指向上推外层铁盖，边推边转动罐身，使各部位受力均匀，这样很容易打开。当它松动之后，用右手大拇指与食指、中指捏住外盖外壁，转动手腕取下后按抛物线轨迹放到茶盘右侧后方角落，取完茶之

开闭套盖式茶样罐

后仍然以抛物线的轨迹取盖扣，用两手食指向下用力压紧盖好后，再将茶样罐放好。

压盖式茶样罐。两手捧住茶样罐，右手的大拇指、食指和中指捏住盖钮，向上提起，沿抛物线的轨迹将其放到茶盘右侧后方角落，取完茶之后按照前面的方法再盖回放下。

＊取茶礼仪

取茶时常用的茶器具是茶荷和茶则，有三种取茶方法。

（1）茶则茶荷取茶法。这种方法一般用于名优绿茶冲泡时取样，取茶的过程是：左手横握住已经开启的茶罐，使其开口向右，移至茶荷上方。接着用右手大拇指、食指和中指捏茶则，将其伸进茶叶罐中，将茶叶取出放进茶荷内。放下茶叶罐盖好，再用左手托起茶荷，右手拿起茶则，将茶荷中的茶叶分别拨进泡茶器具中，取茶的过程也就结束了。

（2）茶荷取茶法。这一手法常用于乌龙茶的冲泡，取茶的过程是：右手托住茶荷，令茶荷口向上。左手横握住茶叶罐，放在茶荷边，手腕稍稍用力使其来回滚动，此时茶叶就会缓缓地散入茶荷之中。接着，将茶叶从茶荷中直接投入冲泡器具之中。

（3）茶则取茶法。这种方法适用于多种茶的冲泡，其过程为：左手横握住已经打开盖子的茶样罐，右手放下罐盖后弧形提臂转腕向放置茶则的茶筒边，用大拇指、食指与中指三指捏住茶则柄并取出，将茶则放入茶样罐，手腕向内旋转舀取茶样。同时，左手配合向外旋转手腕使茶叶疏松，以便轻松取出，用茶则舀出的茶叶可以直接投入冲泡器具之中。取茶完毕后，右手将茶则放回原来位置，再将茶样罐盖好放回原来位置。

取茶之后，主人在主动介绍该茶的品种特点时，还要让客人依次传递嗅赏茶叶，这个过程也是泡茶时必不可少的。

茶则茶荷取茶法   茶荷取茶法   茶则取茶法

＊装茶礼仪

用茶则向泡茶器具中装茶叶的时候，也讲究方法和礼仪。一般来说，要按照茶叶的品种和饮用人数决定投放量。茶叶不宜过多，也不宜太少。茶叶过多，茶味过浓；茶叶太少，冲出的茶味就淡。假如客人主动诉说自己有喜欢喝浓茶或淡茶的习惯，那就按照客人的口味把茶冲好。这个过程中切记，茶艺员或泡茶者一定不能为了图省事就用手抓取茶叶，这样会让手上的气味影响茶叶的品质，另外会使整个泡茶过程不雅观，也失去了干净整洁的美感。

＊茶巾折合法

此类方法常用于九层式茶巾：将正方形的茶巾平铺在桌面上，将下端向上平折至茶巾的2/3处，再将剩余的1/3对折。接着，将茶巾右端向左竖折至2/3处，然后对折成正方形。最后，将折好的茶巾放入茶盘中，折口向内。

茶巾折合法

除了这些礼仪之外，泡茶过程中，茶艺师或泡茶者尽量不要说话。因为口气会影响到茶气，影响茶性的挥发；茶艺师闻香时，只能吸气，挪开茶叶或茶具后方可吐气。以上就是泡茶的礼仪，若我们能掌握好这些，就可以在茶艺表演中首先令客人眼前一亮，也会给接下来的表演创造良好的开端了。

奉茶的礼仪

关于奉茶，有这样一则美丽的传说：传说土地公每年都要向玉皇大帝报告人间所发生的事。一次，土地公到人间去观察凡人的生活情形，走到一个地方之后，感觉特别渴。有个当地人告诉他，前面不远处的树下有个大茶壶。土地公到了那里，果然见到树下放着一个写有"奉茶"的茶壶，他用一旁的茶杯倒了杯茶喝起来。喝完之后感叹道："我从未喝过这么好的茶，究竟是谁准备的？"走了不久，他又发现了带着"奉茶"二字的茶壶，就接二连三地用其解渴。旅行回来之后，土地公在自己的庙里也准备了带有"奉茶"字样的茶壶，以供人随时饮用。当他把这茶壶中的茶水倒给玉皇大帝喝时，玉皇大帝惊讶地说："原来人世间竟然有这么美味的茶！"

虽然这个故事缺乏真实性，但却表达了人们"奉茶"时的美好心情，试想，人们若没有待人友好善意的心情，又怎能热忱地摆放写有"奉茶"字样的大茶壶为行人解渴呢？

据史料记载，早在东晋时期，人们就用茶汤待客、用茶果宴宾等。主人将茶端到客人面前献给客人，以表示对其的尊敬之意，因而，奉茶中也有着较多的礼仪。

1. 端茶

依照我国的传统习惯，端茶时要用双手呈给客人，一来表示对客人的诚意，二来表示对客人的尊敬。现在有些人不懂这个规矩，常常用一只手把茶杯递给客人就算了事，有些人怕茶杯太烫，直接用五指捏着茶杯边沿，这样不但很不雅观，也不够卫生。试想一下，客人看着茶杯沿上都是主人的指痕，哪还有心情喝下去呢？

端茶

另外，双手端茶也有讲究。首先，双手要保持平衡，一只手托住杯底，另一之手扶住茶杯 1/2 以下的部分或把手下部，切莫触碰到杯子口。但是茶杯往往很烫，我们最好使用茶托，一来能保持茶杯的平稳，二来便于客人从泡茶者手中接过杯子。如果我们是给长辈或是老人端茶时，身体一定要略微前倾，这样表示对长者的尊敬。

2. 放茶

有时我们需要直接将茶杯放在客人面前，这个时候需要注意的是，要用左手捧着茶盘底部，右手扶着茶盘边缘，接着，再用右手将茶杯从客人右方奉上。如果有茶点送上，应将其放在客人右前方，茶杯摆在点心右边。若是用红茶待客，那么杯耳和茶则的握柄要朝着客人的右方，将砂糖和奶精放在小碟子上或茶杯旁，以供

放茶

客人酌情自取。另外，放置茶壶时，壶嘴不能正对他人，否则表示请人赶快离开。

3. 伸掌礼

伸掌礼是茶艺表演中经常使用的示意礼，多用于主人向客人敬奉各种物品时的礼节。主人用表示"请"，客人用表示"谢谢"，主客双方均可采用。

伸掌礼

伸掌礼的具体姿势为：四指并拢，虎口分开，手掌略向内凹，侧斜之掌伸于敬奉的物品旁，同时欠身点头并微笑。如果两人面对面，均伸右掌行礼对答；两人并坐时，右侧一方伸右掌行礼，左侧伸左掌行礼。

除了以上几种奉茶的礼仪之外，我们还需要注意：茶水不可斟满，以七分为宜；水温不宜太烫，以免把客人烫伤；若有两位以上的客人，奉上的茶汤一定要均匀，最好使用公道杯。

若我们按照以上礼仪待客，一定会让客人感觉到我们的真诚与敬意，还可以增加彼此间的关系，起到良好沟通的作用。

品茶中的礼仪

品茶不仅仅是品尝茶汤的味道，一般包括审茶、观茶、品茶三道程序。待分辨出茶品质的好坏、水温是否适宜、茶叶的形态之后，才开始真正品茶。品茶时包含多种礼仪，使用不同茶器时礼仪有所差别。

1. 用玻璃杯品茶的礼仪

一般来说，高级绿茶或花草茶往往使用玻璃杯冲泡。而用玻璃杯品茶的方法是：用右手握住玻璃杯，左手托着杯底，分三次将茶水细细品啜。如果饮用的是花草茶，可以用小勺轻轻搅动茶水，直至其变色。具体方法是：把杯子放在桌上，一只手轻轻扶着杯子，另一手大拇指和食指轻捏勺柄，按顺时针方向慢慢搅动。这个过程中需要注意的是，不要来回搅动，这样的动作很不雅观。当搅动几圈

用玻璃杯品茶的礼仪

之后，茶汤的香味就会溢出来，其色泽也发生改变，变得透明晶莹，且带有浅淡的花果颜色。品饮的时候，要把小勺取出，不要放在茶杯中，也不要边搅动边喝，这样会显得很没礼貌。

2. 用盖碗品茶的礼仪

用盖碗品茶的标准姿势是：拿盖的手用大拇指和中指持盖顶，接着将盖略微倾斜，用靠近自己这面的盖边沿轻刮茶水水面，其目的在于将碗中的茶叶拨到一边，以防喝到茶叶。接着，拿杯子的手慢慢抬起，如果茶水很烫，此时可以轻轻吹一吹，但切不可发出声音。

用盖碗品茶的礼仪

 茶典、茶人与茶事

宋代彭乘的《墨客挥犀》中有这样的记载："蔡君谟善辨茶，后人莫及。建安能仁院有茶生石缝间，寺僧采造，得茶八饼，号石岩白，以四饼遗君谟，以四饼密遣人走京师，遗王内翰禹玉。岁余，君谟被召还阙，访禹玉。禹玉命子弟于茶笥中，选取茶之精品者碾待君谟。君谟捧瓯未尝，辄曰：'此茶极似能仁石岩白，公何从得之？'禹玉未信，索茶贴验之，乃服。"

蔡君谟不仅能分辨出茶的品种产地，甚至相传其连差异很小的大小团茶泡在同一杯茶中也能辨别出来，可见其优秀的辨茶能力。

3. 用瓷杯品茶的礼仪

人们一般用瓷杯冲泡红茶。无论自己喝茶还是与其他人一同饮茶，都需要注意男女握杯的差别：品茶时，如果是男士，拿着瓷杯的手要尽量收拢；而女士可以把右手食指与小指弯曲呈兰花指状，左手指尖托住杯底，这样显得迷人而又优雅。总体说来，握杯的时候右手大拇指、中指握住杯两侧，无名指抵住杯底，食指及小指自然弯曲。

用瓷杯品茶的礼仪

倒茶的礼仪

茶叶冲泡好之后，需要茶艺员或泡茶者为宾客倒茶。倒茶的礼仪包括以下两个方面，既适用于客户来公司拜访，同样也适用于商务餐桌。

1. 倒茶顺序

有时，我们会宴请几位友人或是出席一些茶宴，这时就涉及倒茶顺序的问题。一般来说，如果客人不止一位，那么首先要从年长者或女士开始倒茶。如果对方有职称的差别，那么应该先为领导倒茶，接着再给年长者或女士倒茶。如果在场的几位宾客中，有一位是自己领导，那么应该以宾客优先，最后才给自己的领导倒茶。

简而言之，倒茶的时候，如果分宾主，那么要先给宾客倒，然后才是主人；宾客如果多人，则根据他们的年龄、职位、性别不同来倒茶，年龄按先老后幼，职位则从高到低，性别是女士优先。

这个顺序切不可打乱，否则会让宾客觉得倒茶者太失礼了。

2. 续茶

品茶一段时间之后，客人杯子中的茶水可能已经饮下大半，这时我们需要为客人续茶。续茶的顺序与上面相同，也是要先给宾客添加，接着是自己的领导，最后再给自己添加。续茶的方法是：用大拇指、食指和中指握住杯把，从桌上端起茶杯，侧过身去，将茶水注入杯中，这样能显得倒茶者举止文雅。另外，给客人续茶时，不要等客人喝到杯子快见底了再添加，而要勤斟少加。

如果在茶馆中，我们可以示意服务生过来添茶，还可以让他们把茶壶留下，由我们自己添加。一般来说，如果气氛出现了尴尬的时候，或完全找不到谈论焦点时，也可以通过续茶这一方法掩饰一下，拖延时间以寻找话题。

另外，宾客中如果有外国人，他们往往喜欢在红茶中加糖，那么倒茶之前最好先询问一下对方是否需要加糖。

倒茶需要讲究以上的礼仪问题，若是对这些礼仪完全不懂，那么失去的不仅是自己的修养问题，也许还会影响生意等，切莫小看。

习茶的基本礼仪

习茶的基本礼仪包括站姿、坐姿、跪姿、行走和行礼等多方面内容，这些都是茶艺师或泡茶者必须掌握的动作，也是茶艺中标准的礼仪之一。

1. 站姿

站立的姿势算得上是茶艺表演中仪表美的基础。有时茶艺师因要多次离席，让客人观看茶样，并为宾客奉茶、奉点心等，时站时坐不太方便，或者桌子较高，下坐不方便，往往采用站立表演。因此，站姿对于茶艺表演来说十分重要。

站姿的动作要求是：双脚并拢身体挺直，双肩放松；头正下颌微收，双眼平视。女性右手在上，双手虎口交握，置于身前；男性双脚微呈外八字分开，左手在上，双手虎口交握置于小腹部。

站姿既要符合表演身份的最佳站立姿势，也要注意茶艺师面部的表情，用真诚、美好的目光与观众亲切地交流。另外，挺拔的站姿会将一种优美高雅、庄重大方、积极向上的美好印象传达给大家。

女性茶艺师的站姿

2. 坐姿

坐姿是指屈腿端坐的姿态，在茶艺表演中代表一种静态之美。它的具体姿势为：茶艺师端坐椅子中央，双腿并拢；上身挺直，双肩放松；头正下颌微敛，舌尖抵下颚；眼可平视或略垂视，面部表情自然；男性双手分开如肩宽，半握拳轻搭前方桌沿；女性右手在上，双手虎口交握，置放胸前或面前桌沿。

另外，茶艺师或泡茶者身体要坐正，腰杆要挺直，以保持美丽、优雅的姿势。两臂与肩膀不要因为持壶、倒茶、冲水而不自觉地抬得太高，甚至身体都歪到一边。全身放松，调匀呼吸，集中注意力。

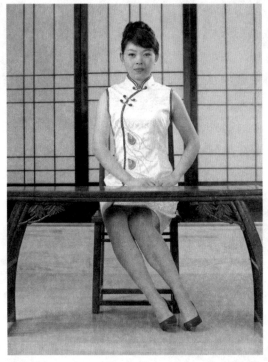

女性习茶（坐姿）

如果大家作为宾客坐在沙发上，切不可怎么舒适怎么坐，也是要讲求礼仪的。如果是男性，可以双手搭于扶手上，两腿可架成二郎腿但双脚必须下垂且不可抖动；如果是女性，则可以正坐，或双腿并拢偏向一侧斜坐，脚踝可以交叉，时间久了可以换一侧，双手在前方交握并轻搭在腿根上。

3. 跪姿

跪姿是指双膝触地，臀部坐于自己小腿的姿态，它分为三种姿势。

＊跪坐

也就是日本茶道中的"正坐"。这个姿势为：放松双肩，挺直腰背，头端正，下颌略微收敛，舌尖抵上颚；两腿并拢，双膝跪在坐垫上，双脚的脚背相搭着地，臀部坐在双脚上；双手搭放于大腿上，女性右手在上，男性左手在上。

＊单腿跪蹲

单腿跪蹲的姿势常用于奉茶。具体动作为：左腿膝盖与着地的左脚呈直角相屈，右腿膝盖与右足尖同时点地，其余姿势同跪坐一样。另外，如果桌面较高，可以转换为单腿半蹲式，即左脚前跨一步，膝盖稍稍弯曲，右腿的膝盖顶在左腿小腿肚上。

＊盘腿坐

盘腿坐只适合男士，动作为：双腿向内屈伸盘起，双手分搭在两腿膝盖处，其他姿势同跪姿一样。

一般来说，跪姿主要出现在日本和韩国的茶艺表演中。

4. 行走

行走是茶艺表演中的一种动态美，其基本要求为：以站姿为基础，在行走的过程中双肩放松，目光平视，下颌微微收敛。男性可以双臂下垂，放在身体两侧，随走动步伐自然摆动，女性可以双手同站姿时一样交握在身前行走。

眼神、表情以及身体各个部位有效配合，不要随意扭动上身，尽量沿着一条直线行走，这样才能走出

行走

茶艺员的风情与优雅。

走路的速度与幅度在行走中都有严格的要求。一般来说，行走时要保持一定的步速，不宜过急，否则会给人急躁、不稳重的感觉；步幅以每步前后脚之间距离30厘米为宜，不宜过大也不宜过小，这样才会显得步履款款，走姿轻盈。

5. 行礼

行礼主要表现为鞠躬，可分为站式、坐式和跪式三种。

站式鞠躬与坐式鞠躬比较常用，其动作要领是：两手平贴小腹部，上半身平直弯腰，弯腰时吐气，直身时吸气，弯腰到位后略作停顿，再慢慢直起上身；行礼的速度宜与他人保持一致，以免出现不谐调感。

行礼根据其对象，可分为"真礼""行礼"与"草礼"三种。"真礼"用于主客之间，"行礼"用于客人之间，而"草礼"用于说话前后。"真礼"时，要求茶艺师或泡茶者上半身与地面呈90°角，而"行礼"与"草礼"弯腰程度可以较低。

除了这几种习茶的礼仪，茶艺师还要做到一个"静"字，尽量用微笑、眼神、手势、姿势等示意，不主张用太多语言客套，还要求茶艺师调息静气，达到稳重的目的。一个小

女性行礼

小的动作，轻柔而又表达清晰，使宾客不会觉得有任何压力。因而，茶艺师必须掌握好每个动作的分寸。

习茶的过程不主张繁文缛节，但是每个关乎礼仪的动作都应该始终贯穿其中。总体来说，不用动作幅度很大的礼仪动作，而采用含蓄、温文尔雅、谦逊、诚挚的礼仪动作，这也可以表现出茶艺中含蓄内敛的特质，既美观又令宾客觉得温馨。

提壶、握杯与翻杯手法

泡茶者在泡茶的时候可以有不同的姿势，并非只按照一种手法进行泡茶。提壶、握杯与翻杯都有几种不同的手法，我们可以根据个人的喜好以及不同器具转换。

1. 提壶手法

＊侧提壶

侧提壶可根据壶型大小决定不同提法。大型壶需要用右手食指、中指勾住壶把，大拇指与食指相搭。同时，左手食指、中指按住壶钮或盖，双手同时用力提壶；中型壶需要用右手食指、中指勾住壶把，大拇指按住壶盖一侧提壶；小型壶需要用右手拇指与中指勾住壶把，无名指与小指并列抵住中指，食指前伸呈弓形压住壶盖的盖钮或其基部，提壶。

＊提梁壶

提梁壶的提壶方法为：右手除中指外的四指握住提梁，中指抵住壶盖提壶。如果提梁较高，无法抵住壶盖，这时可以五指一同握住提梁右侧。

若提梁壶为大型壶，则需要用右手握提梁把，左手食指、中指按在壶的盖钮上，使用双手提壶。

＊无把壶

无把壶的提壶方法为：右手虎口分开，平稳地握住茶壶口两侧外壁，也可以

侧提壶　　　　　　　　　　提梁壶　　　　　　　　　　无把壶

用食指抵在盖钮上，将壶提起。

2. 握杯手法

＊有柄杯

有柄杯的握杯手法为：右手的食指、中指勾住杯柄，大拇指与食指相搭。如果女士持杯，需要用左手指尖轻托杯底。

＊无柄杯

无柄杯的握杯手法为：右手虎口分开握住茶杯。如果是女士，需要用左手指尖轻托杯底。

＊品茗杯

品茗杯的握杯手法为：右手虎口分开，用大拇指、食指握杯两侧，中指抵住杯子底部，无名指及小指自然弯曲。这种握杯的手法也称为"三龙护鼎法"。

＊闻香杯

闻香杯的握杯手法为：两手掌心相对虚拢做双手合十状，将闻香杯捧在两手间。也可右手虎口分开，手指虚拢成握空心拳状，将闻香杯直握于拳心。

＊盖碗

拿盖碗的手法：右手虎口分开，大拇指与中指扣在杯身中间两侧，食指屈伸按在盖钮下凹处，无名指及小指自然搭在碗壁上。

有柄杯　　　　　　　　　　　　　　无柄杯

品茗杯　　　　　　　　闻香杯　　　　　　　　盖碗

有柄杯翻杯法

3. 翻杯手法

翻杯也讲究方法，主要分为翻有柄杯和无柄杯两种。

＊有柄杯

有柄杯的翻杯手法为：右手的虎口向下、反过手来，食指深入杯柄环中，再用大拇指与食指、中指捏住杯柄。左手的手背朝上，用大拇指、食指与中指轻扶茶杯右侧下部，双手同时向内转动手腕，茶杯翻好之后，将它轻轻地放在杯托或茶盘上。

＊无柄杯

无柄杯的翻杯手法为：右手的虎口向下，反手握住面前茶杯的左侧下部，左手置于右手手腕下方，用大拇指和虎口部位轻托在茶杯的右侧下部。双手同时翻杯，再将其轻轻放下。

需要注意的是，有时所用的茶杯很小，例如冲泡乌龙茶中的饮茶杯，可以用单手动作左右手同时翻杯。方法是：手心向下，用拇指与食指、中指三指扣住茶

无柄杯翻杯法

杯外壁，向内动手腕，轻轻将翻好的茶杯置于茶盘上。

提壶、握杯、翻杯的手法介绍到这里，也许开始学习比较复杂，一旦我们掌握了其中的规律，就可以熟练掌握了。

温具手法

在冲泡茶的过程中，温壶温杯的步骤是必不可少的，我们在这里详细介绍一下。

1. 温壶法

（1）开盖。右手大拇指、食指与中指按在壶盖的壶钮上，揭开壶盖，提手腕

开盖

注汤

加盖

荡壶

以半圆形轨迹把壶盖放到茶盘中。

（2）注汤。右手提开水壶，按逆时针方向加回转手腕一圈低斟，使水流沿着茶壶口冲进，再提起手腕，让开水壶中的水从高处冲入茶壶中。等注水量为茶壶总容量的1/2时再低斟，回转手腕一圈并用力令壶流上翻，使开水壶及时断水，最后轻轻放回原处。

倒水

（3）加盖。用右手把开盖顺序颠倒即可。

（4）荡壶。右手拇指、食指捏住壶柄，左手指尖托住壶底，双手按逆时针方向转动，手腕如滚球的动作，使茶壶的各部分都能充分接触开水，消除壶身上的冷气。

（5）倒水。根据茶壶的样式以正确手法提壶，将水倒进废水盂中。

2. 温杯法

温杯需要根据茶杯大小来决定手法，一般分为大茶杯和小茶杯两种。

*大茶杯

右手提着开水壶，按逆时针方向转动手腕，使水流沿着茶杯内壁冲入，大概冲入茶杯1/4左右时断

注水1/4杯

温大茶杯

水。将茶杯逐个注满水之后将开水壶放回原处。接着，右手握住茶杯下部，左手托杯底，右手手腕按逆时针方向转动，双手一齐动作，使茶杯各部分与开水充分接触，涤荡之后将里面的开水倒入废水盂中。

＊小茶杯

首先将茶杯相连，排成"一"字形或半圆形，右手提壶，用往返斟水法或循环斟水法向各个茶杯内注满开水，茶杯的内外都要用开水烫到，再将水壶放回原处。接着，用茶夹夹住一只茶杯，手腕旋转使杯内的水接触到杯壁的每个地方，之后将水倒在茶壶上，依次温烫好每个杯子。

温小茶杯

3. 温盖碗法

温盖碗的方法可分斟水、翻盖、烫碗、倒水等几个步骤，详细手法如下所述：

*斟水

将盖碗的碗盖反放，使其与碗的内壁留有一个小缝隙。手提开水壶，按逆时针方向向盖内注入开水，等开水顺小隙流入碗内约 1/3 容量后，右手提起手腕断水，开水壶放回原处。

*翻盖

左手如握笔状取渣匙伸入缝隙中，右手手背向外护在盖碗外侧，掌沿轻靠碗沿。左手用渣匙由内向外拨动碗盖，右手大拇指、食指与中指迅速将翻起的碗盖盖在碗上。这一动作讲究左右手协调，搭配得越熟练越好。

*烫碗

右手虎口分开，用大拇指与中指搭在碗身的中间部位，食指抵在碗盖盖钮上的凹处，同时左手托住碗底，端起盖碗，右手手腕呈逆时针运动，双手协调令盖碗内各部位充分接触到热水，最后将其放回茶盘。

*倒水

右手提起碗盖的盖钮，将碗盖靠右侧斜盖，距离盖碗左侧有一个小空隙。按

斟水　　　　　　　　　　　　　　翻盖

烫碗　　　　　　　　　　　　　　倒水

照前面方法端起盖碗，将其平移到废水盂上方，向左侧翻手腕，将碗中的水从盖碗左侧小缝隙中流进废水盂。

使用以上几种温洗手法温洗的时候都要注意，不要让手碰触杯沿，这样会给人不正规、不干净的感觉。

常见的四种冲泡手法

冲泡茶的时候，需要有标准的姿势，总体说来应该做到：头正身直，目光平视，双肩齐平、抬臂沉肘。如果用右手冲泡，那么左手应半握拳自然放在桌上。以下是常见的四种冲泡手法：

1. 单手回转冲泡法

右手提开水壶，手腕按逆时针方向回转，让水流沿着茶壶或茶杯口内壁冲入

单手回转冲泡法

茶壶或茶杯中。

2. 双手回转冲泡法

如果开水壶比较沉，那么可以用这种方法冲泡。双手取过茶巾，将其放在左手手指部位，右手提起水壶，左手托着茶巾放在壶底。右手手腕按逆时针方向回转，让水流沿着茶壶口或茶杯口内壁冲入茶壶或茶杯中。

双手回转冲泡法

3. 回转高冲低斟法

此方法一般用来冲泡乌龙茶。详细手法为：先用单手回转法，用右手将开水壶提起，向茶具中注水，使水流先从茶壶肩开始，按逆时针方向绕圈至壶口、壶心，再提高水壶，使水流在茶壶中心处持续注入，直到里面的水大概到七分满的时候压腕低斟，动作与单手回转手法相同。

回转高冲低斟法

4. 凤凰三点头冲泡法

"凤凰三点头"是茶艺茶道中的一种传统礼仪，这种冲泡手法表达了对客人的敬意，同时也表达了对茶的敬意。

详细的冲泡手法为：手提水壶，进行高冲低斟反复三次，让茶叶在水中翻动，寓意为向来宾鞠躬三次以表示欢迎。反复三次之后，恰好注入所需水量，接着提腕断流收水。

凤凰三点头最重要的技巧在于手腕，不仅需要柔软，且要有控制力，使水声呈现"三响三轻"，同响同轻；水线呈现"三粗三细"，同粗同细；水流"三高三低"，同高同低；壶流"三起三落"，同起同落，最终使每碗茶汤完全一致。

凤凰三点头的手法需要柔和，不要剧烈。另外，水流三次冲击茶汤，能更多地激发茶性。我们不能以纯粹表演或做作的心态进行冲泡，一定要心神合一，这样才能冲泡出好茶来。

凤凰三点头冲泡法

　　除了以上四种冲泡手法之外，在进行回转注水、斟茶、温杯、烫壶等动作时，还可能用到双手回旋手法。需要注意的是，右手必须按逆时针方向动作，同时左手必须按顺时针方向动作，类似于招呼手势，寓意为"来、来、来"，表示对客人的欢迎。反之则变成"去、去、去"的意思，所以千万不可做反。

　　冲泡手法大致为以上几种，使用正确的方法泡茶，不仅可以使宾客觉得茶艺员或泡茶者有礼貌、有修养，还会增添茶的色香味等，真是一举多得。

喝茶做客的礼仪

当我们以客人的身份去参加聚会时，或是去朋友家参加茶宴时，都不可忘记礼仪问题。面对礼貌有加的主人，如果我们的动作太过随意，一定会令主人觉得我们太没有礼貌，从而影响自己在对方心中的形象。

一般来说，喝茶做客需要注意以下几种礼仪：

1. 接茶

"以茶待客"，需要的不仅是主人的诚意，同时也需要彼此间互相尊重。因此，接茶不仅可以看出一个人的品性，同时也能反映出宾客的道德素养。

如果面对的是同辈或同事倒茶时，我们可以双手接过，也可单手，但一定要说声"谢谢"；如果面对长者为自己倒水，必须站起身，

接茶

用双手去接杯子，同时致谢，这样才能显示出对老人的尊敬；如果我们不喝茶，要提前给对方一个信息，这样也能使对方减少不必要的麻烦。

在现实中，我们经常会看到一类人，他们觉得自己的身份地位都比倒茶者高，就很不屑地等对方将茶奉上，有的人甚至连接都不接，更不会说"谢谢"二字，他们认为对方倒茶是理所应当的。其实，这样倒显出其极没有礼貌，有失身份了。所以，当你没来得及接茶时，至少要表达出感谢之情，这样才不会伤害到倒茶者的感情。

2. 品茶

品茶时宜用右手端杯子喝，如果不是特殊情况，切忌用两手端茶杯，否则会给倒茶者带来"茶不够热"的讯号。

品茶讲究三品，即用盖碗或瓷碗品茶时，要三口品完，切忌一口饮下。品茶的过程中，切忌大口吞咽，发出声响。如果茶水中漂浮着茶叶，可以用杯盖拂去，或轻轻吹开，千万不可用手从杯中捞出，更不要吃茶叶，这样都是极不礼貌的。

除此之外，如果喝的是奶茶，则需要使用

品茶

小勺。搅动之后，我们要把小勺放到杯子的相反一侧。

3.赞赏

赞赏主要针对茶汤、泡茶手法及环境而言。赞赏的过程是一定要有的，这样可以表达对主人热情款待的感激之情。

一般来说，赞赏茶汤大致有以下几个要点：赞赏茶香清爽、幽雅；赞赏茶汤滋味浓厚持久，口中饱满；赞赏茶汤柔滑，自然流入喉中，不苦不涩；赞赏茶汤色泽清纯，无杂味。另外，如果主人或泡茶者的冲泡手法优美到位，还要对其赞赏一番，这并不是虚情假意的赞美，而是发自内心的感激。

4.叩手礼

叩手礼亦称为叩指礼，是以手指轻轻叩击茶桌来行礼，且手指叩击桌面的次数与参与品茶者的情况直接相关。叩手礼是从古时的叩头礼演化而来的，古时的叩手礼是非常讲究的，必须屈腕握空拳，叩指关节。随着时间的推移，逐渐演化为将手弯曲，用几个指头轻叩桌面，以示谢忱。

现在流行一种不成文的习俗，即长辈或上级为晚辈或下级斟茶时，下级和晚辈必须用双手指作跪拜状叩击桌面两三下；晚辈或下级为长辈或上级斟茶时，长辈和上级只需用单指叩击桌面两三下即可。

有些地方也有着其他的方法，例如平辈之间互相敬茶或斟茶时，单指叩击桌面表示"谢谢你"；双指叩击桌面表示"我和我先生（太太）谢谢你"；三指叩击桌面表示"我们全家人感谢你"，等等。

叩手礼

以上喝茶做客的礼仪是必不可少的，如果我们到他人家做客，一定不要忽视这些礼节，否则会使自己的形象大打折扣。

第四章

茶道与茶艺

修身养心论茶道

茶道是一种烹茶饮茶的艺术，也是一种以茶为媒的生活礼仪。它通过沏茶、赏茶、闻香、饮茶、评茶等过程美心修德、陶冶情操，因此被认为是修身养心的一种方式。茶道精神是茶文化的核心，亦是茶文化的灵魂所在，它既符合东方哲学"清净、恬澹"的思想，也符合佛道儒"内省修行"的思想，可以说茶道从很大程度上诠释了茶文化的内涵与精神。

1. 何谓茶道

"茶道"一词从使用以来，历代茶人都没有给它做过一个准确的定义，直到近年来，爱茶之人才开始讨论起这个悠久的词语来。有人认为，茶道是把饮茶作为一种精神上的享受，是一种艺术与修身养性的手段；有人还说，茶道是一种对人进行礼法教育、道德修养的仪式；还有人认为，茶道是通过茶引导出个体在美的享受过程中实现全人类的和谐安乐之道。真可谓仁者见仁智者见智，一时间"茶道"这个词被茶人越来越多地探讨起来。

其实，每个人对茶道的理解都是正确的，茶道本就没有固定的定义，只需要人们细心体会。如果硬要为茶道下一个准确僵硬的定义，那么茶道反而会失去其神秘的美感，同时也限制了爱茶之人的想象力。

一般认为，茶道兴起于中国唐代，在宋明时期达到了鼎盛。在宋朝，上至皇帝贵族，下至黎民百姓，无一不将饮茶作为生活中的大事。当时，茶道还形成了独特的品茶法则，即三点三不点。三点其一是指新茶、甘泉、洁器；其二是指天气好；其三是指风流儒雅、气味相投的佳客，反之就是"三不点"。到了明朝，由于散茶兴起，茶道也展开了另一番辉煌的图景，其中爱茶之人也逐渐涌现出来，为悠久的茶文化留下浓墨重彩的一笔。

我国茶道中，饮茶之道是基础，饮茶修道是目的，也就是说，饮茶是中国茶道的根本。饮茶往往分四个层次，一是以茶解渴，为"喝茶"；二是注重茶、水、茶具的品质，细细品尝，为"品茶"；品茶的同时，我们还要鉴赏周围的环境与气氛，感受音乐，欣赏主人的冲泡技巧及手法，这个过程便是第三个层次为"茶艺"；第四个层次，通过"品茶"和"茶艺"之后，由茶引入人生等问题，陶冶情操、修身养性，从而达到精神上的愉悦与性情上的升华，这便是饮茶的最高境界——"茶道"。

茶道不仅是一种关于泡茶、品茶、鉴茶、悟茶的艺术，同时也算得上是大隐于世、修身养性的一种方式。它不但讲求表现形式，更重要的是精神内涵，从而将茶文化的精髓在一缕茶香中传遍世界各地。

2. 茶道中的身心享受

茶道中的身心享受可称为"怡"。中国的茶道中，可抚琴歌舞，可吟诗作画，可观月赏花，亦可论经对弈，可独对山水，亦可邀三五友人，共赏美景。儒生可"怡情悦性"，文人可"怡情养生"，僧人可"怡然自得"。中国茶道的这种怡悦性，使得它有极广泛的群众基础。

但从古代开始，不同地位、不同信仰、不同阶级的人对茶道却有着不同的目的：古代的王公贵族讲茶道，意在炫耀富贵、附庸风雅，他们重视的往往是一种区别于"凡夫俗子"的独特；文人墨客讲究茶道，意在托物寄怀、激扬文思、交朋结友，他们真正地体会着茶之韵味；佛家讲茶道意在去困提神、参禅悟道，更重视茶德与茶效；普通百姓讲茶道，更多地是想去除油腻，一家人围坐在一起闲话家常……由此看来，上至皇帝，下至黎民，都可以修习茶道。而每位茶人都有自己的茶道，但殊途同归，品茶都给予他们精神上的满足和愉悦。

也可以说，只有身心都获得圆满，那么便领悟了茶道的终极追求，这也就是茶道中所说的身心享受——怡。

茶道中的"怡"，并不是指普通的感受，它包含三个层次：首先是五官的直观享受。茶道的修习首先是从茶艺开始的。优美的品茶环境，精致的茶具，幽幽的茶香，都会对修习者造成强烈的视觉冲击，并将最直观的感受传递给修习者。其次是愉悦的审美享受，即在闻茶香、观汤色、品茶味的同时，修习者的情思也会在不知不觉间变得敏感起来。再加上此时泡茶者通常会对茶道讲出一番自己的理解，修习者就会感到身心舒坦、心旷神怡。最后是一种精神上的升华。提升自己的精神境界是中华茶道的最高层次，同时也是众多茶人追求的最高境界。当修习者悟出茶的物外之意时，他们便可以达到提升自我境界的目的了。

中国茶道是一种雅俗共赏的文化，它不仅存在于上流社会中，在百姓间也广为流行。正是因为"怡"这个特点，才让不同阶层的茶人都沉浸在茶的乐趣之中。

 茶典、茶人与茶事

陆卢遗风指的是要发扬陆羽和卢仝的茶道精神、品茶技艺、茶德茶风。陆卢遗风中的"陆"是指茶圣陆羽，他一生爱茶研究茶，著作了第一本茶典《茶经》，对茶业做出了巨大的贡献，对后世的茶业有着很大影响，被世人誉为"茶仙""茶神"。"卢"是指唐代诗人卢仝，他一生爱茶，写过很多关于茶的诗歌、对联，流传至今，千年不衰。他的诗歌《走笔谢孟谏议寄新茶》，脍炙人口，是茶诗中的佳作。

茶道的终极追求

"真"是中国茶道的起点，也是中国茶道的终极追求。真，乃真理之真，真知之真，它最初源自道家观念，有返璞归真之意。

中国茶道在从事茶事活动时所讲究的"真"，包括茶应是真茶、真香、真味；泡茶的器具最好是真竹、真木、真陶、真瓷制成的；泡茶要"不夺真香，不损真味"；品茗的环境最好是真山真水，墙壁上挂的字画最好是名家名人真迹……

以上皆属于茶道中求真的"物之真"。除此之外，中国的茶道所追求的"真"还有另外三重含义：

第一，追求道之真。即通过茶事活动追求对"道"的真切体悟，达到修身养性、品味人生之目的。

第二，追求情之真。即通过品茗述怀，使茶友之间的真情得以发展，在邀请友人品茶的时候，敬客要真情，说话要真诚，从而达到茶人之间互见真心的境界。

第三，追求性之真。即在品茗过程中，真正放松自己，在无我的境界中去放飞自己的心灵，放牧自己的天性，让自己飞翔在一片无拘无束的天空中。

中国人不轻易言"道"，而一旦论道，则执着于"道"，追求于"真"。饮茶的真谛就在于启发人们的智慧与良知，使人在日常生活中俭德行事，淡泊明志，步入真、善、美的境界。当我们以真心来品真茶，以真意来待真情时，想必就理解茶道的终极追求了。

1. 茶道的自然美

茶道是中国传统文化的精髓，也是中国古典美学的基本特征和文化沉淀。它用自身的特性和独特的美感将古代各家的美学思想融为一体，构成了茶道独特的自然美感。

茶道在美学方面追求自然之美、协调之美和瞬间之美。中华茶道的自然之美，赋予了美学以无限的生命力及艺术魅力，大体可分为虚静之美与简约之美。

＊虚静之美

虚，即无的意思。天地本就是从虚无中来，万事万物也是从虚无中而生。静从虚中产生，有虚才有静，无虚则无静。我国茶道中提出的"虚静"，不仅是指心灵的虚静，同时也指品茗环境的宁静。在茶道的每一个环节中，仔细品味宁静之美，只有摒弃了尘世的浮躁之音后，我们才能聆听到自然界每一种细微的声音。

＊简约之美

简，即简单的意思。约，乃是俭约之意。茶，其贵乎简易，而非贵乎烦琐；贵乎俭约，而非贵乎骄奢。茶历来是雅俗共赏之物，也因其简朴而被世人所喜爱，越是简单的茶，人们越能从中品出其独特的味道。

我国茶道追求真、善、美的艺术境界，这与其自然美都是分不开的。从采摘到制作，茶经历的每一个过程都追求自然，而不刻意。茶的品种众多，但给人的感觉无一不是自然纯粹的，无论从色泽到香气，都能让人感受到大自然的芬芳美感，相信这也是人们爱茶的根本原因之一。

2. 茶道与茶艺的关系

茶文化研究者曾提出茶道与茶艺之间的关系，他们认为，为了弘扬茶文化、推广品饮茗茶的习俗，有人提出使用"茶道"一词，但是中国虽自古有"茶道"之说，但"道"字特别庄重，远远高于日常生活。因此，茶学家希望民众能普遍接受茶文化，因而提出了"茶艺"一词，即以茶为主体，将艺术融于生活以丰富生活。由此来看，"茶艺"产生的目的在于生活不在于茶。

茶道与茶艺之间有区别又有联系：茶艺是茶道的具体形式，茶道是茶艺的精神内涵，茶艺是有形的行为，而茶道是无形的意识。正因为有了茶艺和茶道的存在，饮茶活动的目的才具有了更高的层次，人们才可以在最普通的日常喝茶中培养自己良好的行为规范及与他人和谐相处的素养。

茶道与茶艺的差别表现在：茶艺本身对品茶更加重视。俗语说：三口为品。品茶主要就在于运用自己视觉、味觉等感官上的感受来品鉴茶的滋味。因而，与茶道相比茶艺更加讲究茶、水、茶具的品质以及品茶环境等。若能找到茶中佳品、优质的茶具或是清雅的品茶之地，茶艺就会发挥得更加尽善尽美，我们也将在满足自己解渴、提神等生理需要的同时，使自己的心理需求得到满足。也就是说，相对于喝茶而言，外在的物质对于茶艺的影响更大一些。

当品茶达到一定境界之后，我们就将不再满足于感官上的愉悦和心理上的愉悦了，只有将自己的境界提升到更高的层次，才能得到真正的圆满和解脱。于是，茶艺在这一时刻就要提升一个层次，形成茶道了。这时，我们关注的重点也发生了变化，从对于外在物质的重视转移到通过品茶探究人生奥妙的思想理念上来。品茶活动也不再重视茶品的资质、泡茶用水、茶具及品茶环境的选择，而将通过对茶汤甘、香、滑、重的鉴别来将自己对于天地万物的认知与了解融会贯通。因此，从某种意义上来说，品茶活动已经变成了茶道活动的同义词了。

除此之外，茶道和茶艺之所以不能等同的原因还在于茶道自问世至今已经形成了前后传承的完整脉络、思想体系、形式与内容。而茶艺却是直到明清时期才形成的关于专门冲泡技艺的范式。虽然茶艺的流传促进了茶事活动的发展，但是从概念上来讲，仍不能被称作为"茶道"。

茶道与茶艺几乎同时产生，同时遭遇低谷，又同时在当代复兴。可以说，二者是相辅相成的，虽然在某种程度上我们无法使其界限十分分明，但两者却是各自独立的，不能混淆。

3. 中国的茶道流派

中国的茶道已经流传了千年，沉浸在其中的人们也越来越多。由于品茶人文化背景的不同，中国的茶道流派可分为四大类，即贵族茶道、雅士茶道、世俗茶道和禅宗茶道。

＊贵族茶道

贵族茶道由贡茶演化而来，源于明清的潮闽工夫茶，发展到今天已经日趋大众化。贵族茶道最早流传于达官贵人、富商大贾和豪门乡绅之间。他们不必懂诗词歌赋、琴棋书画，但一定要身份尊贵，有地位，且家中一定要富有。他们用来品饮的茶叶、水、器具都极尽奢华，可谓是"精茶、真水、活火、妙器"，缺一不可。如此的贵族茶道，无非是在炫耀其权力与地位，似乎不如此便有损自己的形象与脸面。

晋代常璩在《华阳国志·巴志》中记载，周武王姬发联合当时居住川、陕、鄂一带的庸、蜀、羌、髳、微、卢、彭、濮几个方国共同伐纣，凯旋而归。此后，巴蜀之地所产的茶叶便正式列为朝廷贡品。这便是将茶列为贡品最早的记载。

茶的功能虽然被大众所认知，而一旦被列为贡品，首先享用的必然是皇室成员。正因为各地要进献贡茶，在某种程度上也造成了百姓的疾苦。试想，当黎民为了贡茶夜不得息、昼不得停地劳作，得到的茶叶却被贵族们用来攀比炫耀，即便茶本是洁品，也会失去了其质朴的品格和济世活人的德行了吧。

* 雅士茶道

雅士茶道中的茶人主要是古代的知识分子，他们有机会得到名茶，有条件品茗，是他们最先培养起对茶的精细感觉，也是他们雅化了茶事并创立了雅士茶道。

中国文人嗜茶者在魏晋之前并不多见，且人数寥寥，懂得品饮者也只有三五人而已。但唐以后凡著名文人不嗜茶者几乎没有，不仅品饮，还咏之以诗。但自从唐代以后，这些文人雅士颇不赞同魏晋的所谓名士风度，一改"狂放啸傲、栖隐山林、向道慕仙"的文人作风，人人有"入世"之想，希望一展所学、留名千古。于是，文人的作风变得冷静、务实，以茶代酒便蔚为时尚，随着社会及文化的转变，开始担任茶道的主角。

对于饮茶，雅士们已不只图止渴、消食、提神，而在乎导引人之精神步入超凡脱俗的境界，于清新雅致的品茗中悟出点什么。"雅"体现在品茗之趣、以茶会友、雅化茶事等方面。茶人之意在乎山水之间，在乎风月之间，在乎诗文之间，在乎名利之间，希望有所发现、有所寄托、有所忘怀。由于茶助文思，于是兴起了品茶文学、品水文学，除此之外，还有茶歌、茶画、茶戏等。于是，雅士茶道使饮茶升华为精神的享受。

*世俗茶道

茶是雅物，也是俗物，它生发于"茶之味"，以享乐人生为宗旨，因而添了几分世俗气息。从茶叶打开丝绸之路输往海外开始，茶便与政治结缘；文成公主和亲西藏，带去了香茶；宋朝朝廷将茶供给西夏，以取悦强敌；明朝将茶输边易马，用茶作为杀手锏"以制番人之死命"……由此看来，茶在古代被用在各种各样的途径上。

而现代茶的用途也不在少数，作为特色的礼品，人情往来靠它，成好事也成坏事，有时温情，有时却显势利。但茶终究是茶，虽常被扔进社会这个大染缸之中，可罪却不在它。

茶作为俗物，由"茶之味"竟生发出五花八门的茶道，家庭茶道、社区茶道、平民茶道等，其中确实含有较多的学问。为了使这些学问更加完整与系统，我们可将这些概括为世俗茶道。如今，随着生活水平逐渐提高，生活节奏加快，还出现了许多速溶茶、袋泡茶，都是既方便又实用的饮品。

茶典、茶人与茶事

饮茶的历史非常久远，最初的茶是作为一种食物而被认识的。唐代陆羽在《茶经》中说："茶之饮，发乎神农。"古人也有传说："神农尝百草，日遇七十二毒，得茶而解。"

相传，神农为上古时代的部落首领、农业始祖、中华药祖，史书还将他列为三皇之一。据说，神农当年是在鄂西神农架中尝百草的。神农架是一片古老的山林，充满着神秘的气息，至今还保留着一些原始宗教的茶图腾。

茶树枝叶

图腾柱

古人不懂生育奥秘，无意中把崇拜、感恩之情与茶相结合，从而形成茶图腾崇拜。

＊禅宗茶道

唐代著名诗僧皎然是中华茶道的奠基人之一，他提出的"三饮便得道"为禅宗和茶道之间架起了第一座桥梁。另外，佛家认为茶有三德，即坐禅时通夜不眠；满腹时帮助消化；还可抑制性欲。由此，茶成为佛门首选饮品。

古代多数名茶都与佛门有关，例如有名的西湖龙井茶。陆羽在《茶经》中说："钱塘生天竺、灵隐二寺"；阳羡茶的最早培植者也是僧人；松萝茶也是由一位佛教徒创制的；安溪铁观音"重如铁，美如观音"，其名取自佛经；普陀佛茶更不必说，直接以"佛"名其茶……

茶与佛门有着千丝万缕的联系，佛门中居士"清课"有"焚香、煮茗、习静、寻僧、奉佛、参禅、说法、做佛事、翻经、忏悔、放生……"等许多内容，其中"煮茗"位列第二，由此可知"禅茶一味"的提法所言非虚。

现如今，中国的茶道仍然在世界产生深远影响，它将日常的物质生活上升到精神文化层次，既是饮茶的艺术，也是生活的艺术，更成为人生的艺术。

4. 中国茶道的三种表现形式

中国茶道有三种表现形式，即煎茶、斗茶和工夫茶。

＊煎茶

煎茶是从何时何地产生，没有确定的记载，但我们可以从诗词中捕捉到其身影。北宋著名文学家苏东坡在《试院煎茶》中写道："君不见，昔时李生好客手自煎，贵从活火发新泉。又不见，今时潞公煎茶学西蜀，定州花瓷琢红玉。"由此看来，苏东坡认为煎茶出自西蜀。

古人对茶叶的食用方法经过了几次变迁，先是生嚼，后又加水煮成汤饮用，直到秦汉以后，才出现了半制半饮的煎茶法。唐代时，人们饮的主要是经蒸压而成的茶饼，在煎茶前，首先将茶饼碾碎，再用火烤制，烤到茶饼呈现"蛤蟆背"时才可以。接着将烤好的茶趁热包好，以免香气散掉，等到茶饼冷却时将它们研磨成细末。最后以风炉和釜作为烧水器具，将茶加以山泉水煎煮。这便是唐代民间煎茶的方法，由此看来，当时的人们已经在煎茶的技艺上颇为讲究，过程既烦琐又仔细。

煎茶

*斗茶

斗茶又称茗战，兴于唐代末，盛于宋代，是古代品茶艺术的最高表现形式，要经过炙茶、碾茶、罗茶、候汤、熘盏、点茶六个步骤。

斗茶是古代文人雅士的一种品茶艺术，他们各自携带茶与水，通过比斗、品尝、鉴赏茶汤而定优胜。斗茶的标准主要有两方面：

（1）汤色。斗茶对茶水的颜色有着严格的标准，一般标准是以纯白为上，青白、灰白、黄白等次之。纯白的颜色表明茶质鲜嫩，蒸时火候恰到好处；如果颜色泛红，是炒焙火候过了头；颜色发青，则表明蒸时火候不足；颜色泛黄，是采摘不及时；颜色泛灰，是蒸时火候太老。

（2）汤花。汤花是指汤面泛起的泡沫。汤花也有两条标准：其一是汤花的色泽，其标准与汤色的标准一样；其二是汤花泛起后，以水痕出现的早晚定胜负，早者为负，晚者为胜。如果茶末研碾细腻，点汤、击拂恰到好处，汤花匀细，就可以紧咬盏沿，久聚不散，名曰"咬盏"。反之，汤花泛起，不能咬盏，会很快散开。汤花一散，汤与盏相接的地方就会露出茶色水线，即水痕。

斗茶的最终目的是品茶，通过品茶汤、看色泽等这些比斗，评选出茶的优劣，唯有那些色、香、味俱佳的茶才算得上好茶，而拥有者才能算斗茶胜利。

*工夫茶

工夫茶起源于宋代，在广东潮汕地区以及福建一代最为盛行。工夫茶讲究沏茶、泡茶的方式，对全过程操作手艺要求极高，没有一定的工夫是做不到的，既费时又费工夫，因此称为工夫茶。有些人常把"工夫茶"当作"功夫茶"，其实是错误的，因为潮州话"工夫"与"功夫"读音不同，本地人能够区分，但外地人经常混淆。

工夫茶在日常饮用中，从点火烧水开始，到置茶、备器，再到冲水、洗茶、冲茶，再经过冲水、冲泡、冲茶，稍候片刻才可以被人慢慢细饮。之后，再添水烧煮重复第二泡的过程，数泡以后换茶再泡，这一系列的过程听起来就十分费时间。

工夫茶所需要的物品都比较讲究，茶具要选择小巧的，一壶带 2 ~ 4 个杯子，以便控制泡茶的品质；冲泡的水最好是天然的山泉水；茶叶一般选择乌龙茶，以便于冲泡数次仍有余香；另外，冲泡工夫茶的手艺也是有较高要求的。

中国茶道的这三种表现形式，不仅包含着我国古代朴素的辩证唯物主义思想，而且包含了人们主观的审美情趣和精神寄托，它渲染了茶性清纯、幽雅、质朴的气质，同时也增强了艺术感染力，是我国茶文化的瑰宝。

5. 日本茶道

茶道起源于中国，但在日本特别盛行。日本人把茶道视为日本文化的结晶，也是日本文化的代表，它摆脱了日常生活中的污秽，是建立在崇尚生活美基础之上的一种仪式。

日本的茶道比较规矩，要求也比较严格。首先，它的举行场所一般包括茶的庭园和茶的建筑。茶的庭园指露地，茶的建筑指茶室。

客人进入茶室前，首先要通过露地。这时，客人需要先洗手和漱口，等到主人出来迎接时，客人还要在庭院中打水再清洗一次。这样做既表达了对主人的尊敬，其寓意又表达茶道的场所乃圣洁之境。

接下来进入茶室。茶室的布置与我国大致相同，墙壁上挂着与茶事有关的古画、诗词，以提升主人的文学修养和对艺术的鉴赏能力；茶室内摆着鲜花，并配以与之相适的花瓶，花瓶一般用金属、陶瓷等制成，可以使整个茶室既雅静又富有生机和活力；茶碗、茶盒、水罐等用具都是金属、木、漆、染织等工艺品，这些小巧精致的摆设既朴素又新鲜，点缀茶室的同时，也可以使人心情愉悦。茶室中，与我国略有不同的地方在于，日本茶室有一个高 60 厘米的四方小门，只能侧身而入，据说这样隐秘的入口代表了里面的茶室是虚拟的、非现实的空间，听起日本茶道非常讲究，品茶场所要幽雅，茶叶要碾得精细，茶具要擦得干净，主持人的动作要规范，既要有舞蹈般的节奏感和飘逸感，又要准确到位。

来让人觉得十分神秘。

客人坐好后，主人并不会直接煮茶待客，而是先招待客人吃饭，同时，主人还要准备好清酒以供客人品饮。款待客人的菜肴并不丰盛，但一定要选用新鲜的蔬菜和水产，还要有季节感，且搭配的菜谱也有讲究。

主人的待客方法很有讲究，客人也不例外。客人在吃饭的时候一定要讲究礼仪，不可狼吞虎咽，要细嚼慢咽地慢慢吃。同样地，饮酒时也一定不能大口喝下，反而要用小盏分三口慢慢品。这样才能表达出对主人热情款待的敬意，以及对食物的感恩之心。

料理结束后，才开始进行点茶和饮茶的步骤。这时，客人不会继续在茶室中等待，而是要暂时回避，以给主人一些时间准备。等到客人再次进入茶室时，主人才会正式开始点茶。首先，主人先为客人端上点心，点心的种类由茶的浓淡决定，如果是浓茶，所配点心通常是糯米做的豆馅点心；如果是淡茶，通常用小脆饼作为点心。

接着，主人需要用风炉生火，煮水，然后准备饮茶器具。这个过程与我国茶道有些不同，他们会将已经擦洗过的茶具再擦洗一次，所用的工具是一块手帕大小的绸缎，接着才会用开水消毒。

接着便是点茶的主要过程：主人先用精致的小茶勺向茶碗中放入适量的茶叶，再用水舀将沸水倾入碗内。这个过程中需要注意的是，茶水不能外溢，与我国"斟茶七分满"很像，而且倒水时要尽量让水发出声音。

点茶完毕后，主人需要用双手将茶碗捧起，依次给宾客分茶，客人要先向主人致谢才可接过茶碗。在品茶的过程中，宾客需要吸气，并发出"咝咝"的声音，声音越大，表示对主人的茶品越赞赏；茶汤饮尽时，还要用大拇指和洁净的纸擦干茶碗，并仔细欣赏茶具，边看边赞"好茶"，以表达对主人的敬意。如此看来，整个茶道过程比较复杂，规格较高、较正式的茶道往往会用一个多小时的时间。

日本茶道需要遵守"四规"和"七则"。这四规分别为"和、敬、清、寂"，与我国茶道中的"和、静、怡、真"有异曲同工之妙。"七则"代表的是煮茶、品茶、茶境的七个特色，分别为准备一尺四寸见方的炉子；炉子的位置摆放要合适；适度的火候；水的温度要因季节不同而变化；茶具要能体现茶叶的色香味；点茶要有浓淡之分；茶室要整洁并且插花，且要与环境相配。由此得知，日本的茶道果然极其严谨，单凭这一系列的过程就令人觉得郑重其事。

日本茶道融合了诸多文化，例如文学、美术、园艺、烹调以及建筑等，它以饮茶为主体，延展出许多文化内涵，可称得上是一门综合性艺术活动。

6. 韩国茶道

韩国自新罗善德女王时期引入茶文化，时至今日已经有一千多年的历史。在一千多年的岁月中，韩国逐渐形成了种类繁多、特色各异的茶道。与我国相似的是，韩国茶道也有四大宗旨，即"和、敬、俭、真"。

总体来说，韩国茶道的过程包括迎客、环境和茶室陈设、书画和茶具的造型与排列、投茶、注茶、茶点、吃茶等。如果按照名茶类型来区分，韩国茶道可以分为"饼茶法""钱茶法""末茶法""叶茶法"等。以下我们简单介绍一下"叶茶法"的茶道过程：

* 迎宾

迎宾即宾客光临时，主人到大门口的恭迎。此时，主人需要用"请进""谢谢""欢迎光临"等迎接词欢迎宾客；客人必须以年龄高低按顺序进入。进入茶室后，主人必须站在东南方向，同时向来宾表示欢迎，接着坐到茶室的东面向西，而客人坐在西面向东。

* 温具

主人沏茶前，应该先折叠好茶巾，将茶巾放置在茶具左边。接着，将沸水注入茶壶、茶杯中，进行温壶、温杯的过程，接着倒出热水。

*沏茶

沏茶的过程根据季节有不同的投茶方法。一般而言，春秋季采用中投法，夏季用上投法，冬季则用下投法。

冲泡好茶汤之后，按自右至左的顺序，分三次缓缓注入杯中，茶汤量以斟至杯中的六七分满为宜，不要超过茶杯容量的70%。

*品茗

茶沏好之后，泡茶者需要以右手举杯托，左手把住手袖，恭敬地将茶捧至来宾前的茶桌上，再回到自己的茶桌前捧起自己的茶杯，对宾客行注目礼，同时说"请喝茶"，而来宾答过"谢谢"之后，宾主才可以一起举杯品饮。在品茶的过程中，还可以用一些清淡茶食来佐茶，例如各式糕饼、水果等。

茶在韩国的社会生活中占据着非常重要的地位，许多学校都开设了茶文化课。年满20岁的青年要学习茶道礼仪之后才能进入成年人的行列，由此可见，韩国对茶的重视程度之高。也正因如此，茶才能走进韩国千家万户的生活中。

7. 英式茶道

中国茶道在世界上一直享有盛名，但鲜为人知的是，英国也有其特有的茶道，而且英国茶道在内容和方式上都有一些独特的规矩，很值得我们学习与借鉴。

*不用沸水冲茶

英式茶道中首先要遵守的特点就是不用滚烫的开水冲茶。他们认为，温度过高的茶水会刺激口腔并引发口腔癌，另外，也避免烫水使茶叶中的营养物被分解、破坏。因此，英国人习惯于将刚刚煮沸的开水置于室温下冷却几分钟，再缓缓将半烫的水注入茶壶中，最后注入杯中喝时已是"半热半凉"的了。

*尽量避免使茶水在茶壶中放置过久

英式茶道另一个特点是，尽量不让茶水在茶壶中停放过久，即在将热水冲入茶壶后仅几分钟，便马上把茶水注入茶杯中，这样做可以尽快使茶水与茶叶相分离。英国人认为，尽管茶叶含有多种人体所必需的营养物，但冲泡过于长久的茶叶会释放出有害人体健康的有毒物质。因此，英国人喝的茶水往往比我们的要清淡得多。

 川宁（TWININGS）茶是英国皇室的御用茶之一，有着三百多年的历史。其不仅有传统的红茶和绿茶系列，更有果茶、花茶和冰茶等系列，特别适合年轻一代的口味。

＊不钟情于浓茶

英国人认为，浓茶容易使神经系统过度兴奋，导致失眠或慢性头疼，对健康利少弊多。因此，他们并不钟情于浓茶，尤其是老人和孩子，对浓茶更是敬而远之。除此之外，英国人在饭前饭后都习惯用淡淡的茶水漱口。他们认为，茶汤能促进骨骼和牙齿生长、发育，并预防蛀牙以及抑制口腔内有害细菌生长。另外，一些喜欢吸烟的人在参加社交活动前也常常用淡茶水漱口，这样可以减少口腔中残留的烟味。

＊重视进茶"时间"

中国人随时都可以喝茶，但英国人却不同，他们的喝茶时间相对讲究一些。他们认为茶水可以稀释胃酸，妨碍消化，因此饭前饭后都不喝茶，尤其是需要补充多种营养物质的孕妇，更应绝对避免餐后即时饮茶。即便是饭后喝茶，也必须在用餐完毕半小时之后才可。

＊饮茶种类繁多

英国茶道重视身心享受，这体现在他们每日不同时段所品饮茶的种类。他们认为，每天品饮各类茶，可以从中汲取多种多样的营养物质，还可以起到健身和健心的功效。

英国人从早到晚所喝的茶大有不同，一般来说，他们在清晨热衷于喝味道较为浓烈的印度茶，或直接喝一种混合了印度茶、斯里兰卡茶和肯尼亚茶的"伯爵茶"，并在其中加入牛奶，调制成芳香四溢又营养丰富的奶茶，他们认为清晨喝这类茶可以提神。午茶时，英国人为了冲淡奶油蛋糕或水果蛋糕的油腻，则品饮颜色雅致、味道甘美的祁门红茶。下午茶对英国人来说，是一天之中最重要的时段。这个时候，他们往往选择含印度茶和中国茶，并用"佛手茶"加以熏制的色泽深沉的混合茶，这样可以体现优雅的环境与心境。晚上，英国人又会喝一些可以放松心情，有助于睡眠的茶，例如被他们取名为"拉巴桑茶"的中国茶。

由此看来，英国茶道的确有着其独特之处，这也从某个角度诠释了中国茶文化的无穷魅力，为世界茶文化的发展做出了独特的贡献。

伴茗之魂赏茶艺

自古以来，喝茶就被视为一件赏心悦目的事。古人在品茗的同时，还会焚香、弹琴，总之，喝茶者总会精心地准备着与泡茶有关的一切事情。喝茶已经不仅仅是解渴这么简单的事了，慢慢地，它变成了一种艺术。

1. 什么是茶艺

茶的历史虽然久远，但"茶艺"一词却在唐朝之后才出现，自此，茶艺开始走进寻常百姓家。到了宋代，茶文化由于进一步发展，茶艺也迎来了它的鼎盛时期。上至皇帝，下至百姓，无一不以茶为生活必需品，这也使饮茶精神从宋朝开始成为一种广为流传的时尚。而此时的茶艺也逐渐形成了一种特色，有了一套特有的规范动作。

明代后期，饮茶变得越来越讲究：茶人所选择的茶叶、水、环境都有了较高的标准，例如茶叶一定要精致干燥，水源一定要干净，环境一定要清新雅致等。

到了现代，茶艺有了广义和狭义之分。广义的茶艺是指研究与茶叶有关的学问，例如茶叶的生产、制造、经营、饮用方法等一系列原则与原理，从而达到人们在物质和精神方面的需求；而狭义的茶艺是指如何冲泡出一壶好茶的技巧以及如何享受一杯好茶的艺术，也可以说是整个品茶过程中对美好意境的体现。

茶艺包括一系列内容：选茶、选水、选茶具、烹茶技术以及环境等。具体内容如下：

＊茶叶的基本知识

进行茶艺表演之前首先要掌握茶叶的基本知识，这也是学习茶艺的基础。包括茶叶的分类、主要名茶的品质特点、制作工艺，以及茶叶的鉴别、贮藏、选购等。茶艺员和泡茶者需要在冲泡时为宾客讲解有关的茶叶知识，这样才会显得专业。

茶艺师在表演时，要用身体姿态和动作来表现出内在气质。例如，坐姿、站姿、走姿、冲泡动作、面部表情等，这些都可以体现出一个茶艺师的气质。

＊茶艺的技术

这是茶艺的核心部分，即茶艺的技巧以及工艺，包括茶艺表演的程序、动作要领、讲解的内容，茶叶色、香、味、形的欣赏，茶具的欣赏与收藏等。

＊茶艺的礼仪与规范

即茶艺过程中的礼貌和礼节，不仅仅是茶艺员与泡茶者的礼仪，还包括对宾客的要求。礼仪与规范包括人们的仪容仪表、迎来送往、互相交流与彼此沟通的要求与技巧等，简而言之是真正体现出茶人之间平等互敬的精神。无论主人还是客人，都要以茶人的精神与品质要求自己去对待茶。

＊悟道

这属于精神层次的内容。当我们对茶艺有了一定的了解之后，就可以提升到精神层次的觉悟了，即茶道的修行。这是一种生活的道路和方向，是人生的哲学。悟道是通过泡茶与品茶去感悟生活，感悟人生，探寻生命的意义，也是茶艺的一种最高境界。

千百年来，人们以茶待客，以茶修心，在美好的品茶环境中释放心灵，平稳情绪，从而提升了自己的精神道德。可以说，茶艺俨然成了一种媒介，沟通着人与人之间的关系，将物质层面的生活享受上升为艺术与精神的享受，并逐渐成为中国传统茶文化的奇葩。

2. 传统茶艺和家庭茶艺

随着茶叶种类的多元化，饮茶方式的多样化，中国的传统茶艺发展越来越精深，茶艺道具也极其复杂讲究。

首先，泡茶之前需要烫壶，要用沸水注满茶壶，然后将壶中的水倒入废水盂中。接着，用茶匙或茶荷取茶，将干茶拨到壶中，可以在投茶之前将茶漏斗放在壶口处，这样做是比较讲究的置茶方式。

等水壶中的水烧好之后，将热水注入壶中，直至泡沫溢出壶口为止。静置片刻之后，提着壶沿茶船逆行转圈，以便刮去壶底的水滴。此时要注意的是磨壶时的方向，一般来说，如果右手执壶，欢迎喝茶时要逆时针方向磨，送客时则往顺时针方向磨，如果左手提壶，则正好相反。

接着将壶中的茶倒入公道杯中，这样做可以使茶汤变得均匀，以便每个客人茶杯中的茶汤浓度相当，做到不偏不倚。如果不使用公道杯，那么应该用茶壶轮流给几杯同时倒茶，当将要倒完时，把剩下的茶汤分别点入各杯中，因为最后剩下的茶汤算得上是精华。

奉茶时可以由泡茶者或茶艺员双手奉上，也可由客人自行取饮。品饮结束之后，传统茶艺才算告一段落。等到客人离去之后，主人才能洗杯、洗壶，以便下次使用。

家庭茶艺并没有传统茶艺那么复杂，往往道具更为简单、实用，且冲泡方法自由，在家中即可轻松冲泡，实在是一次难得的家庭体验。

随着人们生活水平提高，家庭茶艺已经走入许多家庭之中，茶慢慢地成为人们日常生活中必不可少的一种元素。家庭茶艺所需要的茶具较传统，茶具简单得多，一般只需包括以下几部分就好：茶壶、品茗杯、闻香杯、公道杯、茶盘、茶托、茶荷等。这些道具在家庭茶艺中都起到至关重要的作用。茶具的选择也需要根据茶种

人们可以利用家里现有的条件，自己创造出适合饮茶的环境，例如阳台上、一个小墙角、书房等都是可以利用的地方。

类的不同而变换，例如，冲泡绿茶可以使用玻璃器皿，冲泡花茶可以用瓷盖杯，啜品乌龙茶则可以选择小型紫砂壶，如此一来，家庭茶艺一定别有一番情趣。

我们可以在闲暇之余约几位友人或亲人，聊一聊冲泡技巧，并实际冲泡一下。另外，我们还可以亲自布置饮茶环境，播放烘托气氛的音乐，在喝茶中静心、静神，陶冶情操，去除杂念，令心神达到一个全新的精神层面。

家庭茶艺可以令喜欢茶艺的人们足不出户便可领略茶的魅力，也可以使人们在品茶之余悠闲自在地享受生活的乐趣，同时也将茶艺融入寻常生活之中。

无论是传统茶艺还是家庭茶艺，都不需要我们太刻意寻求外在的形式，相信只要有一颗清净安宁的心，就可以领略到茶艺带给自己精神上的愉悦，从而获得茶艺带给我们的轻松和享受。

3. 工艺茶茶艺表演

工艺茶属于再加工茶类，并非七大基本茶类中的成员，主要有茉莉雪莲、丹桂飘香、仙女散花等30余个品种。品饮工艺茶，不仅可以使我们从嗅觉和视觉方面获得赏心悦目的艺术享受，还可以在享受时尚的同时达到美容养颜、滋养身心的目的。因此，从工艺茶问世的那一刻起，它就成为许多爱茶之人的首要选择，而工艺茶茶艺表演也变得越来越流行。下面我们将介绍工艺茶的茶艺表演：

＊春江水暖鸭先知

"春江水暖鸭先知"是苏东坡《惠崇春江晚景》一诗中的一句，用这句诗形容烫杯的过程十分贴切，我们可以想象一下经过沸水烫洗过的正在冒着热气的杯子模样，是不是很像在暖暖江水中游动的小鸭子呢？

春江水暖鸭先知

＊大珠小珠落玉盘

白居易在《琵琶行》中用"大珠小珠落玉盘"这句形象地描述了琵琶弹奏出的动人琴声，在这里我们将其形容为取茶投茶的过程。当我们用茶则将工艺茶从贮茶罐中轻轻取出，将它拨进洁白如玉的茶杯中时，看着干花和茶叶纷纷落下，是不是就像落进盘中的珍珠一样呢？相信那幅画面一定很美。

大珠小珠落玉盘

＊春潮带雨晚来急

工艺茶要经过三次冲泡才会泡出其美妙的形态与滋味。头泡要低注水，直接将适宜的热水倾注在茶叶上，使茶香慢慢浸出；二泡要中斟，热水要从离开杯口不远处注入，使工艺茶与水充分交融，此时茶中的花瓣已经渐渐舒展，极其好看；三泡时要高冲水，即热水从壶中直泻而下，使杯中的菊花随着水浪上下翻滚，如同"春潮带雨晚来急"一般，将其美好的形态展露无遗。

春潮带雨晚来急

＊手捧香茗敬知己

倒好茶汤之后，下一步需要敬茶。敬茶的过程中，要目视宾客，用双手捧杯，举至眉头处并行礼。随后，按照一定的顺序依次为客人奉上沏好的茶，并将最后一杯留给自己。这个过程一定要注意面带微笑，因为笑容会令宾客觉得茶艺师或倒茶者性情平和，也更会衬托出茶艺表演的氛围。

＊小口品饮入人心

茶汤稍凉一些时，我们就可以品饮工艺茶了。品饮时注意，要用小口饮入，切莫"牛饮"，否则会给人留下没有礼貌的印象。

＊细品茶味品人生

人生如茶，茶如人生，细细品尝茶汤味道之后，我们同时也能领悟到茶中的百味人生。无论茶味苦涩还是甘甜，无论茶性平

小口品饮入人心

和还是醇厚，我们都可以在这杯茶中获得美好的感悟与憧憬。因此，品味人生也是品茶时的层次提升，更是茶艺表演中的重中之重。

＊饮罢两腋起清风

唐朝诗人卢仝曾在自己的诗中写下了品茶的绝妙境界："一碗喉吻润；二碗破孤闷；三碗搜枯肠，唯有文字五千卷；四碗发轻汗，平生不平事，尽向毛孔散；五碗肌骨清；六碗通仙灵；七碗吃不得也，唯觉两腋习习清风生。"因此，当饮毕之后，腋下清风升起之时便是人茶融为一体之时。

以上为工艺茶茶艺表演的全过程，之后，茶艺师或泡茶者应起身向宾客鞠躬敬礼，以示感谢。

喝上一杯工艺茶，就如同在欣赏一件艺术品。不仅是其色、香、味、形令人着迷，其散发出的独特魅力也令人心驰神往。

4. 乌龙茶茶艺表演

乌龙茶的茶艺表演很普遍，在我国许多地方都大受欢迎，我们以铁观音为例，为大家展示一下乌龙茶的茶艺表演。

＊燃香静心

茶艺表演中不可缺少焚香的过程。首先通过点燃香料来营造一个安静、温馨、祥和的气氛，此时，闻着幽幽袅袅的香气，人们一定会忘却烦恼，感觉到自己已经置身于大自然之中，并且会用一颗平凡的心去面对一切。

燃香静心

＊旺火煮泉

这个过程即是用旺火煮沸壶中的山泉水。众所周知，泡茶最好选择山泉水，但如果实在条件有限，也可以选择其他水。另外，我们也可以用电热壶来取代旺火，这样也能随时调控温度。

＊百花齐放

用"百花齐放"这句成语来展示精美的茶具可以说是十分贴切了。乌龙茶的茶艺表演中需要很多茶具，例如茶盘、紫砂壶、茶荷、茶托、公道杯、茶道组合、随手泡等。最后，向客人展示闻香杯和品茗杯。

旺火煮泉 百花齐放——茶盘

百花齐放——紫砂壶　　　百花齐放——茶荷　　　百花齐放——茶托

百花齐放——公道杯

百花齐放——茶道组合

百花齐放——随手泡

百花齐放——向客人展示闻香杯的步骤

百花齐放——向客人展示品茗杯的步骤

＊绿芽吐芳

通过这一过程，我们可以敬请宾客欣赏一下将要冲泡的铁观音茶的外观，绿莹莹的颜色一定与"绿芽吐芳"贴切极了。

＊紫泥逢雨

这一过程就是用开水冲烫茶壶，即温壶的过程，这样做不仅能提高壶温，

绿芽吐芳

紫泥逢雨

又能清洗壶体，"紫泥逢雨"即像是紫砂壶被细雨浇注一样。温壶后再温品茗杯和闻香杯。

＊温泉润壶

"温泉润壶"是淋壶的过程，即用温杯的热水浇淋壶的表面，以增加壶温的过程。这样做更有利于发挥茶性。

温泉润壶

＊乌龙入宫

此过程为取茶投茶的过程，因为铁观音属于乌龙茶类，所以将其拨入壶中称为"乌龙入宫"，形象而又生动。

乌龙入宫

＊飞流直下

此为冲泡茶叶的过程，冲泡乌龙茶讲究高冲水，让茶叶在茶壶里翻腾，这样做可以令茶香散发得更快，同时也达到了洗茶的目的。因此，我们要讲究冲水的方法，使茶叶翻滚的形态更为美观。

飞流直下

＊蛟龙入海

一般来说，我们冲茶的头一泡汤往往不喝，而是用其来烫洗茶具。将洗茶的废水注入茶海，即称"蛟龙入海"，看着带着茶色的水流冲入，还真是十分形象。

蛟龙入海

＊再注甘露

再次出汤，此茶汤可饮用。

再注甘露

＊祥龙行雨

所谓"祥龙行雨"，就是将茶汤快速倒入闻香杯中，正与其甘露普降的本意相合。

＊凤凰点头

这是指倒茶的手法，其更多的含义不仅在于倒茶，还表达了对宾客的欢迎及尊敬。

祥龙行雨

凤凰点头

＊龙凤呈祥

将品茗杯扣于闻香杯之上，便是"龙凤呈祥"，意在祝福宾客家庭和睦。

龙凤呈祥

*鲤鱼翻身

我们将两个紧扣的杯子翻转过来，便是"鲤鱼翻身"。在我国古代传说中，有"鲤鱼跃龙门"的说法。"鲤鱼翻身"即取此意，意在祝福宾客家庭、事业双丰收。

鲤鱼翻身

*捧杯传情

倒好茶之后，我们可以将茶水为宾客一一奉上，使彼此的心贴得更近，品茶的气氛更加和谐温馨。在此，我们还需要表达一下自己对宾客的祝福之情。

捧杯传情

*品幽香，识佳茗

此过程为闻香品茶。用手轻旋闻香杯并轻轻提起，双手拢杯慢慢搓动闻香，顿觉神清气爽，茶香四溢；闻香之后，即品茶的过程。先将茶小口含在嘴里，不急于咽下，往里吸气。使茶汤与舌尖、舌面、舌根及两腮充分接触，使铁观音的兰花香在口中释放。这个时候需要我们适当地表示赞美，无论是对茶汤的品质来说，还是对泡茶者的手艺来说，都不要吝啬，这样既可以给泡茶者带去鼓舞，也可以让整个茶艺表演过程更加温馨和睦。

品幽香，识佳茗

*细品观音韵

铁观音茶之所以被列为名茶，不仅品质上乘，同时也具有独特的韵味，即观音韵。我们在品饮茶的时候，需要细细品味其中的音韵，这样才能感受到茶的真、善、美。

*谢客不可少

当宾客品饮结束之后，茶艺师或泡茶者一定不要忘记谢客，将自己最真挚的祝福送给全部宾客。

以上即乌龙茶茶艺表演的全部过程，我们无论是作为泡茶者还是宾客，都可以此作为参加茶宴的参考。

5.绿茶茶艺表演

绿茶茶艺表演包括茶叶品评，艺术手法的鉴赏以及品茗的美好环境等整个过程，注重茶汤品质的同时，也将形式与精神相互统一。以下为茶艺的过程简介：

*焚香

俗话说："泡茶可修身养性，品茶如品味人生。"茶，至清至洁，为天地之灵物，泡茶之人也需至清至洁，才不会唐突了佳茗。古今品茶都讲究要平心静气。而通过焚香就可以营造一个祥和肃穆的气氛。

焚香

*洗杯

这个过程即用开水再烫一遍本来就干净的玻璃杯，做到茶杯冰清玉洁，一尘不染。茶至清至洁，是天涵地育的灵物，因此泡茶要求所用的器皿也必须至清至洁。

洗杯

*凉汤

一般来说，较高级的绿茶茶芽细嫩，如果用滚烫的开水直接冲泡，会破坏茶芽中的维生素并造成熟汤失味。因此，我们需要将开

凉汤

水放置一会儿，使水温降至合适的温度才可。

＊投茶

这个过程是把茶叶投放到玻璃杯中。绿茶因为冲泡出来后的形态美观，因此常选用玻璃杯冲泡。

投茶

＊润茶

在开始冲泡茶叶之前，先向杯中注入少许热水，起到润茶的作用。

润茶

＊倒水

可以采用凤凰三点头方法冲泡绿茶，高冲水，使茶香扩散。

倒水

＊赏茶

由于绿茶冲泡之后形态美观，所以茶艺表演中还需要观赏其姿态。杯中的热水如春波荡漾，在热水的冲泡下，茶芽慢慢地舒展开来，尖尖的叶芽如枪，展开

赏茶

奉茶

的叶片如旗。在品绿茶之前先观赏在清碧澄净的茶水中，千姿百态的茶芽在玻璃杯中随波晃动，好像生命的绿精灵在舞蹈，十分生动有趣。

＊奉茶

双手将倒好的茶汤为宾客奉上，以表达祝福之情。

＊品茶

绿茶茶汤清纯甘鲜，淡而有味，它虽然不像红茶那样浓艳醇厚，也不像乌龙茶那样岩韵醉人，但是只要你用心去品，就一定能从淡淡的绿茶香中品出天地间至清、至醇、至真、至美的韵味来。

品茶

谢茶

＊谢茶

谢茶主要是针对宾客而言，这样既是礼貌的象征，也是彼此沟通不可缺少的过程。只有互相沟通才可以学到许多书本上学不到的知识，这同样是一大乐事。因此，在品茶结束后，宾客需要向泡茶者致谢，感谢对方为自己带来如此美妙的物质与精神享受。

以上为绿茶茶艺表演的全部过程，希望能对大家在今后的泡茶品茶中起到一定的作用。

第五章
茶在生活中

饮茶的宜忌

　　如今，饮茶养生已经成为很多人重要的保健方式，甚至有人到了"生活中不能一日无茶"的地步。当然，各种各样的茶可以满足不同人在保健养生方面的需求。但与此同时，还有一个非常重要的问题不容忽视，那就是饮茶的宜忌问题。这是因为即便茶的功能再多样，如果饮用方式不当，也会出现事倍功半的情况，严重的时候还会令人的健康受到伤害。所以，饮茶的宜忌问题应该成为爱茶者需要特别注意的一个问题。

1. 饮茶需"度"量

　　我国古代主要医学典籍《本草拾遗》中在描述茶的功能时有"久食令人瘦"的说法。这是一种非常科学的说法。因为茶汤中所含的芳香族化合物能够溶解人体中的油脂，帮助肠胃消化。所以，时至今日，仍有为数不少的人选择在吃过油腻食物之后喝上一杯茶以去除体内的油腻。

　　茶固然具有去腻的功效，但大家切不可因此就不限制自己喝茶的次数。据医学调查发现，对于一般人而言，通常情况下，每天饮茶所用的茶叶量在 12 克左右，且最好分 3 ~ 4 次冲泡。而对于体力劳动量比较大、消耗较多、进食量也大的人来说，每天饮茶的用量在 20 克左右，而食用油腻食物较多，烟酒量较大的人也需要增加饮茶量。至于孕妇、儿童、神经衰弱者及心动过速的人饮茶量应适当减少。

若是不注意上述情况，仍然坚持大量饮茶的话，人就容易出现焦虑、烦躁、失眠、心悸等症，并容易导致睡眠障碍和消化障碍及食欲不振等情况的发生。

基于上述因素，我们在饮茶时需要根据自己的实际情况进行"度"量，不宜一次性大量饮茶。

2. 不要饮隔夜茶

我国自古以来便流传下来以茶待客的传统。客人来了，奉上一杯香茶，暖手；喝上一口，暖心。如此，一杯茶就将主人对客人的一番心意传达得淋漓尽致。可是，如果来客并不喜欢喝茶，这杯茶就失去了暖心的功效，变成了一杯剩茶。客人走后，主人感到非常疲倦，没有及时清理茶

具。这杯剩茶又成了隔夜茶。这杯一口未品的隔夜茶是否可以直接入口呢？答案是："不！"隔夜茶是不适宜饮用的。

究其原因，主要集中在两个方面：

第一，经过了长时间的冲泡之后，茶中的营养元素已经丧失殆尽，留下的多为一些难以溶解的有害物质。而如果将隔夜茶喝下去，有害物质就会随着茶汤进入人体，成为潜藏在人体中的威胁。所以，失去营养价值的茶不宜再成为饮用的对象。

第二，隔夜茶容易变质，对人体造成伤害。蛋白质和糖类是茶叶的基本组成元素，同时也是细菌和霉菌繁殖的养料。一夜的工夫就足以使茶水变质，生出异味。若是这样的茶进入了口中，我们的消化器官就会受到严重的伤害，出现腹泻的情况。

由此可知，喝隔夜茶会为人体带来一定程度上的伤害。所以，为了健康着想，最好不要饮用隔夜茶。

3. 饮茶忌空腹

古人云："不饮空心茶。"意思就是不能空腹饮茶。由于茶叶中含有咖啡因等生物碱，空腹喝茶不仅无法实现传统的清肠胃的功效，还会使肠道吸收的咖啡因数量过多，并最终导致心慌、手脚无力、心神恍惚等症状。这样，不仅会引发肠胃不适，影响食欲和食物消化，还可能损害神经系统的正常功能。

如果长期空腹喝茶，脾胃就会出现受凉症状，营养不良和食欲减退等情形就会出现。不仅如此，当情况变得严重时，负责消化的肠胃就会出现生理功能障碍，人们就会患上慢性肠胃病。

另外，千万不要对清晨空腹喝茶能清肠胃这个说法深信不疑。因为通常情况下，经过一夜的休息之后，晚饭时所吃的食物已经消化完。早上醒来之后，人们实际上是处于一种饥饿的状态中的。所以此时饮茶并不能实现清肠胃的目标，反而会令肠胃受损。而清晨空腹喝一杯淡盐水或是蜂蜜水，才是比较好的清肠胃的方法。因此，我们在平常喝茶的时候还要注意"忌空腹"。

4. 忌饮烫茶

很多人都知道热茶其实比冷茶更解渴。那么热茶的温度到底是多少才合适呢？恐怕知道这个问题答案的人就很少了。生活中，常有人在茶刚刚沏好之后就迫不及待地将其饮入口中，以求达到解渴的功效。其实，这种做法是相当不科学的。因为热茶和烫茶并不是同一个概念。

据一项权威研究发现，能令人饮后产生解渴感的热茶通常情况下都在 56℃ 以下。只要不超过 56℃，茶汤就不会将咽喉、食道等处烫伤，也不会对胃产生直接而强烈的刺激。而当温度达到了 62℃ 以上，茶水就是一杯烫茶了。这样的茶进入口中，不仅有可能将咽喉、食道等部位烫伤，还会刺激胃，并使其消化吸收功能受损。如果饮用烫茶的时间较长，咽喉、食道、胃等部位还可能出现病变。

茶本身是一种对人体有益的饮品。而茶对人体的损害同其过烫有着直接的关系。一种好的饮品，还得有好的加工与饮用方法。因此，人们在饮茶时一定要注意控制茶的温度，并适量饮用。如此才能使我们的身体健康得到保障。

5. 忌饮冷茶

茶本性温凉，若是喝冷茶就会加重这种寒气，所以饮茶时还要注意"忌冷饮"。盛夏时节，天气炎热，骄阳似火，人们时常会感觉口渴。这时，很多人都会选择用一杯冷茶来防暑降温。实际上，这是一个误区。医学实验证明，在盛夏时节，一杯冷茶的解暑效果远远不及热茶。喝下冷茶的人仅仅会感到口腔和腹部有点凉，而饮用热茶的人的体表温度却可以在 10 分钟后降低 1℃ ~ 2℃。

热茶之所以比冷茶更解暑，主要有以下几个方面的原因：第一，茶品中含有的茶多酚、糖类、果胶、氨基酸等成分会在热茶的刺激下与唾液更好地发生反应。这样，我们的口腔就会得到充分的滋润，心中就会产生清凉的感觉。第二，热茶拥有很出色的利尿功能。这样，我们身体中聚积的大量热量和废物就会借助热茶排出体外，体温也会随之下降。第三，热茶中的咖啡因对控制体温的神经中枢起着重要的调节作用，热茶中芳香物质的挥发也加剧了散热的过程。

另外，冷茶还不适合在吃饱饭之后饮用。若是在吃饱饭之后饮用冷茶，就会造成食物消化的困难，会对脾胃器官的运转产生极大的影响。拥有虚寒体质的人也不适宜饮用冷茶，否则会使他们本来就阳气不足的身体变得更加虚弱，并且容易出现感冒、气管炎等症状。气管炎患者如果再饮用冷茶，就会使体内的炎痰积聚，减缓机体的恢复。

让青春永驻的抗衰美容茶

希望自己青春永驻是藏在无数人心中的梦想。为了能够使自己梦想成真，很多人尤其是女性朋友开始了旷日持久的尝试，诸如使用高级化妆品、做皮肤紧致手术等。可是，这些尝试却为她们带来了一阵阵失望，不是收效甚微，就是费用过高难以承受。那么，有没有一种简单实用而又价格适中的方式呢？答案是"有"。此时，我们不妨尝试饮用一些抗衰美容茶，通过饮茶调理自己的身体，从而实现自己抗衰美容的愿望。

1. 美容养颜茶

花草茶是纯天然的绿色健康饮品，特别是近年来，都市女性掀起了一股喝花草茶美容润肤的时尚热潮。其种类繁多，功效各异。经医学研究发现，多种鲜花有淡化脸上斑点、抑制脸上暗疮、延缓皮肤衰老、增加皮肤弹性与光泽等美容功效。

将这类鲜花与绿色草本植物、水果等搭配成美容润肤茶饮，在色彩缤纷、香馨沁人的茶中不仅让我们享受到美容润肤的功效，而且还享受到了精神上的愉悦、轻松。

名称：芦荟椰果茶

原料：新鲜食用芦荟约 20 厘米长，椰果 10 克，红茶包 1 个，冰糖适量（依个人口味酌情增减）。

制作方法：A 首先将新鲜食用芦荟用清水洗净，去皮取肉，然后把芦荟肉切成小丁，用清水稍冲备用。B 将红茶包放入茶壶中，倒入 400 毫升的沸水冲泡约 5 分钟。C 红茶泡好后，取出茶包，将茶汁倒入干净的茶杯中，加入切好的芦荟丁和椰果，搅拌均匀，放温即可饮用。

芦荟椰果茶（原料）

芦荟椰果茶（成品）

名称：柠檬甘菊美白茶

原料：柠檬2片，洋甘菊4克，枸杞若干。

制作方法：A首先将枸杞洗净，与洋甘菊一同放入茶杯中。B将400毫升的沸水倒入茶杯中，冲泡3～5分钟。C待洋甘菊泡开后，加入柠檬片，放温即可饮用。

柠檬甘菊美白茶（原料）

柠檬甘菊美白茶（成品）

2. 瘦身美体茶

纤体瘦身是当下最为时尚的话题之一，人们几乎把"瘦"定义为新的审美标准，甚至被诸多女性视为一种生活目标。于是，跟随着瘦身风潮的兴起，层出不穷的减肥产品，各式各样的减肥方法让人们眼花缭乱。其实，纯天然的花、草植物就是很好的瘦身良方，比如茉莉花、柠檬草、迷迭香等，将这些绿色健康的茶材制作成茶饮，坚持科学地饮用，纤体瘦身效果尤佳。

茉莉减肥茶（原料）

名称：茉莉减肥茶

原料：干茉莉花5克，薰衣草5克，蜂蜜适量。

制作方法：A首先将干茉莉花、薰衣草一同放入干净的茶杯中。B将500毫升的沸水倒入杯中，加盖焖泡5分钟。C待泡至花茶散发出诱人的芳香时，滤出茉莉花和薰衣草的渣，留取茶汤，然

茉莉减肥茶（成品）

后将适量蜂蜜加入茶汤中，搅拌均匀即可饮用。

名称：陈皮车前草茶

原料：陈皮4克，车前草2克，绿茶4克。

制作方法：A首先将车前草洗净，沥干水分备用。B将陈皮、车前草、绿茶一同放入干净的茶杯中，倒入500毫升的沸水冲泡约3分钟。C待茶泡好后，滤出茶渣，留取茶汤，温饮即可。

陈皮车前草茶（原料）

陈皮车前草茶（成品）

3. 明目亮睛茶

如今，美瞳等品牌已经成为一些年轻人尤其是女孩子的最爱。这是因为，它们不仅可以帮助人们看到清晰的世界，更重要的是能够保持美的外形。不过，并非每个近视者都适合佩戴这样的隐形眼镜。若想真正做到明目亮睛，除了要注意避免视疲劳之外，还可以选择下面的健康茶饮。

名称：菊楂决明茶

材料：决明子5克，菊花10克，山楂10克，方糖25克。

制作方法：A将准备好的菊花、山楂、决明子、方糖放入保温杯中。B将开水倾入装有原料的保温杯中。C加盖冲泡半个小时之后，即可开盖饮用。

菊楂决明茶（原料）

菊楂决明茶（成品）

名称：杭白菊红糖饮

材料：杭白菊 1 茶匙，红糖适量。

制作方法：A 将准备好的杭白菊放入茶杯中。B 将滚烫的沸水冲入放有原料的杯中。C 加盖焖 10 分钟之后即可饮用。饮用之前，可以根据个人口味酌情加入适量红糖。

杭白菊红糖饮（原料）

杭白菊红糖饮（成品）

4. 抗衰防老茶饮

自古以来，抗衰老都是备受人们关注的话题。几乎每个女人都梦想自己能够永葆青春容颜。可是，如何才能实现这一梦想呢？实践证明，以天然的健康方式来抗衰老才是既安全又有效的。于是，抗衰防老的茶饮便在人们的保健生活中有了不可替代的一席之地。如果能够科学地选择并饮用适合自己的抗衰花草茶，远离岁月的魔手将不再是天方夜谭了。

黄精茶（原料）

名称：黄精茶

原料：黄精 10 克，茯苓 10 克，茶叶 5 克。

制作方法：A 首先将黄精、茯苓研成如茶叶般大小的粗末，备用。B 然后将茶叶与磨好的黄精、茯苓一同放入干净的茶杯中，倒入 500 毫升的沸水，加盖冲泡 10 分钟，即可饮用。

黄精茶（成品）

名称：玫瑰甘菊茶

原料：干玫瑰花蕾5克，洋甘菊3克，蜂蜜适量。

制作方法：A首先将干玫瑰花蕾与洋甘菊一同放入干净的茶杯中，倒入400毫升的沸水，加盖冲泡5分钟至散发出香气。B然后放入适量的蜂蜜调味，搅拌均匀后即可饮用。

玫瑰甘菊茶（原料）

玫瑰甘菊茶（成品）

强身健体的私房茶食

茶是人们日常养生保健过程中的好帮手。它不仅可以直接冲泡饮用，还可以同其他原料组合做成各种各样的茶食。这些茶食不仅色味俱佳，更重要的是能够令大家在品尝美味的同时实现强身健体的目标。下面我们就将为大家介绍几款常见的强身健体的私房茶食。

1. 八宝茶粥

众所周知，吃八宝粥不仅是农历腊八的传统习俗之一，更是一种深受大家喜爱的常用粥品。按照传统的做法，制作八宝粥的原料主要有8种，它们分别是桂圆、莲子、葡萄干、花生米、红枣、红小豆、绿豆、芸豆、大米等。后来的八宝粥做法虽然几经变化，但上述大部分原料还被保留着。将这些原料放在一起熬煮，熬成的不仅是美味的粥，还是多种营养价值的结晶。

中医认为，大米具有补中益气、健脾和胃的功效。将大米用来熬粥后，绝大部分营养都会进入到粥中，其中又以粥油最有价值，其滋补的效用丝毫不逊于人参等名贵药材。再加上其他7种原料所含蛋白质、维生素等营养物质丰富，所以食用八宝粥之后可以有效地提高人体免疫力，保护脾胃，减少失眠等症状的发生。如果在上述原料中加入茶汤做成八宝茶粥，其功效更是如虎添翼。除了保留原有的疗效以外，茶汤的加入还会使其增加增进食欲、抗菌降脂的功能。因此，八宝茶粥是一款老少皆宜的保健粥。

原料：龙井茶5克，红枣10克，菊花5克，枸杞20克，桂圆10克，莲子心5克，冰糖20克，糯米50克。

制作方法：A 龙井茶冲泡后取汁。B 放入红枣、菊花、枸杞、桂圆、莲子心、糯米同煮。C 八成熟后放入龙井茶汁和冰糖，再煮一会儿即可。

八宝茶粥（原料）　　　　　　　　八宝茶粥（成品）

2.绿茶粥

绿茶粥不仅具有清淡滑爽的口感，而且能利胃提神，使胆汁分泌流畅，保护胆、肝的正常机能，缓解和预防消化不良。最重要的是它能够促进血液循环以及新陈代谢，对缓解感冒有显著效果。

接下来，就为大家详细介绍一下如何做出爽口养人的绿茶粥。

原料：粳米150克，绿茶25克，白砂糖2小匙（可依据个人口味增减）。

制作方法：A 将绿茶煮成浓茶汁300毫升并去渣，粳米洗净备用。B 锅内加入粳米、绿茶汁和适量的清水，以中火煮沸后转小火熬至汤汁黏稠，再依照个人喜好放入白砂糖，拌匀盛出，可以加几颗枸杞点缀。

绿茶粥（原料）　　　　　　　　　绿茶粥（成品）

不过，绿茶粥虽然是强身健体的美味茶膳，但并非每个人都适合饮用此粥。处于孕期、哺乳期、生理期的女性及容易胃寒的人士就不宜饮用此粥。这是因为，茶叶中的咖啡因会增加孕妇心、肾的负荷；茶叶中所含的鞣酸会影响乳腺的血液循环，抑制乳汁的分泌；而胃寒人士饮用此粥之后容易胃肠胀气。所以，大家在食用绿茶粥时，一定要从自身具体情况出发，以免造成不必要的伤害。

3. 普洱茶猪手

猪蹄是一款既美容养颜又营养补身的食材。关于其制作方法各式各样，搭配的材料也五花八门。其实不少朋友都想知道：怎样才能做出一道既营养健康又美味独特的猪手呢？为此，我们在这里给大家介绍这款普洱茶猪手。

加入普洱茶烹制的猪手，在肉香中泛着阵阵普洱茶香，使猪手不会过于油腻。它不仅可以满足大家在口感上的追求，还能获得更多的营养保健功效。经常食用，可以给皮肤补充必要的水分，防止过早褶皱，延缓皮肤的衰老过程。此外，它还是经常性四肢疲乏、腿部抽筋、麻木、消化道出血等疾病重要的辅助药膳。

原料：猪手500克，普洱茶茶叶、茶油、蚝油、酱油、八角、茴香、桂皮、姜片、冰糖、蒜头、蒜薹、精盐、味精适量。

制作方法：A首先将普洱茶放入茶壶，用90℃的热水冲泡，约2～3分钟后滤出茶叶沥干水分，留取茶汁茶叶，将其中一部分茶叶烘干磨成粉末，备用。B将猪手、蒜头、蒜薹分别洗净，切好放入盘中，待用。C把锅洗净，倒入适量茶油，待茶油烧热冒小泡时，将备好的姜片、蒜头放入爆香，加入适量的八角、茴香、桂皮，再放入切好的猪手一起炒香。D当猪手散发出浓郁的香味时，加入少量的冰糖，用小火翻炒。E待冰糖完全融化后，倒入事先备好的普洱茶汁，用大火将其煮

普洱茶猪手（原料）

普洱茶猪手（成品）

沸至翻滚，然后加入适量的酱油，稍拌片刻后，倒入适量的蚝油使其入味，充分搅拌均匀。F接着转小火焖煮1～2个小时，直至猪手酥软。G待猪手煮软后，开盖加入切好的蒜薹翻炒至蒜香溢出。H将烘干磨好的普洱茶粉撒入锅中，搅拌均匀，起锅装盘即成。

4. 茶香桂鱼片

　　桂鱼，又名鳜鱼、鳌花鱼，是一种十分名贵的鱼类，其肉质洁白，肥厚鲜美。据说，在晋代，人们将其称为"龙肉"，评价极高。唐代著名诗人张志和在《渔歌子》中描述："西塞山前白鹭飞，桃花流水鳜鱼肥。青箬笠，绿蓑衣，斜风细雨不须归。"渔夫看到肥美的鳜鱼都忘了"斜风细雨"，不愿归去。而在民间也一直流传着"八月桂花香，鳜鱼肥而壮"的说法。可见，桂鱼在古代就深受人们的喜爱，是一道传统美味。

　　关于桂鱼的做法也多种多样，红烧、清蒸、炖煮、油炸等，而这道"茶香桂鱼片"的做法较为独特，与传统的制作方法不同，它将桂鱼与茶叶一起烹饪，不仅保持了鱼肉的鲜美，而且有着清淡的茶香，风味独特。此外，这道菜还可以帮助人们达到补气血、益脾胃的目标。

　　原料：竹叶青茶叶10克，桂鱼一条，西蓝花250克，青红椒丝少许，生姜5克，葱30克，大蒜10克，黄酒6克，盐3克，鸡精、胡椒粉、色拉油、淀粉适量。

　　制作方法：A将桂鱼肉用清水洗净、沥干水分后，用刀片成3厘米长、2厘米宽、0.5厘米厚的鱼片，装入较大的盆中待用。竹叶青茶叶10克冲泡取汁待用。B分别将生姜、葱、蒜洗净，然后用刀背把姜和蒜拍碎、葱拍松取汁，加少许盐、淀粉、色拉油腌渍，桂鱼头由中间劈开，不要劈断，待用。C炒锅上火，放入清水，加葱、姜、料酒烧开，放入鱼头煮熟，捞出放入鱼盘中待用。D西蓝花炒熟

茶香桂鱼片（原料）

茶香桂鱼片（成品）

上火烧热，放入色拉油，待油温升至三成热时放入鱼片，过油滑熟

炒锅上火加少许底油加入茶汁、盐、味精、鸡精、少许胡椒粉，放入

G勾入水淀粉出锅装入盘中，西蓝花围边，将青红椒丝撒在鱼肉上边，

包好的茶叶即成。

炒鸡丁

鸡肉是家常菜中最常见的食材，可以用来炖汤，也可以用来红烧，或者爆……鸡肉各式各样的制作方法，层出不穷，关于鸡肉营养价值的报道也越来……。

经科学研究发现，吃鸡肉能够提高人的免疫力，并且这一观点在"生物活性……营养与健康国际研讨会"上得到了证明。研讨会上发表的一份最新报告表明，鸡及其萃取物具有显著提高免疫机能的效果。鸡肉具有如此高的营养价值，使得人们不断地推崇关于鸡的各种美食制作方法，创新出花样繁多的菜肴。

这道红茶炒鸡丁就是一款色泽诱人，口感独特的炒制品。用红茶入味鸡丁中，配以青红双色辣椒，不仅外形美观，其味道也十分可口。

原料：鸡胸脯肉200克，红茶30克，红辣椒1个，青椒4个，花生油、酱油、味精、淀粉各适量。

制作方法：A首先将鸡胸脯肉洗净切成丁，取一个干净的碗，放入适量酱油、味精及淀粉混合拌匀，将切好的鸡丁倒入碗中腌渍。B将青、红椒洗净切片，取干净的锅置于火上放入适量花生油，待油热后，将青、红椒放入锅中略炒一下即捞出装盘备用。C把锅洗净，放入适量的花生油，将红茶入锅爆香，之后放入腌渍好的鸡胸脯肉炒至九成熟，再倒入备好的青、红椒同炒至熟即可出锅装盘。

红茶炒鸡丁（部分原料）　　　　　　　红茶炒鸡丁（成品）

特别鸣谢

茶艺师：常玉等

茶　叶：北京御荣香贸易有限公司　北京泰顺云雾茶叶有限公司
　　　　北京九牧茗茶　沁香茶苑

茶　具：北京汇馨阁茶具店

场　地：北京茶韵股道股友俱乐部茶会所　北京锦武嘉业茶文化推广中心

茶　膳：北京新和京涛餐饮管理有限责任公司

外　景：徐州泰和茶馆　江苏省彭城书院　福建宇轩茶园